大橋秀雄
【監修】

グローバル機械工学シリーズ

1

機械力学
機構・運動・力学

三浦宏文
・
平岡弘之
小林光男
鈴木曠二
髙田　一
臼井清一
大石久己
【著】

朝倉書店

●シリーズ編集委員

大　橋　秀　雄（流体工学）　工学院大学学長
黒　崎　晏　夫（熱工学）　電気通信大学教授
坂　田　　　勝（材料力学）　拓殖大学学長
三　浦　宏　文（機械力学）　工学院大学教授

●執筆者（執筆順）

平　岡　弘　之（ひらおか　ひろゆき）　中央大学教授
三　浦　宏　文（みうら　ひろふみ）　工学院大学教授
小　林　光　男（こばやし　みつお）　工学院大学助教授
鈴　木　曠　二（すずき　こうじ）　東海大学教授
髙　田　　　一（たかだ　はじめ）　横浜国立大学教授
臼　井　清　一（うすい　せいいち）　東京都立科学技術大学教授
大　石　久　己（おおいし　ひさみ）　工学院大学助教授

グローバル機械工学シリーズ発刊に寄せて

21世紀における技術者の活躍舞台は，まさにグローバルに広がっている．製品にグローバルな競争力が求められるのと同様に，技術者もまたグローバルに通用する能力が求められる．このような状況の中で，わが国の工学教育がいま大きな転機を迎えている．これまでの教育は，工学の学問体系を教え込むことに重点が置かれ，どちらかといえば研究者のための教育であった．これを，グローバルに通用する技術者を育成するための基礎教育に改めようとしている．技術者には，知識を応用して総合する能力に加えて，社会や経営の仕組みを理解する力，技術と社会の関わりを自覚する力，的確なコミュニケーション力，自ら知識を探し求める自己学習力など，さまざまな能力が必要である．工学知識に加え，これらの能力も合わせて強化するのが新しい工学教育である．

このような工学教育の変革を推進する母体として，1999年に日本技術者教育認定機構(JABEE)が設立された．今後JABEEの認定を受けた専門教育プログラムが次第に増えてくると期待されている．これまで教育を語るとき，何を教えるかWhat to teachが問題とされてきたが，JABEEはむしろ，何が理解されたかWhat to understand，すなわち教育の成果を評価の対象としている．

グローバル機械工学シリーズの教科書は，このような工学教育の変革に対応することを強く意識している．全巻に共通する特色を列記すると以下のようになる．

●技術者の基礎教育として位置付ける

学部で機械工学を学ぶ学生を対象とし，将来技術者として遭遇する様々な問題に対応できる基礎的な学理を理解し，応用できる力を養う．

●理解する歓びを実感させる

これまでのほとんどの教科書は，学問の美しい体系をそっくり伝えたいという学者の情熱で書かれており，What to teachがぎっしりと詰まっていた．学ぶ側からすると，どこが大切なのか，少なくともどこを理解しなければならないのか，どうやって理解を確認できるのかなど，What to understandの見地から大切なガイドが少ないというきらいがあった．学ぶ側に立った教科書，学び理解することの歓びを実感できる教科書，これが本シリーズが目指す最大の目標である．

●シラバスとの対応を明確にする

最近，どの科目でも講義内容がシラバスであらかじめ明示されるようになってきた．2学期制では，毎期の講義回数は少なくとも12回は確保できる．通年で24回である．本シリーズの各巻は，シラバスとの対応を容易にするように1回分の講義に対応する4ページ相当の「講」を基本単位とし，24講で完結する形式を取っている．基本を確実に理解するための内容の選択と配列は，各巻を担当する執筆者グループが議論を重ねて練り上げたものであり，いわば集団合議のシラバスともいえる．各講は，講義と演習をセットとして，講義時間と自己学習時間のバランスを本来の形に近付けるよう努力している．

本シリーズが，工学教育の新しい流れに貢献できることを心から願っている．

終わりに，終始お世話になった朝倉書店の方々に厚く御礼申し上げる．

2001年3月

編者を代表して　大 橋 秀 雄

序

機械工学において，機構学，機械力学は必須の教科である．大学，高専，専門学校すべての機械工学関連の学科やコースでこのカリキュラムは用意されている．しかし，一般的に言えることは，学生にとって，講義に出席して単位を取得したということと，その内容を真に理解したということはまったく一致しないという現状が歴然と存在していることである．機構学，機械力学も例外ではない．すなわち，エンジニアとして，実際の仕事でその知識を使おうとはするのだが，素養として身についていないために，生かすことができないのである．

これを少しでも改良しようとして本書が生まれた．本書は，機械の運動，機構，力学について，著者らが，もっとも基本だと考えた項目を分かりやすく記述することを試みた．その際，ベクトル，静力学，動力学など，この分野の基盤をなしている知識なくしては前へ進めない部分が多いので，これらについても，最低限の内容を含めることにした．多くの読者にとって，これらは既習のものであろうが，その本質をもう一度整理し直しておくことは，よい復習にもなるであろうと考えた．

最近は，学生達の創造力育成のために，自分らの考えを反映した「ものづくり」を促進しようという動きが盛んである（たとえばロボットコンテスト）．それはそれで非常に結構なことで，多いに推奨したい気持ちは大であるが，ときとして，もの足りなさを感じることがある．それは，単なる思いつきの積み重ねに終始して，学問的な裏づけのないままに終わってしまっていることである．機構の動きや力のかかり具合を理論的に，定量的に考察すれば，もっと良いものが，もっと短時間ででき上がったはずなのに，と思うケースに出合うことがよくある．

エンジニアの卵であるならば，本書で述べられている程度の運動学や力学を常識として身につけ，それを基とした工学的思考を行う習慣を持つようになって欲しいと考えながら，著者達は執筆を進めた．

1年間で学べるように，24講からなる構成にした．項目の順序や内容の精粗，分量などの検討には不十分なところもあると思うが，演習問題などを活用して，基本的知識を完全に身につけて頂くことを願っている．本書の内容を完全にマスターしておれば，更に進んだ上級の参考書などに挑戦するのに十分な力が備わったといってよいであろう．本書が，機械の運動，機構，力学についての好奇心の向上に役立つことを祈っている．

2001年3月

三浦宏文

目　次

第1講

ベクトル

機械力学では，機械の要素になる物体を組み合わせることで生じる運動や働く力について議論する．運動の要素である力や速度をきちんと扱うための数学的概念の一つが，「ベクトル」である．ここでは，この後の議論で道具として使うベクトルについて，その特徴と性質を紹介する．

1.1　スカラーとベクトル

数量には1つだけの値で表せるものと，2つ以上の値を組み合わせて表されるものがある．たとえば，バットの長さはそのバットがどのような状況にあっても同じで，それだけで十分な情報を持つ．これと異なり，たとえばボールの運動は，その飛んでいる速さの値だけでなく，それがどちらへ向いて飛んでいるかということもわからなければ，正しく論じることができない．力や速度のように「大きさ」と「方向」(「向き」を含む)によって異なる性質を持つ数量を「ベクトル」と呼ぶ．それに対して長さや重さなど大きさしか持たない数量を「スカラー」と呼ぶ．

1.2　ベクトルとその表現

ベクトルは大きさと方向を持つので，図1.1に示すような矢印で表す．矢印の始点Aから終点Bへ向かう方向がベクトルの方向と向きを，矢印の長さがベクトルの大きさを表す．文章や式の中では，始点と終点を並べ太字(ゴシック体)で書いて表す．たとえば，「図1.1は，バケツを支える力のベクトル**AB**を示す」などと書く．始点，終点をいわず，「ベクトル$\boldsymbol{a}$」などとベクトルに名前をつけて表記することもある．またベクトル**AB**の大きさだけを表すには|**AB**|と書く．大きさが1のベクトルを単位ベクトルと呼ぶ．

ベクトルは大きさと方向で決まるので，大きさ，方向と向きの等しい2つのベクトルは等しい．ベクトルは大きさと方向だけを持つので，たとえ始点が異なっても等しいベクトル，すなわち大きさ，方向，向きが同じなすべてのベクトルは，同一のものとみなすことができる．ただし，2つのベクトルが等しくても，両者の始点が異なれば異なるベクトルとみなす場合もある．

1.3　ベクトルの計算

2つのベクトルの間で和，差，積などの演算を決めることができる．これによりベクトルに対するさまざまな操作が可能になる．

a.　ベクトルの定数倍

ベクトル**AB**をn倍すると，ベクトルの方向は変わらず，大きさだけがn倍になる．図1.2にベクトル**AB**を3倍したベクトルを示す．

b.　ベクトルの和

図1.3に示すように，2つのベクトルが同じ点に働いているとき，それらを足し合わせた和のベクトルを考えることができる．ベクトル**AB**とベクトル**AC**の和のベクトルは，Aを始点とし，

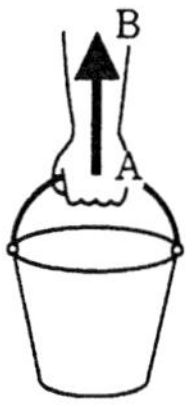

図 1.1　ベクトルの例：バケツを支える力のベクトル**AB**

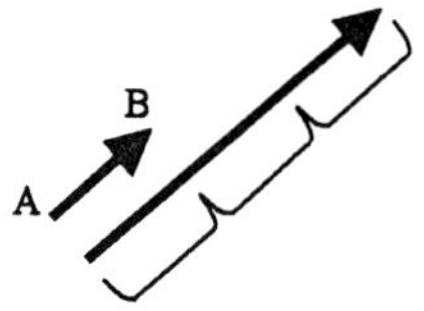

図 1.2　ベクトルの定数倍

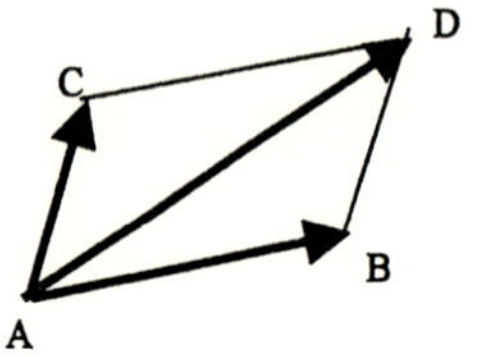

図 1.3　ベクトルの和：平行四辺形による求め方

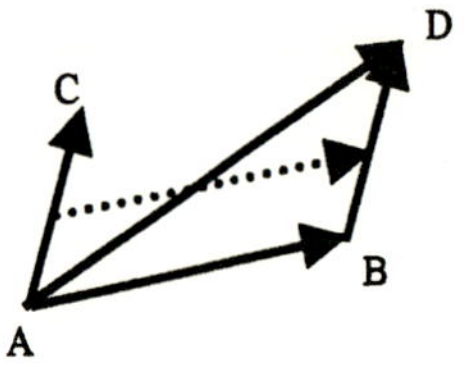

図 1.4　ベクトルの和：三角形による求め方

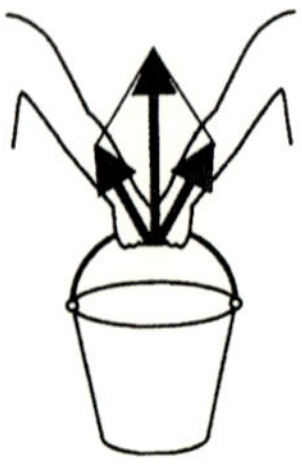

図 1.5　ベクトルの和：二人でバケツを持つ

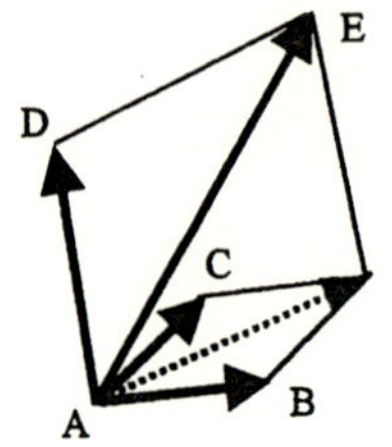

図 1.6　3つのベクトルの和

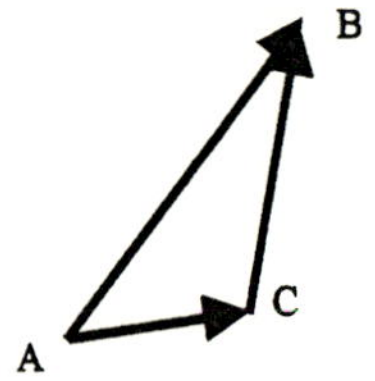

図 1.7　ベクトルの差

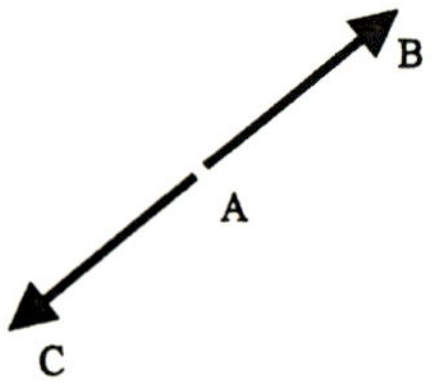

図 1.8　負のベクトル

大きさと方向が，図1.3に示すように**AB**と**AC**を2辺とする平行四辺形ABDCを作ったときの対角線**AD**になる．または図1.4に示すように**AB**の終点Bに**AC**を平行移動させて始点AがBに重なるベクトル**BD**を作り，できあがった三角形ABDの斜辺**AD**としてもよい．このとき

$$\mathbf{AD}=\mathbf{AB}+\mathbf{AC} \tag{1.1}$$

と表す．このように求めたベクトルの和は，たとえば図1.5に示すように二人で協力して1つのバケツを持つ場合での我々の経験とも一致する．

【例 題】 図1.6に示す3つのベクトル**AB**, **AC**, **AD**があるとき，それらの総和のベクトル

$$\mathbf{AE}=\mathbf{AB}+\mathbf{AC}+\mathbf{AD} \tag{1.2}$$

を求めなさい．

解答　三角形法を用いれば，**AB**の終点Bから**AC**を描き，その終点から**AD**を描けば，総和のベクトル**AE**となる．このように総和のベクトルは，その要素のベクトルとあわせて，ABCDのような閉じた多角形を構成する．

さらに，**AB**と**AC**を足してから**AD**を足しても，先に**AC**と**AD**を足してからそれに**AB**を加えても同じ結果になること

$$(\mathbf{AB}+\mathbf{AC})+\mathbf{AD}=\mathbf{AB}+(\mathbf{AC}+\mathbf{AD}) \tag{1.3}$$

に注意しよう．(これを，「ベクトルに対しては和の演算の交換法則が成り立つ」という．)

c.　ベクトルの差

ベクトルの和の定義にしたがって，ベクトルの差，負のベクトルなどが定義できる．たとえば図1.7に示すベクトル**AB**からベクトル**AC**を引くには，Cを始点，Bを終点とするベクトル**CB**を作れば，**AB**と**AC**の差のベクトルとなる．

$$\mathbf{CB}=\mathbf{AB}-\mathbf{AC} \tag{1.4}$$

d.　負のベクトル

負のベクトルは，元のベクトルと同じ大きさを持ち，同じ方向だが正反対の向きを持つベクトルである．たとえば図1.8のベクトル**AC**は**AB**に対する負のベクトルであり

$$\mathbf{AC}=-\mathbf{AB} \tag{1.5}$$

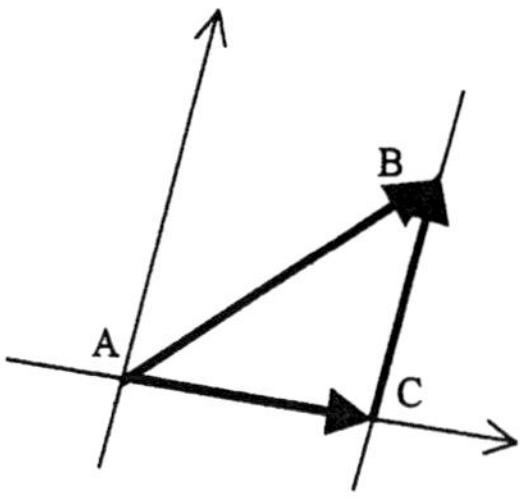

図 1.9　ベクトルの分解

と表す．ベクトル **AB** と **AC** の和は，たしかに 0 ベクトルとなっている．

e.　ベクトルの分解

ベクトルを，2 つ以上の特定の方向の軸に沿ったベクトルに分解できる．たとえばベクトル **AB** を図 1.9 に示す 2 方向に分解するには，始点 A から一方の方向に平行に伸ばした線と終点 B から他方の方向に平行に伸ばした線が交わる点 C を求めれば，**AC** と **CB** が求めるベクトルである．

1.4　ベクトルの成分

前述したようにベクトルは始点の位置によらないので，図 1.10 のように，始点を原点におけば，終点の位置だけでベクトルを定めることができる．終点の座標を (v_x, v_y, v_z) とすると，これら v_x, v_y, v_z の 3 つの実数を，ベクトルの成分という．ベクトルの成分は，ベクトルを x 軸，y 軸，z 軸に沿った 3 つのベクトルに分解した場合の，各ベクトルの（符号のついた）大きさとみなせる．すなわち，$\boldsymbol{i}, \boldsymbol{j}, \boldsymbol{k}$ をそれぞれ x 軸，y 軸，z 軸方向の単位ベクトルとすると，

$$\mathbf{AB}=v_x\boldsymbol{i}+v_y\boldsymbol{j}+v_z\boldsymbol{k} \qquad (1.6)$$

である．ベクトルを成分で議論するための表記法があり，

$$\mathbf{AB}=(v_x, v_y, v_z) \qquad (1.7)$$

のように（　）の中に成分を並べて示す．

ベクトルは，矢印を使って図によって表現することもできるし，成分を用いて表現することもできる．ベクトルのイメージをつかむには矢印を用いるのがよいし，数値的に詳細に検討するには，成分を用いるのがよい．一方にたよることなく，

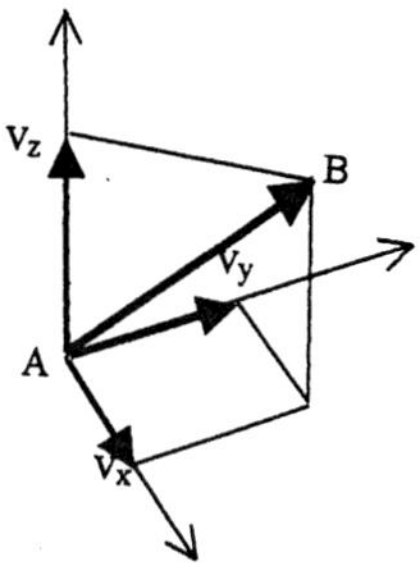

図 1.10　ベクトルの成分：直交座標系への分解

2 つの表現を組み合わせて考えていくのがよい．

たとえば，ベクトル **AB** を n 倍することは，成分でみると各成分を n 倍することに等しい．

$$n\mathbf{AB}=(n\mathrm{AB}_x, n\mathrm{AB}_y, n\mathrm{AB}_z) \qquad (1.8)$$

ベクトル $\mathbf{AB}=(\mathrm{AB}_x, \mathrm{AB}_y, \mathrm{AB}_z)$ と $\mathbf{AC}=(\mathrm{AC}_x, \mathrm{AC}_y, \mathrm{AC}_z)$ の和が $\mathbf{AD}=(\mathrm{AD}_x, \mathrm{AD}_y, \mathrm{AD}_z)$，つまり

$$\mathbf{AD}=\mathbf{AB}+\mathbf{AC} \qquad (1.9)$$

のとき，**AD** の成分は **AB** の成分に **AC** の成分を加えたものとなる．すなわち，次の関係が成り立っている．

$$\begin{aligned}\mathrm{AD}_x&=\mathrm{AB}_x+\mathrm{AC}_x\\ \mathrm{AD}_y&=\mathrm{AB}_y+\mathrm{AC}_y\\ \mathrm{AD}_z&=\mathrm{AB}_z+\mathrm{AC}_z\end{aligned} \qquad (1.10)$$

和のベクトルと同様，ベクトルの差のベクトルも，元のベクトルの成分どうしの差を成分とする．

ベクトルの大きさはその長さなので，たとえばベクトル **AB** の大きさを成分で表すと，

$$\mathrm{AB}=\sqrt{(\mathrm{AB}_x)^2+(\mathrm{AB}_y)^2+(\mathrm{AB}_z)^2} \qquad (1.11)$$

となる．

1.5　ベクトルの積

ベクトルどうしの積の演算には，演算の結果がスカラー値になる内積と，ベクトルになる外積の 2 種類がある．ここでは定義だけを述べ，どのような場合にどう使われるかは後の講で示そう．

a.　ベクトルの内積

ベクトル **AB** と **AC** のなす角を θ とすると

$$|\mathbf{AB}|\,|\mathbf{AC}|\cos\theta \qquad (1.12)$$

で計算される数値（スカラー値）を，ベクトル

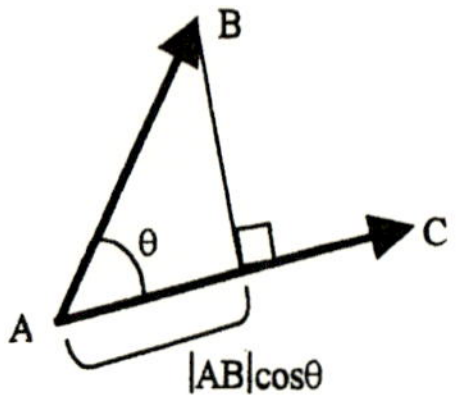

図 1.11　ベクトルの内積

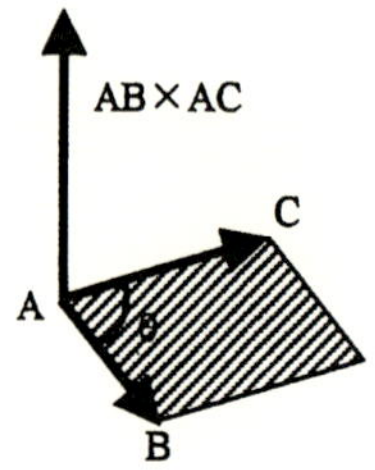

図 1.12　ベクトルの外積

AB と **AC** の内積またはスカラー積と呼び，

$$\mathbf{AB}\cdot\mathbf{AC} \qquad (1.13)$$

で表す．これは，図 1.11 に示すように，一方のベクトルを他方のベクトルへ投影した結果によるベクトルの大きさの積，すなわち，ベクトルの方向の違いによる影響を考慮に入れた積演算である．

内積を成分で表すと，次のように対応する成分どうしの積の和になる．

$$\mathbf{AB}\cdot\mathbf{AC} = \mathrm{AB}_x\mathrm{AC}_x + \mathrm{AB}_y\mathrm{AC}_y + \mathrm{AB}_z\mathrm{AC}_z \qquad (1.14)$$

同じベクトルどうしの内積をとると，なす角 θ は 0 なので，

$$\mathbf{AB}\cdot\mathbf{AB} = |\mathbf{AB}|\,|\mathbf{AB}| = |\mathbf{AB}|^2 \qquad (1.15)$$

すなわち，ベクトルの大きさの 2 乗となる．また，互いに直交するベクトル **AB** と **AC** の内積は，なす角 θ が 90° なので

$$\mathbf{AB}\cdot\mathbf{AC} = |\mathbf{AB}|\,|\mathbf{AC}|\cos\theta = 0 \qquad (1.16)$$

となる．

b.　ベクトルの外積

ベクトル **AB** と **AC** のなす角を θ とすると

$$|\mathbf{AB}|\,|\mathbf{AC}|\sin\theta \qquad (1.17)$$

の大きさを持ち，双方のベクトルに直交するベクトル **AD** を，ベクトル **AB** と **AC** の外積またはベクトル積と呼び，

$$\mathbf{AB}\times\mathbf{AC} \qquad (1.18)$$

で表す．ただし **AD** の向きは，図 1.12 に示すように，ベクトル **AB** の向きを右手の親指の指す向きに，ベクトル **AC** の向きを人差し指の指す向きとすると，双方に直交した中指の指す向きである．したがって **AB**×**AC** と **AC**×**AB** は逆向きになる．ベクトルの外積は，互いに直交する成分の影響の演算であり，2 つのベクトルで張られる平行四辺形の面積に等しい大きさを持つ．

外積を成分で表すと

$$\mathrm{AD}_x = \mathrm{AB}_y\mathrm{AC}_z - \mathrm{AB}_z\mathrm{AC}_y$$
$$\mathrm{AD}_y = \mathrm{AB}_z\mathrm{AC}_x - \mathrm{AB}_x\mathrm{AC}_z \qquad (1.19)$$
$$\mathrm{AD}_z = \mathrm{AB}_x\mathrm{AC}_y - \mathrm{AB}_y\mathrm{AC}_x$$

となる．計算する成分の順番が x, y, z の順で規則正しく配列されていることに注意してほしい．

同じベクトル **AB** どうしの外積は，なす角 θ が 0 なので

$$\mathbf{AB}\times\mathbf{AB} = \mathbf{0} \qquad (1.20)$$

また，互いに直交するベクトル **AB** と **AC** の外積は，両方のベクトルに直交し，それぞれのベクトルの大きさの積にちょうど等しい大きさ，$|\mathbf{AB}|\,|\mathbf{AC}|$ を持つベクトルになる．

まとめ

力や速度を適切に表すには，単一の値を持つスカラーではなく，複数の値を持つベクトルが必要である．ベクトルは，大きさ，方向，向きを持ち，矢印を使って図示される．ベクトルには，定数倍，和，差などの演算が定義できる．和や差を用いて複数のベクトルを 1 つのベクトルに合成したり，逆に分解したりできる．さらに，結果がスカラー値になる内積と，結果がベクトルになる外積の 2 つの積演算が定義できる．

風上に進むヨット

ヨットは風の吹いてくる方向に対しても進むことができる．これは，帆に働く揚力と船体に働く揚力の差によって可能になる．飛行機の翼も同じであるが，横からみて図 1.13 のような形状の板（翼）を風の方向に対して少し傾けてやると，翼の上側の流れが翼の下側の流れより速くなり，それにより圧力差が生じて上向きの揚力が生じる．

風上に向かうとき，ヨットに乗る人は帆と舵とを操って，風に対して帆と船体を図 1.14 のように向ける．帆の膨らみが翼の役目をして帆は図に示す揚力 $\boldsymbol{F}_s$ を生じる．この力は船の進行方向に対して平行な成分 $\boldsymbol{F}_{sa}$ と垂直な成分 $\boldsymbol{F}_{sb}$ に分けることができる．一方，船体には図 1.15 のように，水の流れで揚力 $\boldsymbol{F}_b$ と抵抗力 $\boldsymbol{R}_b$ とが生じる．この船体に生じる揚力 $\boldsymbol{F}_b$ は図 1.14 の $\boldsymbol{F}_{sb}$ とつりあい，$\boldsymbol{F}_{sa}$ と $\boldsymbol{R}_b$ の差で前進力が生じる．このようにしてヨットは風上に進む．

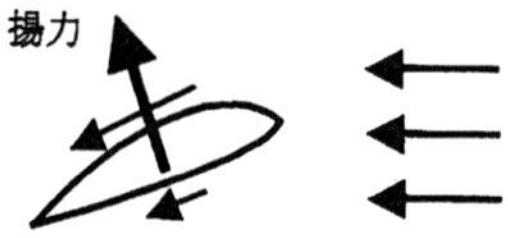

図 1.13　翼まわりの流れと揚力

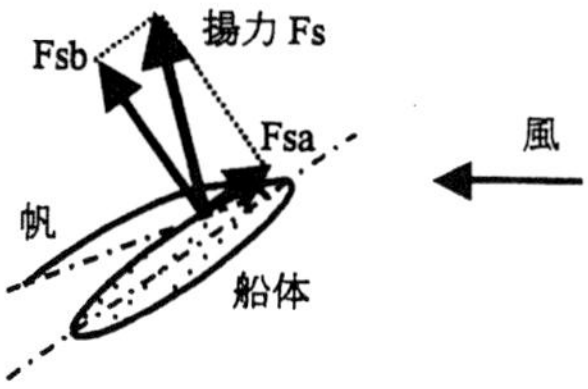

図 1.14　帆の揚力

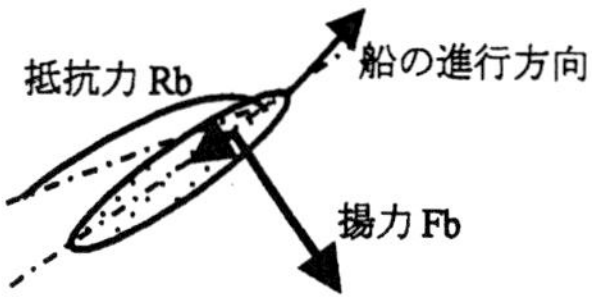

図 1.15　船体の揚力

第2講

物体に働く力

ベクトルという道具の用意ができたので，いよいよ機械力学の世界に進もう．数学の世界から少しだけ現実の世界に近づくのだが，いきなり複雑な問題にならないよう，前提を設ける．すなわち，さしあたって働く力によって物体が位置や姿勢を変えない場合を扱う．これを静力学という．物体が運動する場合については本書のもっと後の講で議論する．

2.1　点に働く力 — 力の基本的性質 —

さらに議論を簡単にするために，本節では物体を1つの点で代表させ，大きさを考えないことにする．たとえば，バケツに働く力は，バケツを代表する点に働く力で表し，その力が働いているのがバケツの底なのか，取っ手なのかは，本節では気にしないことにする．大きさのある物体については2.2節から扱う．

a.　力の三要素

力は，物体の運動の状態を変化させる作用である．1つの力が物体に対して及ぼす作用をきちんと述べるには，(1) 力の大きさ，(2) 力の方向と向き，(3) 力のかかる作用点，がわからなければならない．これを力の三要素と呼ぶ．したがって力を表すにはベクトルが適している．力を表すベクトルを力ベクトルという．

図2.1にバケツを手で持つ場合をもう一度示す．バケツには，バケツの中の水とバケツ自身に働く重力が下向きにかかっている．すなわち，力の大きさは水とバケツの重さ，方向は鉛直方向下向き，である．作用点は，上述したようにここでは物体を点と考えることとしたので，バケツ自身である．この力を図では力ベクトル **AG** で示した．

b.　力のつりあい

さて，バケツにはもう1つ力が加わっている．ベクトル **AG** で示した重力に逆らって手がバケツに及ぼす力である．これをベクトル **AH** で示そう．ベクトル **AH** は，ベクトル **AG** とちょうど逆向きで同じ大きさである．式で表せば

$$\mathbf{AH} = -\mathbf{AG} \tag{2.1}$$

あるいは

$$\mathbf{AH} + \mathbf{AG} = \mathbf{0} \tag{2.2}$$

となる．このように，バケツにかかる力ベクトルの総和が **0** ならば，バケツは下に落ちることもなく，上に引き上げられることもなく，静止している．二人でバケツを持つ場合でも，図2.2に示すように，片方の人がバケツを支える力 $\mathbf{AH_1}$ ともう一方の人がバケツを支える力 $\mathbf{AH_2}$ との和のベクトルと，バケツに働く重力 **AG** との総和が **0** になっていれば，バケツは静止している．このような状態のとき，つまり，あるもの（この場合はバケツ）に働く力の総和が **0** となるとき，それに働く力は「つりあっている」という．ここではつ

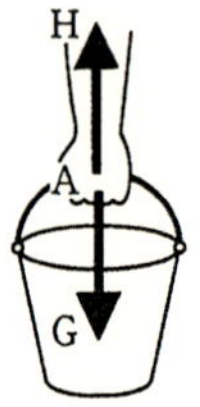

図 2.1　バケツに働く力

図 2.2　バケツに働く力：二人でバケツを持つ場合

りあいの概念を理解することにとどめ，いろいろな場合のつりあいの計算方法などは，大きさのある物体を扱う次の節以降で考えよう．

c. 力の作用・反作用

つりあいを調べるには，物体にどのような力が働くかわからなければならない．力はさまざまな原因で生じるが，少し特殊ではあるが重要な力として，力の反作用と摩擦力とがある．

図2.3のように，バケツが台の上に置いてあったとする．バケツと水による重力は前の例と同様，下向きのベクトル**AG**となる．この場合もバケツは静止しているので，バケツに働く力はつりあい状態にあるはずである．この場合，ベクトル**AG**と同じ大きさで逆向きの力**AS**が，台によりバケツに対して及ぼされていると考えられる．

このバケツにもう少し水を加えてみる．ベクトル**AG**はその分大きくなるが，バケツはそれでも動き出すことはない．すなわち，ベクトル**AS**も**AG**につりあうだけ大きくなっていると考えられる．これは人間がバケツを持っている場合(図2.1)も同じで，水が増えるとその分バケツを持つ力**AH**が増える．(もちろん，彼の出せる力の範囲でだが．)つまり，他の物を支えている物(手や台など)は，支えている物の動きを止めるのに必要な力を発生する．この力を「反力」と呼ぶ．

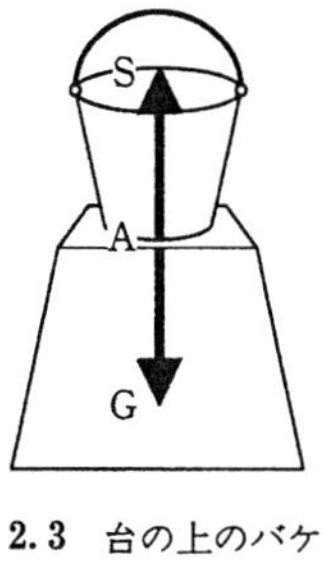

図 2.3 台の上のバケツ

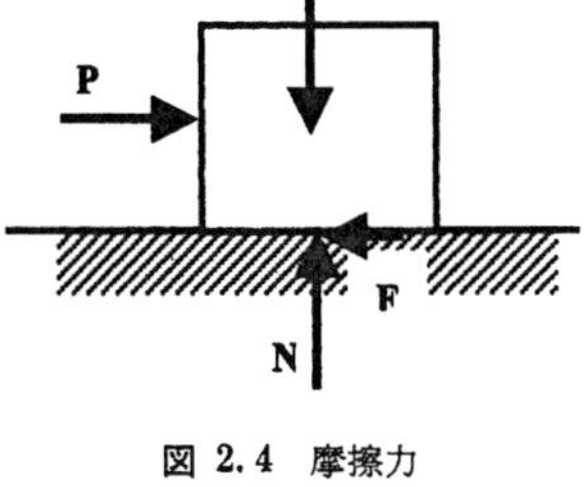

図 2.4 摩擦力

台の例に戻ると，台はバケツから受けている力と同じだけの大きさで逆向きの反力をバケツに及ぼす．互いに力を及ぼしあって静止している物体は，受けた力と同じだけの反力を返しているというこの性質を，「作用・反作用の法則」と呼ぶ．

d. 摩 擦

床に置いてある大きな箱を押して動かそうとすると，最初はなかなか動かない．押す力がある程度以上になるとついに動き出す．床と箱の接触により生じる，接触面に沿った動きに対するこの抵抗を「摩擦」という．摩擦により物を動かそうとする力に抵抗して生じる力を「摩擦力」と呼ぶ．

箱が動き出すまでは，箱を押す力 $\boldsymbol{P}$ と大きさが等しく向きが反対の摩擦力が働く．これを「静摩擦力」と呼ぶ．押す力が増えれば，摩擦力も増加し，したがって箱の力のつりあいが保たれる．しかし，静摩擦力は無限に大きくはならない．その限度 $\boldsymbol{F}$ は，摩擦を生じている接触面に垂直に働く力 $\boldsymbol{N}$(この場合は箱の重さ $\boldsymbol{W}$)に比例する．

$$\boldsymbol{F}=\mu\boldsymbol{N} \tag{2.3}$$

この比例係数 μ を「静摩擦係数」と呼ぶ．摩擦係数は，接触している箱や床の材質や状態により決まる．箱を押す力がこの限度を超えるとついに箱はすべって動き出す．

箱を押して動かしている間も，常に動きに抵抗する力が，箱が動く方向と逆向きに働く．これを「動摩擦力」と呼ぶ．動摩擦力 $\boldsymbol{F}'$ も，接触面に垂直に働く力 $\boldsymbol{N}$ に比例した大きさを持つ．

$$\boldsymbol{F}'=\mu'\boldsymbol{N} \tag{2.4}$$

この場合の係数 μ' は，「動摩擦係数」と呼ばれ，静摩擦係数とは異なる値をとる．

2.2 大きさのある物体に働く力

いままでは物の大きさを考えないで，すべての力が注目する点に集まっているという想定のもとに考えてきたが，実際には物体のどの部分に力が働くかで物体のふるまいは異なる．ここでは大きさのある物体を考えてそれに働く力を考える．

a. 剛　体

まず扱う物体の性質について決めておく．たとえば，水平に突き出た棒の端におもりをつるすと，(おもりの重さ，棒の太さや材質などにもよるが) 棒はたわむ．このように物体は力を受けると多かれ少なかれ変形する．しかし，機械力学では，このような変形を無視して，あるいは「物体は変形を起こさない」と仮定して議論を行う．このような変形しない仮想の物体を「剛体」と呼ぶ．すなわち，機械力学では剛体が力を受けたときのふるまいについて扱う．なお，力による物体の変形については，材料力学などで扱う．

剛体は，その一部に力が加わるとその作用が伝わる領域であるので，力が働かない点についてはその形状を問わない．たとえば3つの点にのみ力が作用するとすれば，重力や慣性力のような形状に依存する力を考慮しないかぎり，それらの点を含む剛体がどのような形であっても同じ結果となる．

b. 自由体線図

力による剛体の挙動を調べるには，まずその剛体にどのような力が加わっているかをきちんと数え上げなければならない．前節で述べたように物体にかかる力は反作用による力や摩擦力のように他の物体やまわりの環境との関係で生じるものも多い．注目する剛体にかかる力の様子をわかりやすく示すために，他の物体やまわりの環境を取り除き，注目する剛体とそれに加わる力のみを描いた図を自由体線図と呼ぶ．たとえば図 2.2 に示した二人でバケツを持つ場合のバケツの自由体線図は図 2.5 のようになる．

c. 力の平行移動

大きさのある剛体の場合も，点に対する場合と同様，力のつりあいが生じる．図 2.6 のように左右から同じ力で引っ張られている剛体は，つりあい状態にあり，動かない．力ベクトルの働く点 A と C が同じ点でなく剛体の両端にある場合でも，左右のベクトル **AB** と **CD** が同じ線の上にあり逆向きで同じ大きさならば，言い換えれば，両方の力ベクトルの和が **0** になれば，力はつりあい，剛体は静止していることに注意してほしい．

次に，図 2.7 に示すように，力ベクトル **CD** のかわりに A と C を結ぶ線上の点 E に力ベクトル **CD** と同じ力ベクトル **EF** を与えても，剛体は動かず，力はつりあう．このように力ベクトルがその方向に沿った直線上を平行移動しても，力のつりあいには影響しない．力ベクトルの方向に沿ったこの線を「力の作用線」と呼ぶ．すなわち，力ベクトルは力の作用線上を自由に移動できる．

d. 力の重ね合わせ

力がその作用線上を移動できるということは次のような見方もできる．図 2.8 で最初剛体には力 **AB** と力 **CD** が加えられていた．これに加えて，この剛体の点 E に力 **CD** と同じ大きさ同じ方向の力ベクトル **EF** を，また点 C に力 **CD** と同じ大きさ逆向きの力ベクトル **CD′** を与えたとする．

図 2.5　バケツの自由体線図

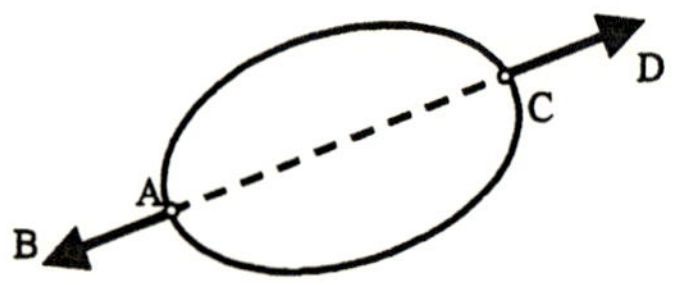

図 2.6　左右から引っ張られる剛体

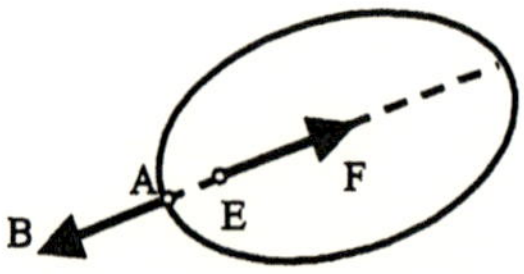

図 2.7　力ベクトルの平行移動

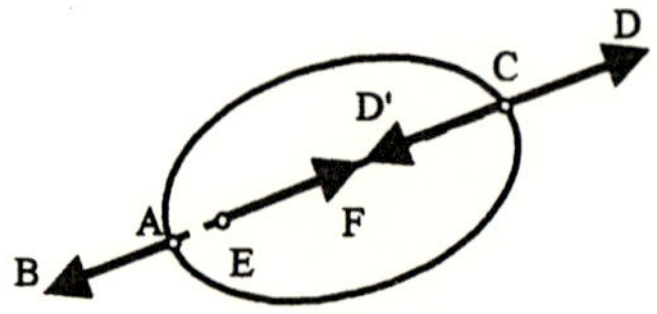

図 2.8　力の重ね合わせ

力 EF と力 CD′ は同一の作用線上にあって同じ大きさで互いに逆向きなのでつりあっており，したがって剛体の状態に変化を及ぼすことはない．ここで点 C に働く力 CD と力 CD′ は，同じ大きさで互いに逆向きなので，つりあっており，したがって点 C には力が働いていないことになる．残ったのは力 AB と力 EF で，しかも剛体の状態は最初と変化していない．つまり力 AB と力 EF はつりあっている．このように，ある剛体にそのつりあい状態を変化させることなく，別のつりあっている一群の力を加えることができる．このような操作を力の重ね合わせと呼ぶ．

e. 内　力

図 2.9 のようにつりあい状態にある剛体の中に，力の作用線と交わる面を考えると，この面で分割された剛体のどちらの半分も動かないので，それぞれがつりあい状態にあるとみなせる．したがって図 2.9 に示すように，分割面を通じて剛体の右半分と左半分が互いに力を及ぼしあっていると考えられる．この力は互いに逆向きで同じ大きさであり，しかもそれぞれの半分がつりあっているのでその大きさはちょうど加えられている力と同じである．このように外から力の加わっている剛体の内部ではその任意の断面で互いに逆向きの力が発生している．これを「内力」と呼ぶ．内力は，剛体がばらばらになることを防ぎその形を保っている力とみなせよう．材料力学では，この内力により物体に生じる変形が議論される．

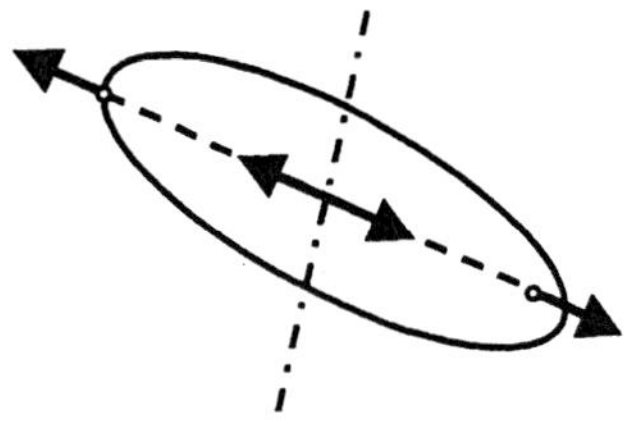

図 2.9　内力

まとめ

物体を 1 つの点と考えた場合，物体 (1 点) に働く力は，ベクトルの和を用いて 1 つの力ベクトルにまとめられる．まとめた結果の力ベクトルが **0** ならば物体はつりあい状態にあり，静止している．結果の力ベクトルが **0** でない場合は，その力により物体は運動を始める．力により生じる運動については，後の講で扱う．なお，特殊な力として物体を支える力である反力，物体の動きに抵抗する力である摩擦力を学んだ．

大きさのある物体を扱う場合，機械力学では，力によって形の変わらない「剛体」を対象とする．剛体に働く力の基本的な性質として次のことがわかった．

(1)　力はその作用線上の任意の位置へ移動できる．

(2)　つりあい状態にある剛体に一対のつりあった力を加えても，剛体の状態は変わらない．

(3)　つりあい状態にある剛体の内部では内力が生じている．

摩擦のモデル

摩擦力は垂直効力に比例する．図 2.10 のように平面上の物体に力を加えたとき，接触面にかかる力は，自重を含めた垂直方向の力 $\boldsymbol{F}_v$ と水平方向の力 $\boldsymbol{F}_h$ に分けられる．これらの合力 $\boldsymbol{R}$ の向きを垂直からだんだん傾けていって $\boldsymbol{F}_h$ が，$\boldsymbol{F}_v$ に静摩擦係数 μ をかけた値より大きくなると，物体はすべりだす．物体が動きだす限度の，$\boldsymbol{R}$ の垂直からの傾きの角度 α を静摩擦角と呼び，

$$\tan\alpha=\frac{\boldsymbol{F}_h}{\boldsymbol{F}_v}=\mu$$

である．頂角 2α の円錐を静摩擦円錐という．

摩擦の現象は複雑であり，接触面の材質だけでなく潤滑や汚れなどの状態によっても変化し，簡単な説明は困難である．しかし図 2.11 のようにモデル化すると，直感的に理解しやすいかもしれない．物体を 1 つの質点と考えると，

重力などの垂直方向の力により接触面に押しつけられた質点は，接触面をへこませる．凹みの斜面の傾きを α とすると，この質点を斜面に沿って引き上げる力

$$\boldsymbol{F}_h \cos\alpha - \boldsymbol{F}_v \sin\alpha$$

が正の値をとらなければならない．すなわち

$$\boldsymbol{F}_h \geqq \boldsymbol{F}_v \tan\alpha$$

であり，斜面の角度が静摩擦角に相当する．

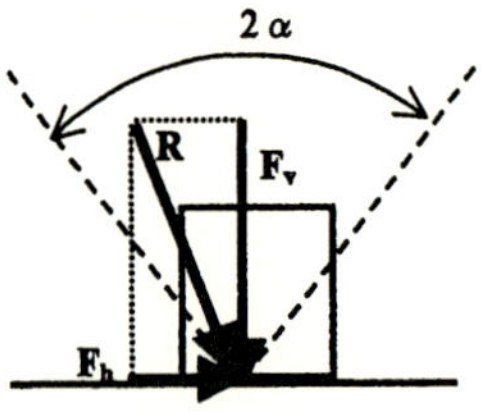

図 2.10　静摩擦角

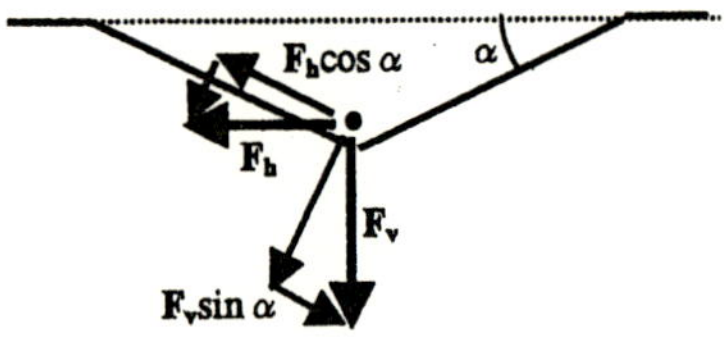

図 2.11　直感的な静摩擦のモデル

第3講

つりあい

3.1　力のつりあい

剛体に働く複数の力がつりあう様子をもう少し詳しくみてみよう．剛体がつりあい状態にあるということを手がかりに，その剛体にかかる力の大きさや向きを求めることができる．

a.　1点に集まる力

図3.1のように同じ作用線上にない2つの力 **AB** と **CD** が剛体に働く場合を考える．両方の力ベクトルの作用線が交わる点をEとすると，力ベクトル **AB** はその作用線の上を自由に動けるので点Eを起点とすることもできる．同様にして力ベクトル **CD** も点Eを起点とするように移動させれば，剛体に働く力は点Eに働く力の和として求めることができる．すなわち力ベクトル **EF** が剛体に働く力である．

力のつりあいは，それぞれの力ベクトルを，ある方向に平行な成分と直交する成分に分けて考えることもできる．それぞれの成分は直交しているので，平行成分は平行成分だけで，直交成分は直交成分だけで和を求めてよい．成分を用いる具体的な方法についてはこの後の例題で議論しよう．

すべての力の作用線が1点で交わるならば，2つの力の場合だけでなく，複数の力が加わる場合でも同じように解くことができる．すなわち，力はその作用線上を移動できるので，すべての力が作用線の交点に働くと考えることができ，したがってその点でそれらの合力が0になれば，それらの力はつりあい状態になる．

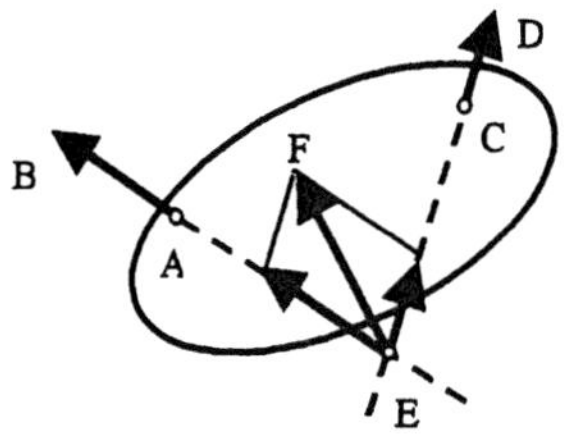

図 3.1　剛体に働く力

【例題】　図3.2のように重量 W のおもりを，水平とそれぞれ45°，60°の角度をなす糸でつり下げている．それぞれの糸に働く力を求めよ．

解答　おもりに働く重力 W は鉛直下向きで糸PQの端に加わっている．このおもりを支えるために左右の糸に働く張力は，それぞれの糸に沿って働いている．それらを S_1, S_2 としよう．力 W の作用線は糸PQに重なり，張力 S_1, S_2 の作用線は糸PS, PRと重なっている．すなわち3つの力の作用線は，糸の結び目Pで交わる．すべての力の作用線が1点に集まっている場合にはその点での力のつりあいを調べればよいので，作用線の集まる結び目Pでの力のベクトルの様子を図に描くと，図3.3のようになる．

おもりは2本の糸につり下げられて静止しているので，これら W, S_1, S_2 の3力はつりあい状態

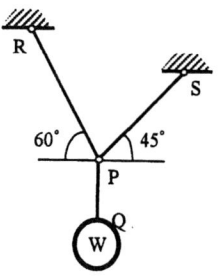

図 3.2　糸でつり下げられたおもり

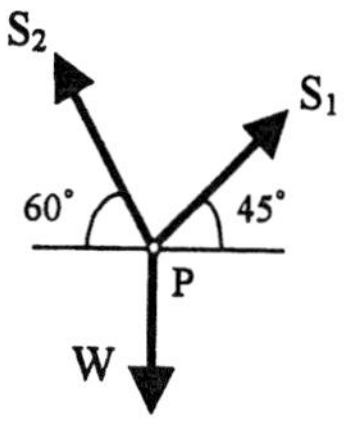

図 3.3　結び目Pに働く力

にある．つりあい状態にある力ベクトルの和は $\mathbf{0}$ になり，3つのベクトルは図3.4のような閉じた多角形（力の多角形）を作る．

図3.4は次のようにして描ける．

(1) まず，重力 $\boldsymbol{W}$ のベクトル $\mathbf{AB}$ を鉛直下向きに適当な長さで描く．

(2) 力ベクトル $\boldsymbol{S}_1$ を力ベクトル $\boldsymbol{W}$ に加えるため，Bから $\boldsymbol{S}_1$ の方向（水平から45°）に線を引く．$\boldsymbol{S}_1$ の大きさはまだわからない．

(3) 力ベクトル $\boldsymbol{S}_1$ と力ベクトル $\boldsymbol{W}$ に力ベクトル $\boldsymbol{S}_2$ を加えると $\mathbf{0}$ ベクトルになり，力の多角形は閉じるので，力ベクトル $\boldsymbol{S}_2$ はベクトル $\mathbf{AB}$ の始点Aに戻るはずである．そこでAから $\boldsymbol{S}_2$ の方向（水平から60°）に線を引く．

(4) $\boldsymbol{S}_1$ の方向の線と $\boldsymbol{S}_2$ の方向の線の交点Cにより $\boldsymbol{S}_1$ と $\boldsymbol{S}_2$ の大きさが決まる．すなわち，$\boldsymbol{S}_1$ は力ベクトル $\mathbf{BC}$, $\boldsymbol{S}_2$ は力ベクトル $\mathbf{CA}$ である．

これを成分を用いて解いてみよう．$\boldsymbol{W}$ と $\boldsymbol{S}_1$ と $\boldsymbol{S}_2$ はつりあっている．これらの力を水平方向の成分と垂直方向の成分に分解すると，そのそれぞれの成分もつりあわなければならない．そこで，水平方向と垂直方向の成分のつりあいの方程式をそれぞれ次のようにたてる．

$$|\boldsymbol{S}_2|\cos 60° - |\boldsymbol{S}_1|\sin 45° = 0 \tag{3.1}$$

$$|\boldsymbol{S}_2|\sin 60° + |\boldsymbol{S}_1|\sin 45° - |\boldsymbol{W}| = 0 \tag{3.2}$$

この2つの方程式を連立させて解くと

$$|\boldsymbol{S}_1| = \frac{\sqrt{3}-1}{\sqrt{2}}|\boldsymbol{W}|, \qquad |\boldsymbol{S}_2| = (\sqrt{3}-1)|\boldsymbol{W}| \tag{3.3}$$

と求められる．

一般に1点に複数の力 $\boldsymbol{F}_1, \boldsymbol{F}_2, \cdots, \boldsymbol{F}_n$ が働いている場合，それらの力の x 成分を $F_{1x}, F_{2x}, \cdots, F_{nx}$ とし，y 成分を $F_{1y}, F_{2y}, \cdots, F_{ny}$ とすると，

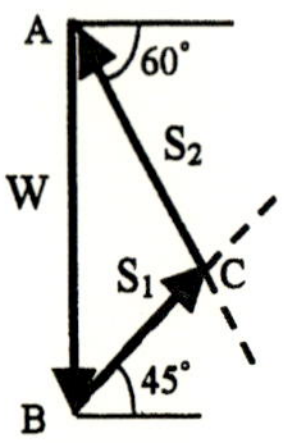

図 3.4 点Pでの力のつりあい

それぞれの成分についてのつりあい

$$\sum_{i=1}^{n} F_{ix} = 0, \qquad \sum_{i=1}^{n} F_{iy} = 0 \tag{3.4}$$

が成立する場合にかぎり，$\boldsymbol{F}_1, \boldsymbol{F}_2, \cdots, \boldsymbol{F}_n$ はつりあう．$\boldsymbol{F}_1, \boldsymbol{F}_2, \cdots, \boldsymbol{F}_n$ が空間内の力の場合も，z 方向の成分のつりあいを加えた3式

$$\sum_{i=1}^{n} F_{ix} = 0, \quad \sum_{i=1}^{n} F_{iy} = 0, \quad \sum_{i=1}^{n} F_{iz} = 0 \tag{3.5}$$

がすべて満足される場合にかぎり，つりあう．

b. 平行に働く力

物体に重力など平行な力が働く場合がある．この場合，力が平行なため力の作用線が1点で交わらず，力の多角形を作ることができない．こうした問題を解くには特別な工夫が必要になる．

図3.5のように平面内の点A, Bに働く2つの平行な力 $\boldsymbol{P}, \boldsymbol{Q}$ を考える．この2つの平行力は次のようにして1つに合成することができる．まず，力 $\boldsymbol{P}, \boldsymbol{Q}$ の働く点A, Bに，大きさが等しく，方向の逆向きな一対の力 $\boldsymbol{S}$ と $-\boldsymbol{S}$ を加える．これらの力は同じ作用線上にあってつりあっているので，これらの力を加えることによって物体のつりあい状態は影響を受けない（「力の重ね合わせ」）．$\boldsymbol{S}$ と $\boldsymbol{P}$ を加えた力 $\boldsymbol{P}'$，および $-\boldsymbol{S}$ と $\boldsymbol{Q}$ を加えた $\boldsymbol{Q}'$ を考えると，この2つの力 $\boldsymbol{P}'$ と $\boldsymbol{Q}'$ は，作用線が交わる．その交点Cで力 $\boldsymbol{P}'$ と $\boldsymbol{Q}'$ の合力を求めれば，それは $\boldsymbol{P}$ と $\boldsymbol{Q}$ の合力に等しい．力の平行四辺形を作ればこの合力 $\boldsymbol{R}$ が，力 $\boldsymbol{P}$ と力 $\boldsymbol{Q}$ の大きさの和の大きさを持ち，$\boldsymbol{P}$ と $\boldsymbol{Q}$ に平行であることがわかる．

この合力 $\boldsymbol{R}$ を作用線に沿って，AB線上まで

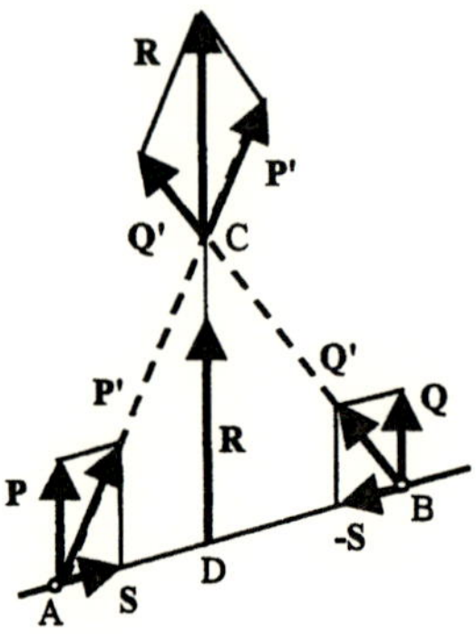

図 3.5 2つの平行力

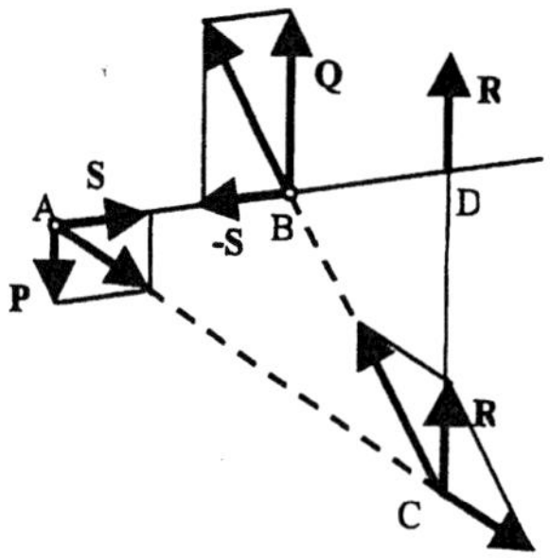

図 3.6 逆向きの平行力

移動させた点をDとする．2つの平行の力，すなわち点Aに働く力$\boldsymbol{P}$と点Bに働く力$\boldsymbol{Q}$は，AB線上の点Dに働く力$\boldsymbol{R}$にまとめられることになる．△ACDと△BCDをみると，AD：DC$=|\boldsymbol{S}|:|\boldsymbol{P}|$，BD：DC$=|\boldsymbol{S}|:|\boldsymbol{Q}|$から，AD：BD$=|\boldsymbol{P}|:|\boldsymbol{Q}|$となっている．つまり，点Dは線分ABを2つの平行力$\boldsymbol{P}$と$\boldsymbol{Q}$の大きさで内分する点である．

まとめると，2つの平行力の合力は，それらが働く点をその大きさで内分する点に働き，大きさがその和になる平行力である．

平行力$\boldsymbol{P}$と$\boldsymbol{Q}$が逆向きの場合も同様であるが，図3.6のように，働く点は両方の力を外分する点，大きさは両方の力の大きさの差となる．

3.2 モーメントのつりあい

剛体にかかる力のつりあいについて，これまで議論したやり方では扱えないのが，回転運動を引き起こす効果を生じる場合である．

a. 偶　力

剛体に働く力ベクトルの和が0ならば剛体はつりあうが，図3.7のように，方向が逆向きで大きさが等しく，互いに平行な2つの力ベクトル**AB**と**CD**が，剛体に働く場合はどうだろうか．2つの力ベクトルの作用線はどのような一対のつりあい力を加えても平行になり交わらず，1つの力ベクトルにまとめることができない．この場合，容易に想像できるように剛体は回転を始める．

このように，方向が逆向きで大きさが等しく，互いに平行な2つの力ベクトルの組を「偶力」と呼ぶ．偶力は剛体の回転を引き起こす．

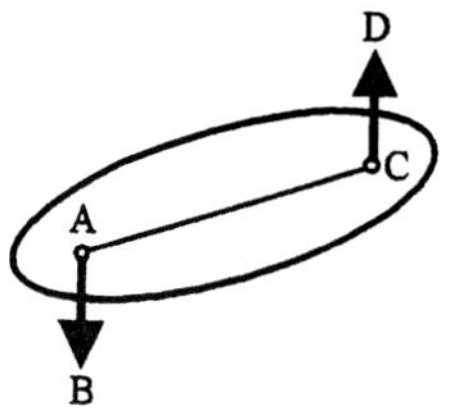

図 3.7 偶力

b. モーメント

物体の運動は，物体のいる位置が変化する並進運動と物体の姿勢が変化する回転運動とに分けられる．多くの場合，これらの2種類の運動は混ざり合っている．たとえば投手が投げたボールは回転しながら打者の方へ飛んでいく．並進運動を引き起こす効果の大きさは，剛体に加わる力ベクトルの総和で表された．これに対して回転運動を引き起こす効果の大きさは，「力のモーメント」と呼ぶ量で表される．

剛体上のある点のまわりのモーメントの大きさは，その点から力の作用線へ下ろした垂線の長さとその力との積で表される．

図3.8はボルトをスパナで回そうとしているところである．ボルトすなわち回転の中心をA，スパナの力をかけている点をBとする．またABの長さをl，Bに加わる力ベクトル**BC**が**AB**となす角をθとしよう．力**BC**の作用線に回転中心Aから下ろした垂線の足をDとすると，このときのモーメントの大きさは，

$$|\mathbf{BC}|\,|\mathbf{AD}|=|\mathbf{BC}|\,|\mathbf{AB}|\sin\theta \qquad (3.6)$$

となる．モーメントの向きを回転により右ねじの進む方向と定義すれば，モーメント$\boldsymbol{M}$を

$$\boldsymbol{M}=\mathbf{AB}\times\mathbf{BC} \qquad (3.7)$$

と，外積を使って表すことができる．

モーメント$\boldsymbol{M}$は，**BC**と**AB**のなす角θが0の場合すなわち力がスパナの長手方向に向いている場合に**0**となり，角θが90°すなわち力がスパナの長手方向に直交するときに最大となる．我々は，スパナのなるべく端に力をかけ，しかもなるべくスパナの長手方向に直交するように力をかけた方がスパナを楽に回せることを知っており，モーメントの定義はこの経験と違わない．

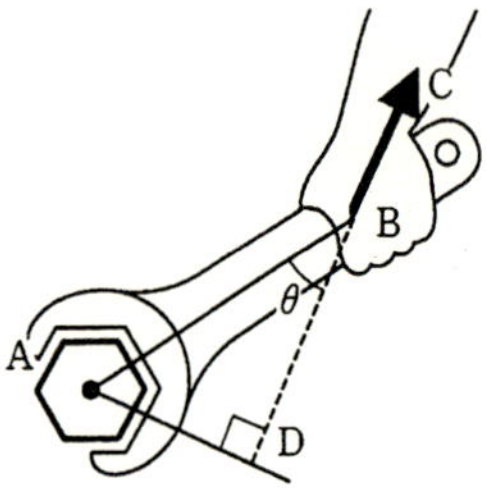

図 3.8　ボルトをスパナで回す

モーメントは，力の作用線への垂線の長さが同じならば変化しないので，モーメントに関しても，力はその作用線の上を自由に移動できる．また，力を，垂線の長さを変えずに回転中心まわりに回転しても，モーメントは変化しない．

c.　偶力のモーメント

図3.9に示すように，偶力ABとCDが働いているとき，モーメントの定義より，ある点Eまわりのモーメントは

$$\boldsymbol{M}=\mathbf{EA}\times\mathbf{AB}+\mathbf{EC}\times\mathbf{CD} \qquad (3.8)$$

となる．

点Eが点Aに一致する場合，つまり点Aまわりのモーメントは，片方の力ABがモーメントに貢献しないので**AC×CD**となる．同様に点Eが点Bのとき，つまり点Bまわりのモーメントは**CA×AB**となる．ACとCAは同じ大きさで逆向き，CDとABも同じ大きさで逆向きなので，この2つは同じモーメントである．

点EがACの延長線上にあるとき，ACの線上でACの間にあるときも，同じモーメントになることを確かめてほしい．さらに，点EがACの線上になくても，影響するのは力の作用線への垂線の長さなので，やはり同じモーメントになる．

結局，偶力ABとCDの働く剛体上ではどの点に対しても同じモーメントが働く．逆に，偶力が剛体内でどのように回転あるいは平行移動しても剛体に加わるモーメントは変わらない．さらには偶力の存在する面自体が平行移動してもモーメントは変わらない．すなわち，偶力によるモーメントは，偶力の向きと大きさ，作用線の間の距離，偶力の存在する面の方向，だけで決まる．

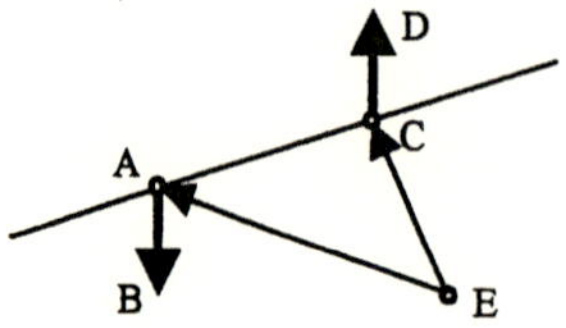

図 3.9　偶力のモーメント

d.　平行な力のつりあい

橋やクレーンのような機構に重力が働く場合など平行な複数の力が物体にかかることがよくある．これらの平行な力がつりあうには，合力が0になること(並進運動をしない)とモーメントが0になること(回転運動をしない)の2つの条件を満足する必要がある．$\boldsymbol{F}_1, \boldsymbol{F}_2, \cdots, \boldsymbol{F}_n$の$n$個の$y$軸に平行な力が，それぞれ$x$座標$x_1, x_2, \cdots, x_n$にかかっている場合，合力$\boldsymbol{R}$の大きさは

$$\boldsymbol{R}=\sum_{i=1}^{n}\boldsymbol{F}_i \qquad (3.9)$$

$\boldsymbol{R}$の作用線の位置x_0は

$$x_0=\frac{\sum x_i\boldsymbol{F}_i}{\sum\boldsymbol{F}_i} \qquad (3.10)$$

で求められる．(ただし，$\boldsymbol{F}_i$とx_iは正負の符号をつけて計算する．)この合力$\boldsymbol{R}$が0というのがつりあいのための第一の条件である．

$$\sum\boldsymbol{F}_i=0 \qquad (3.11)$$

上で述べたように，モーメントは，どこで調べてもよいので，たとえば原点まわりで考えれば

$$\boldsymbol{M}=\sum x_i\boldsymbol{F}_i \qquad (3.12)$$

となる．このモーメントが**0**というのがつりあいのための第二の条件になる．

$$\sum x_i\boldsymbol{F}_i=0 \qquad (3.13)$$

すなわち，物体がつりあい状態にあるためには式(3.11)と式(3.13)が成立していなければならない．

【例題】　図3.10に示すように両端を支持された長さlの梁の2か所に荷重がかかる場合を考える．両端の支点で生じる反力はどのくらいの大きさになるだろうか．

解答　梁にかかる力は左端から距離x_aの点Aにかかる力$\boldsymbol{W}_a$，距離x_bの点Bにかかる力$\boldsymbol{W}_b$以外に，両端の支点での垂直上向きの反力$\boldsymbol{R}_1$と

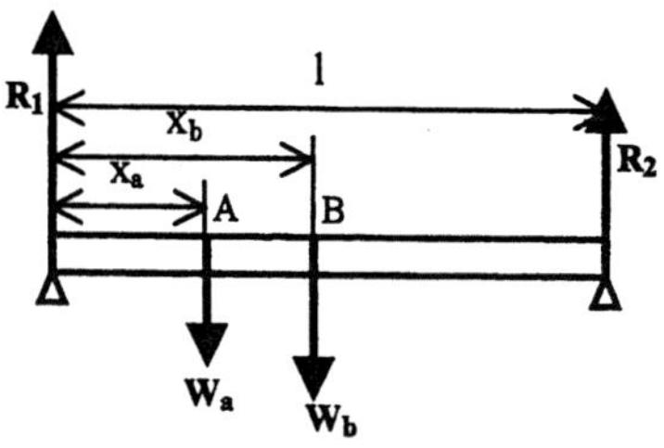

図 3.10 梁にかかる荷重

R_2がある．成分で考えると，水平方向(x 方向)には働く力がない．垂直方向のつりあいの式は，

$$W_a+W_b=R_1+R_2 \quad (3.14)$$

である．左端の支点まわりのモーメントのつりあいは，

$$W_a x_a+W_b x_b-R_2 l=0 \quad (3.15)$$

となる．これらから反力 R_1 と R_2 を次のように解くことができる．

$$R_1=\frac{W_a(l-x_a)+W_b(l-x_b)}{l}$$
$$R_2=\frac{W_a x_a+W_b x_b}{l} \quad (3.16)$$

まとめ

剛体に複数の力が働く場合でも，それらの作用線が1点で交わるならば，すべての力をその点へ移動させることで力の多角形を作ってつりあいを議論できる．力の具体的な大きさなどを求めるには力の成分にしたがってつりあいの式を立てればよい．剛体にかかる2つの力が平行な場合も，力の重ね合わせを使ってそれらを1つの力にまとめられる．

剛体に働く複数の力ベクトルを1つにまとめた和が0でなければ，並進運動が生じる．平行逆向きで同じ大きさの2つの力は1つにまとめることができず，偶力と呼ばれる．偶力は剛体の回転を引き起こす．剛体の回転運動は，剛体に働く複数のモーメントを1つにまとめたとき，その和が0でなければ生じる．

たてつけの悪い雨戸

雨戸などを開けるとき，戸のたてつけが悪く開けにくいことがある．いろいろな原因があると思われるが機械力学の見方で考えてみよう．戸が開けにくいのは，溝とのすべりが悪く戸が傾いてしまうためである．どのような条件を満たせば戸は傾かずにうまくすべって動くのだろうか．

戸が傾こうとするとき戸に働いている力は，図3.11に示すように，戸の自重 W，戸を押す力 P，溝との摩擦力 F である．W は戸の中心Cに下向きにかかり(物体の自重がかかる点を代表する重心の概念は次の講で学ぶ)，P は図の点Aに水平に，F は前側の角Bに P と逆向きにかかる．BからCをみる角度を α，BからAをみる角度を β とすると，戸を傾けようとするモーメント M の大きさは，P により生じるモーメントと W により生じるモーメントの差，すなわち

$$M=\mathrm{BA}\cdot P\sin\beta-\mathrm{BC}\cdot W\cos\alpha$$

である．この値が負であれば戸は傾かないので，戸を押す位置は BA と $\sin\beta$ が小さくなる下の方で押すのがよく，戸の形は $\cos\alpha$ が大きくなる横幅の大きなものがよいことになる．もちろん静摩擦係数 μ が小さく，P が大きくなって戸が傾き出す前に

$$F=\mu W\leqq P$$

が成り立って戸がすべり出さなければならない．

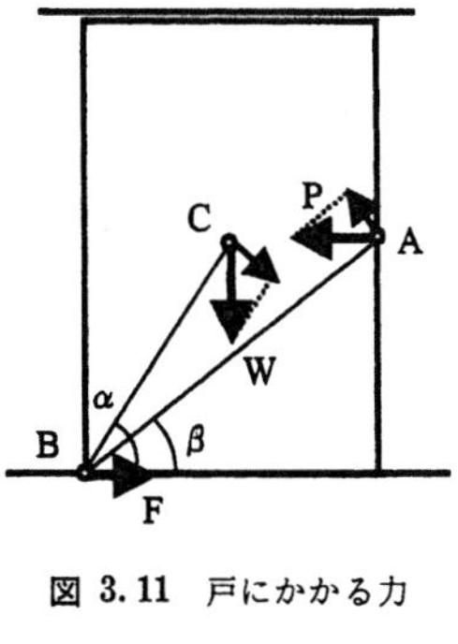

図 3.11 戸にかかる力

第4講
さまざまな力

4.1　ピン結合と単純ローラ支持

平面内に3つの力が働き，そのうちの1つあるいは2つの力の大きさや方向を求めるという問題によく出会う．そのとき剛体を土台と結びつける関係には固定以外にいくつかの種類がある．

剛体に働く力の位置は決まるが，向きは力のつりあいの状態により変化するのが，ピン結合である．円形の穴に円形のピンが組み合わされているため，土台にピン結合された剛体は，ピンの位置で固定されるがピン結合まわりには回転できる．剛体は，ピン結合を介して土台からどの方向の反力をも受けることができる．

たとえば，図4.1のように剛体に2つの力 $\boldsymbol{P}$, $\boldsymbol{Q}$ が働いてつりあっている場合に，ピン結合に生じる反力を求めてみる．剛体はつりあっているので，反力の作用線も $\boldsymbol{P}$, $\boldsymbol{Q}$ の力の作用線の交点を通ることから，反力の方向を定めることができる．さらに，作用線の交点での力の多角形を作れば，反力の大きさも求められる．

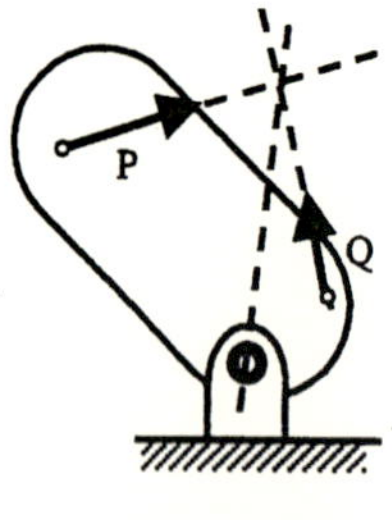

図 4.1　ピン結合

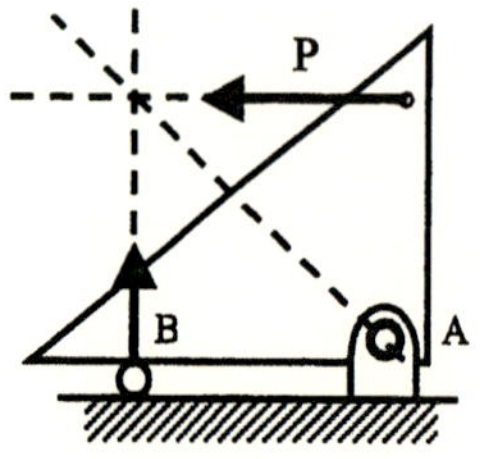

図 4.2　単純ローラ支持

位置は変化するが，力の向きは一定なのが，単純ローラ支持である．土台のある面に対して剛体をころで支持しているため，その面に沿って力の作用点は自由に移動できる．剛体は，この点で，この面に平行な方向の力を受けることはできず，面に垂直な方向の反力だけを土台から受ける．

図4.2のように点Aをピン結合，点Bを単純ローラ支持された剛体に力 $\boldsymbol{P}$ が働く場合，点Bでの反力の方向はわかっているので，この反力と力 $\boldsymbol{P}$ の作用線の交点が求められる．この交点には点Aの反力の作用線も通ることから，点Aでの反力の方向も定まる．これにより力の多角形を描いて，それぞれの反力の大きさも定められる．

4.2　分布した力

物体へかかる重力などを考える場合，力は物体全体に一様に分布して加わる．そのような場合に物体全体にかかる合力には，物体の形が影響する．

a.　図心と重心

図4.3のように剛体の2つの点に働く平行な力 $\mathbf{A_1B_1}$ と $\mathbf{A_2B_2}$ を考える．これらの力を1つにまとめた力 $\mathbf{A_3B_3}$ の大きさは $|\mathbf{A_1B_1}|$ と $|\mathbf{A_2B_2}|$ の和になり，その働く位置は $\mathbf{A_1A_2}$ を $|\mathbf{A_1B_1}|$ と $|\mathbf{A_2B_2}|$ の比で分割した点Dを通り力 $\mathbf{A_1B_1}$ と

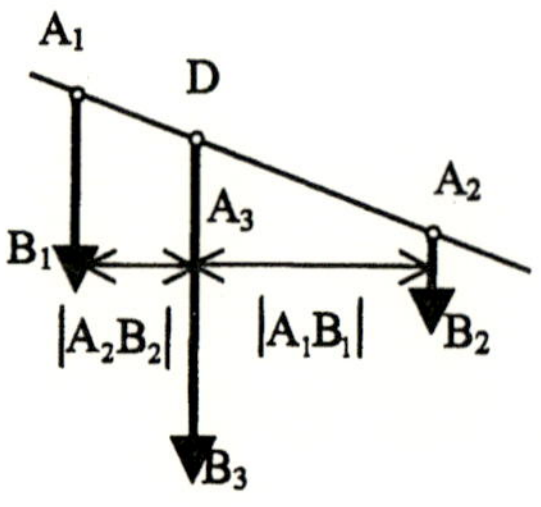

図 4.3　2つの平行力の和

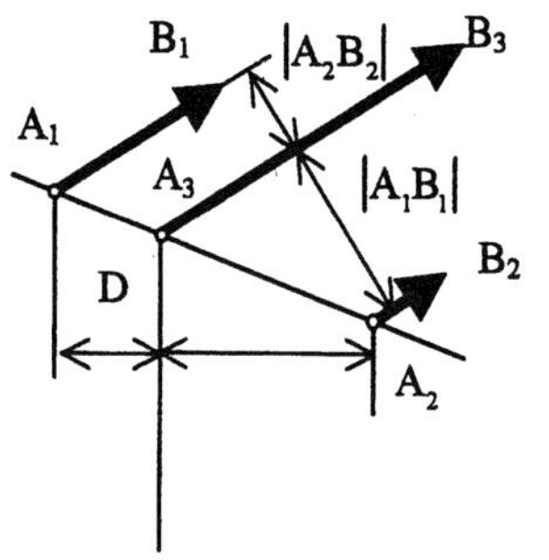

図 4.4　平行力の回転

A_2B_2 に平行な線上になることを前講で学んだ．

さてこの平行力の働く向きを変えるとどうなるだろうか．図 4.4 に示すように合力の向きは変わるが，その働く位置 D は変わらない．すなわち，平行力を回転してもその合力の働く位置は一定である．2 つの平行力ではなく複数の平行力が働く場合も同じようにすべての平行力の和の力が働く点の位置は，平行力の回転に対して変化しない．

いま，剛体に重力が働いている場合を考えると，剛体の各微小部分に重力方向の平行力が働いていることになる．それらの平行力を 1 つにまとめた力が働く点は，上記の議論から，剛体が回転して姿勢を変えても変わらない．この点をその剛体の「重心」と呼ぶ．

たとえば，剛体の $(x_1, y_1), (x_2, y_2), \cdots, (x_n, y_n)$ にある複数の微小部分に重力 $\boldsymbol{W}_1, \boldsymbol{W}_2, \cdots, \boldsymbol{W}_n$ が働いていたとすると，それらの和の力が働く点すなわち重心の位置は次のようにして求められる．重力が y 方向に働いている場合を想定したモーメントのつりあいから，重心の x 座標は

$$\bar{x}=\frac{\sum_{i=1}^{n} x_i \boldsymbol{W}_i}{\sum_{i=1}^{n} \boldsymbol{W}_i} \tag{4.1}$$

で求められ，同様に重力が x 方向に働いている場合を想定すると，y 座標は

$$\bar{y}=\frac{\sum_{i=1}^{n} y_i \boldsymbol{W}_i}{\sum_{i=1}^{n} \boldsymbol{W}_i} \tag{4.2}$$

と求められる．剛体の単位面積あたりの重量を γ とすると，図 4.5 に示すように剛体の微小面積

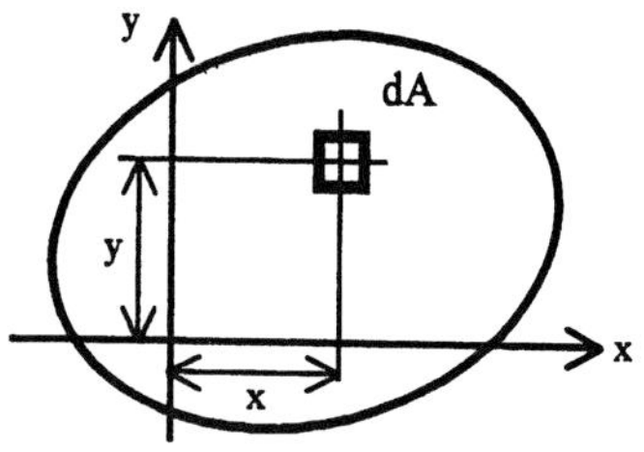

図 4.5　剛体の微小部分 dA

dA をとれば，そこには γdA の重力が働く．

微小部分を小さくしていけば，式(4.1)，式(4.2)は積分記号を用いて書き換えることができ，

$$\bar{x}=\frac{\int_A x\gamma dA}{\int_A \gamma dA}, \qquad \bar{y}=\frac{\int_A y\gamma dA}{\int_A \gamma dA} \tag{4.3}$$

となる．剛体がすべて同じ材料でできている場合，すなわち γ が一定の場合には，重心の位置は γ によらない．すなわち

$$\bar{x}=\frac{\int_A x dA}{\int_A dA}, \qquad \bar{y}=\frac{\int_A y dA}{\int_A dA} \tag{4.4}$$

と表せる．この材質によらず形状からのみ求められる重心を「図心」と呼ぶ．

4.3　リンク機構のつりあい

単一の物体の力のつりあいではなく，複数のつなぎあわされた物体で構成される系全体の力のつりあいを考える必要のある場合がある．その典型的な例がリンク機構である．

リンク機構は複数の剛体を各種の対偶を用いてつなぎあわせたものである（第 5 講参照）．それによって機構内のある剛体に入力された運動を特定の運動に変換して別の剛体から出力する．

リンク機構に働く力のつりあい

図 4.6 のように，棒が摩擦のないピンで結合されたリンク機構の棒 AB, BC に，力 $\boldsymbol{P}, \boldsymbol{Q}$ が働く場合を考えてみよう．この機構をつりあわせるために，1-1 を作用線とする力を CD に働かせたい．働かせるべき力の大きさを求めてみよう．

リンク機構の中の棒がつりあい状態にあって，

棒に働く力はピン結合部分だけに働き，棒の中央に横から働くことのない場合，力のつりあいを考えればわかるとおり，その棒に働く力の作用線は必ず棒の中心を通り，同じ大きさで互いに逆向きになる．すなわち圧縮力または引張力である．しかし，この場合は，AB, BC, CD には横から力が働いているから，棒の中心線方向の力だけが存在するということはない．

このような場合は，ピンから棒に与えられる力を考えて，棒の自由体線図を描いてみるとよい．

図 4.7 (a) は，棒 AB の自由体線図である．点 A のピンによって与えられる力の水平方向成分を X_A，垂直方向成分を Y_A で示す．X_B, Y_B も同様に点 B のピンから AB に与えられる力である．

図 4.7 (b) は BC の自由体線図である．点 B のピンはつりあい状態にあるから，AB へ与えられた力と等しく方向が逆向きの力を BC へ与えていることになる．したがって BC に点 B のピンから与えられる力は，図 4.7 (a) の X_B, Y_B と逆方向の力となる．図 4.7 (c) は CD の自由体線図である．

ところで，図 4.7 (a) において，つりあい方程式は 3 つ作られる．すなわち，垂直方向のつりあい，水平方向のつりあい，点 A まわりのモーメントのつりあい (点 A でなくても，任意の点でよい) の 3 つである．図 4.7 (b)，4.7 (c) についても同様，3 つずつのつりあい方程式が作られ，すべてで 9 個の方程式が作られる．一方，未知数は X_A, X_B, X_C, X_D, Y_A, Y_B, Y_C, Y_D, X の 9 個であるから，すべての力は一義的に定められることになる．

このように，棒に力が働く場合は，ピンから与えられる力を仮想し，棒の自由体線図を作成してつりあい方程式を解けばよい．

一方，図式解法を用いることもできる．このときは，1 本だけでよいから，両端のピン以外からは力の与えられていない棒を作るのである．すなわち，図 4.6 の $\boldsymbol{P}$ と $\boldsymbol{Q}$ が同時に働いている場合を，$\boldsymbol{P}$ だけが働く場合と $\boldsymbol{Q}$ だけが働く場合の 2 つの場合に分けて，各部の力を求め，その後 2 つの結果を加えればよいのである．つりあわせるべき力の他に，A と D における反力も求めることを図式解法で行ってみよう．

図 4.8 (a) のように，$\boldsymbol{P}$ だけが働く場合を考え

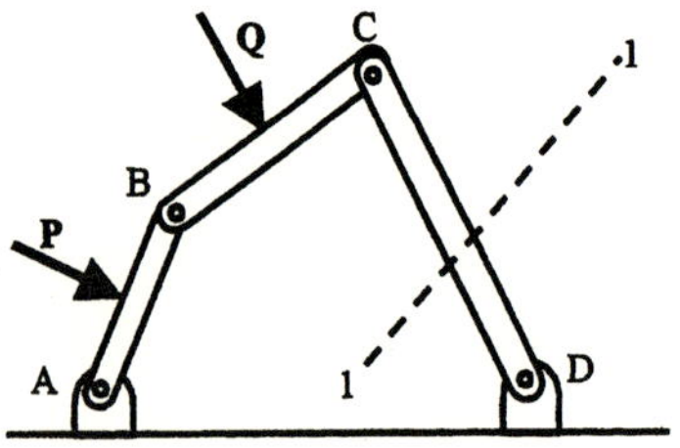

図 4.6 リンク機構

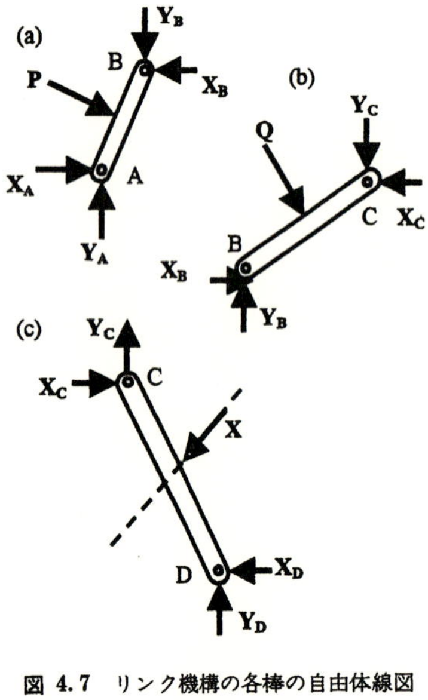

図 4.7 リンク機構の各棒の自由体線図

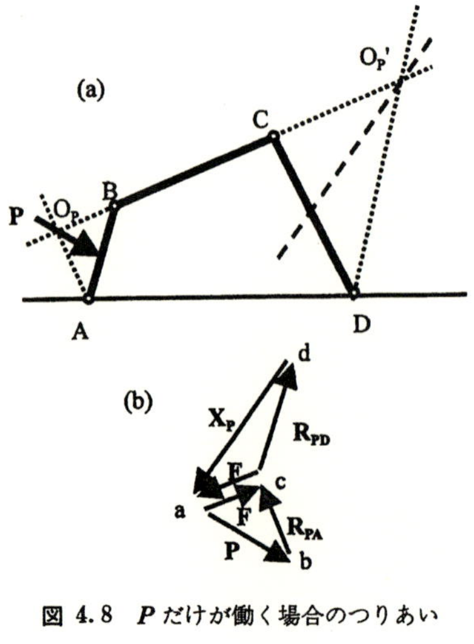

図 4.8 $\boldsymbol{P}$ だけが働く場合のつりあい

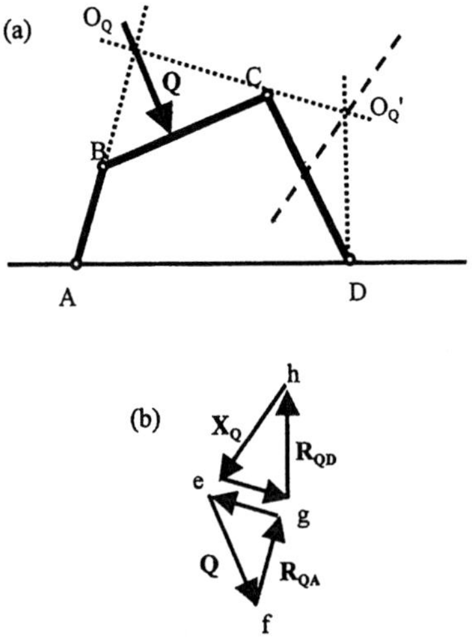

図 4.9　Q だけが働く場合のつりあい

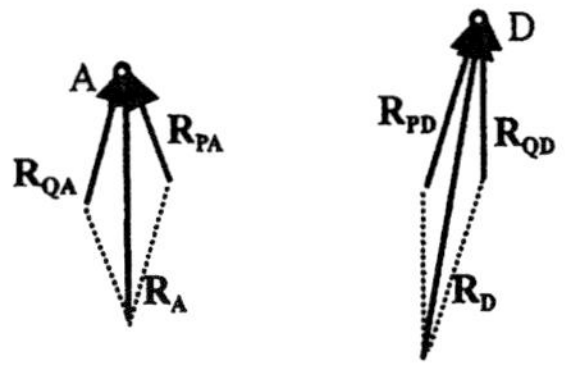

図 4.10　2つの場合の重ね合わせ（P と Q の両方が働く場合の反力）

る．BC はピンだけから力を受けてつりあっているから，その力は棒の中心線の方向である．したがって，ピン B に BC から与えられる力の作用線は直線 BC である．ところで AB に働く力は，ピン B からの力と $\boldsymbol{P}$ とピン A からの力の 3 力である．3 つの力が働いてつりあう場合は，これらの作用線は 1 点で交わらなければならない．

BC の延長と $\boldsymbol{P}$ との交点を O_P とすると，ピン A から AB に与えられる力の作用線は O_P を通らなければならない．これによって，A の反力の方向が定められる．棒 AB に関する力の多角形は，図 4.8 (b) の abc の三角形となる．ac は BC と平行，bc は AO_P と平行である．この力の多角形によって，$\boldsymbol{P}$ による A の反力 $\boldsymbol{R}_{PA}$ と，BC に働く力（圧縮力）$\boldsymbol{F}$ が求められる．

次に，CD について考えると，ピン C によって与えられる力の作用線は BC であるから，その延長と 1-1 の交点を O_P' とすると，ピン D から与えられる反力 $\boldsymbol{R}_{PD}$ の作用線は O_P' を通らなければならない．

ピン C によって与えられる力は $\boldsymbol{F}$ であるから，図 4.8 (b) の acd のように力の多角形を描くことができる．ad は 1-1 に平行，cd は DO_P' に平行である．この力の多角形によって，$\boldsymbol{P}$ とつりあわせるべき力 $\boldsymbol{X}_P$ および $\boldsymbol{R}_{PD}$ が求められる．

$\boldsymbol{Q}$ だけが働く場合も，まったく同様に，図 4.9 (a) のように，O_Q, O_Q' を求めることができ，図 4.9 (b) のように，力の多角形を描いて，$\boldsymbol{R}_{QA}$（Q による反力），$\boldsymbol{R}_{QD}$, $\boldsymbol{X}_Q$ を求めることができる．

$\boldsymbol{P}$ と $\boldsymbol{Q}$ が同時に働く場合は，2 つの場合を重ね合わせればよく，$\boldsymbol{P}$ と $\boldsymbol{Q}$ とにつりあわせるべき力 $\boldsymbol{X}$ は $\boldsymbol{X}_P+\boldsymbol{X}_Q$ で得られるし，A, D の反力 $\boldsymbol{R}_A$, $\boldsymbol{R}_D$ は，図 4.10 のように $\boldsymbol{R}_{PA}$ と $\boldsymbol{R}_{QA}$, $\boldsymbol{R}_{PD}$ と $\boldsymbol{R}_{QD}$ をベクトル的に加えればよい．

まとめ

剛体が拘束されて反力を受けるしかたとしてピン結合と単純ローラ支持を学んだ．

剛体全体に分布する力として重力がある．これらを 1 つの力にまとめたとき，その力がかかる点は剛体の姿勢によらず変化しない．これを重心と呼ぶ．剛体の材質が一様ならば，形状のみからこの点は定まり，図心と呼ばれる．

機構のつりあいを求めるには，ピンを通じて棒に働く力を想定して各棒の自由体線図を描き，各棒のつりあいを示す 3 つのつりあい式を作って，それらを連立して解けばよい．図式的に解く場合には，力のかかり方を変更し，ピンからしか力を受けない棒を持ついくつかの場合にして個別に解き，それらの解を重ね合わせて全体の解を求めることができる．

船の転覆

図 4.11 は船の断面を示している．重心 G は，船体全体の重量がその点にかかるとみなせる点である．これに対し水による浮力がかかるとみなせる点 B を浮力中心と呼ぶ．重心に働く船の重量と浮力中心に働く浮力がつりあって船は浮いている．重心は船がゆれても船体に対して変化しないが，浮力中心は船体が水面より下にある部分の形状だけで決まる重心なので，船が傾けば移動する．

船が傾いても図 4.11 のように浮力中心が重心の外側にあって重力と浮力の作る偶力が船の傾きを元に戻す向きに働くうちは，船は復元力を持ち安定を保つ．復元モーメントの大きさは，重心と浮力中心の間の距離 L に比例する．L は復元レバーと呼ばれる．

これに対して図 4.12 のように浮力中心が重心の内側に入ってしまうと，偶力は船体を傾ける向きに働き船は転覆する．転覆が起こらないよう，船は底の方が重くなるように作られているが，甲板上に荷を積みすぎたり，観測船などで高い場所に重い機材を搭載しすぎると，重心の位置が高くなり悪天候時の高波などで転覆の危険がある．

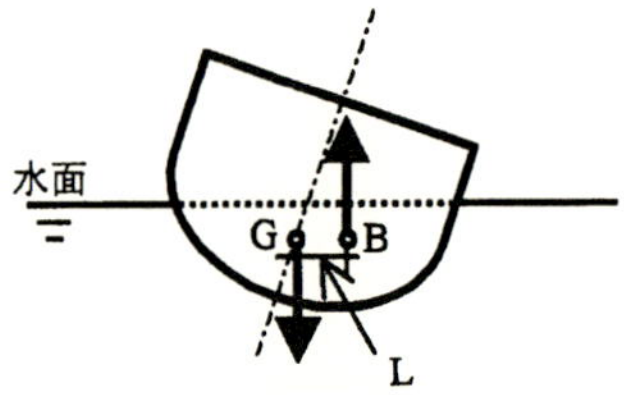

図 4.11　船の重心と浮力中心

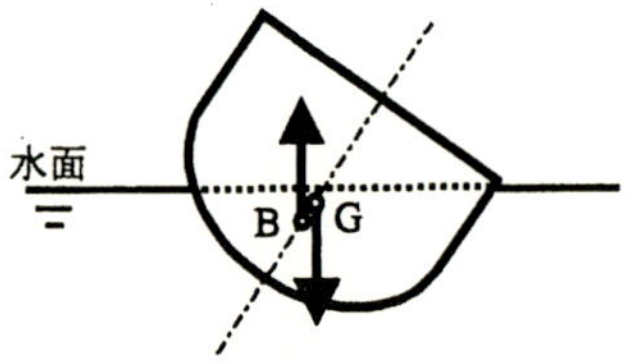

図 4.12　転覆

第5講
機構と自由度

本講から，8講にわたり，機構学について学ぶ．機構学とは，機構を研究する学問のことであり，機構とは，機械の構造という意味である．すなわち，「入力を，機械の中で変形伝達して出力として出すには，どのような構造でなくてはならないか，を示すモデル」を機構という．

一般に，入力や出力には，力，変位，温度その他の物理量，情報量が考えられ，機構の構成材料としては，剛体(金属材料など)，弾性体(ばね，ゴムなど)，可撓体(糸，テープなど)，流体(水，油，空気など)，粘弾性体などが考えられる．しかし，ここで扱う機構学では，入出力としては，変位に関する量(変位，角度，速度など)，構造材料としては，おもに，理想的な剛体を念頭におく．機構学の中心は，運動学と呼ばれるもので，機構の運動を論じる．

5.1 対偶と自由度

機構を構成する最小単位をエレメント(機素または要素)という．ここで，何を最小単位と考えるかによって，ある場合にはエレメントと考えたものが，他の場合にはエレメントではなくなることもある．球軸受は，回転軸を支えるという機能に注目すると1つのエレメントであるが，軸受内部にある球にまで注目するならば，エレメントではなく1つの機構というべきである．

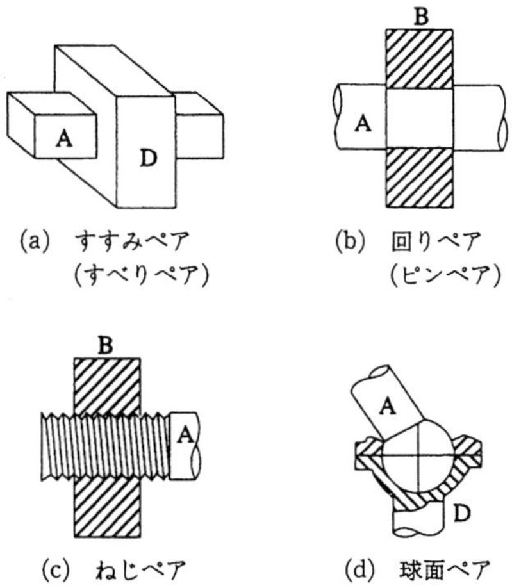

図 5.1 ペアのいろいろ

2つのエレメントが組み合わされ，接触を保ち相対運動を行うものを，ペア(対偶あるいは，つがい)という．図5.1にペアの例を示す．2つのエレメントの相対運動のしかたによってペアの性質が決まり，いろいろの呼び名がつけられている．

一方のエレメントを固定し他方のエレメントを動かすときの自由度を，ペアの自由度という．自由度とは，2つのエレメントの相対位置(姿勢)を定めるために必要なパラメータの個数のことである．図5.1の(a)，(b)，(c)は自由度1，(d)は自由度3(5.3項参照)である．

5.2 平面運動機構の自由度

複数個のエレメントがペアによってつながって構成される機構を連鎖という．

機構を構成するすべてのエレメントが，同一平面かそれに平行な平面内で運動する機構を，平面運動機構という．機構の自由度とは，その機構の位置と姿勢を定めるために必要なパラメータの個数のことである．

平面運動機構の自由度について考えよう．エレメントの個数を N，自由度1，2のペアの個数を P_1, P_2，機構の自由度を F とするとき，これらの間の関係を調べることを機構の数総合といい，とりもなおさず自由度を求めることになる．

平面内で自由に運動できる剛体(1つのエレメントからなる機構と考えられる)の自由度は，並進運動2(たとえば，直交座標で x 方向と y 方向)と回転運動1，合計3である．

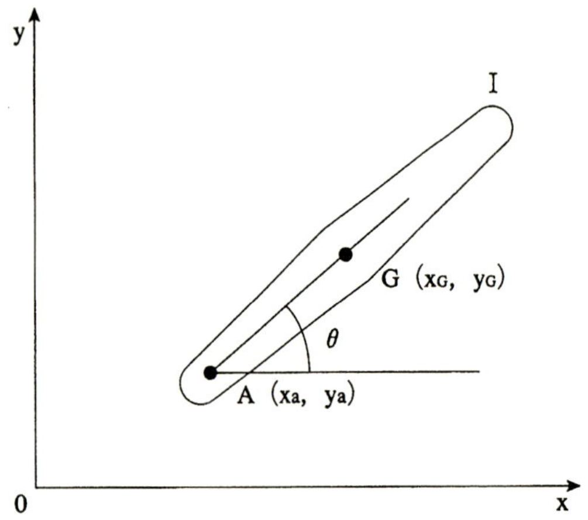

図 5.2 平面内の剛体

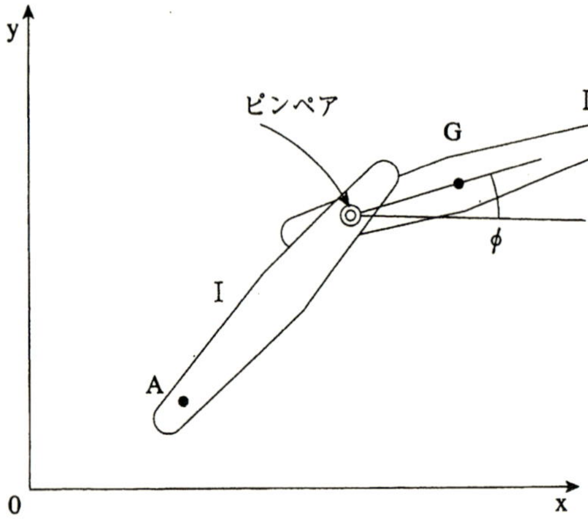

図 5.3 ピンペアの自由度

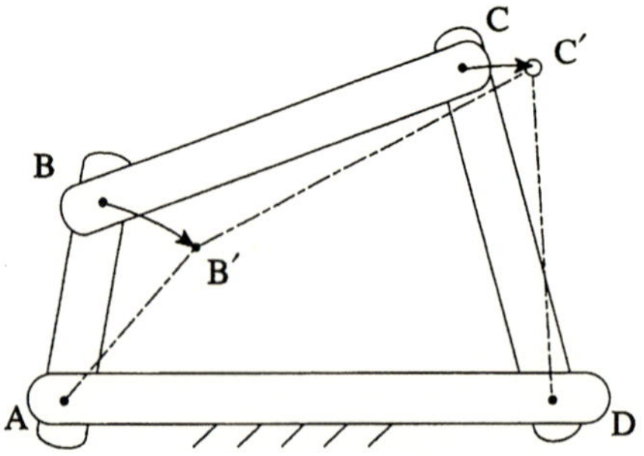

図 5.4 リンク機構

図5.2において，剛体 I の位置と姿勢は，点Aの位置(x_a, y_a)と回転角 θ の3パラメータ(あるいは重心Gの位置(x_G, y_G)と θ の3パラメータでもよい)で一義的に定まるので3自由度と考えられる．

N 個のエレメントのうち，1個は固定されると考える(機械が床に据え付けられるとき基礎台が固定されることを考えればよい)．$N-1$ 個の剛体が結合されることなく(ペアを形成することなく)平面内で自由に動くとすれば，自由度は $3(N-1)$ である．2つのエレメントを自由度1のペアで結合すれば，自由度は $3-1=2$ だけ減少する．図5.3において剛体IIは，自由なときは3自由度であったのに，ピンペアで結合されることで，回転角 ϕ の1自由度になっている．2自由度のペアで結合されれば，$3-2=1$ だけ減少する．

したがって，平面機構の自由度は，次のようになる．

$$F=3(N-1)-2P_1-P_2 \qquad (5.1)$$

図5.4は，4本の剛体棒(リンクあるいは節と呼ばれる)がピンペアばかりで結合された機構(リンク機構)である．この機構の自由度を計算してみよう．

$N=4$，$P_1=4$，$P_2=0$ を式(5.1)に代入すると，$F=1$ となる．すなわち，機構の自由度は1である．このことは，1つのパラメータ(たとえば，リンクABの回転角)で，機構全体の位置と姿勢が一義的に決まることを意味しており，図5.4において，点BがB′へ移動すると，CはC′へ移動することが確定的である．このような1自由度機構は，限定機構(拘束された機構)と呼ばれ，運動の伝達に利用できる．特に，図5.4は4節回転機構(あるいは4節回転連鎖)と呼ばれ，機械構造の中に頻繁に用いられる機構である．

5.3 空間運動機構の自由度とロボット機構

平面運動機構の条件を満足しない一般的な運動機構を空間運動機構という．機構の数総合は，平面空間機構の場合と同じように進めることができる．

空間内で自由に運動できる剛体の自由度は，並進運動3(たとえば，x, y, z 方向の移動)，回転運動3(たとえば，次に説明するオイラー角)，合計6である．たとえば，ある剛体の位置と姿勢を定めるには，重心の位置と重心まわりでの姿勢を示

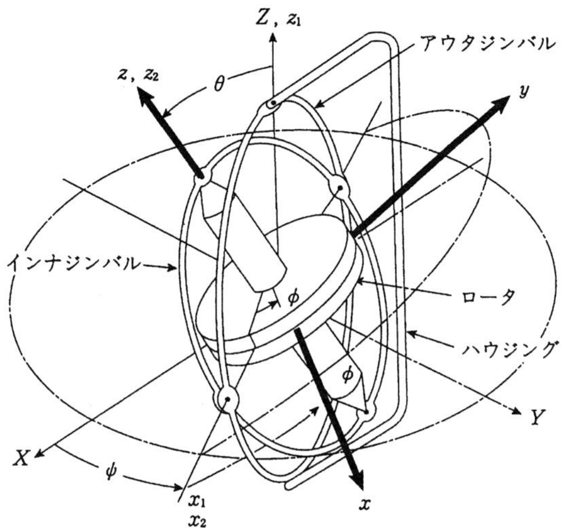

図 5.5 オイラー角 (ψ, θ, ϕ) (1)

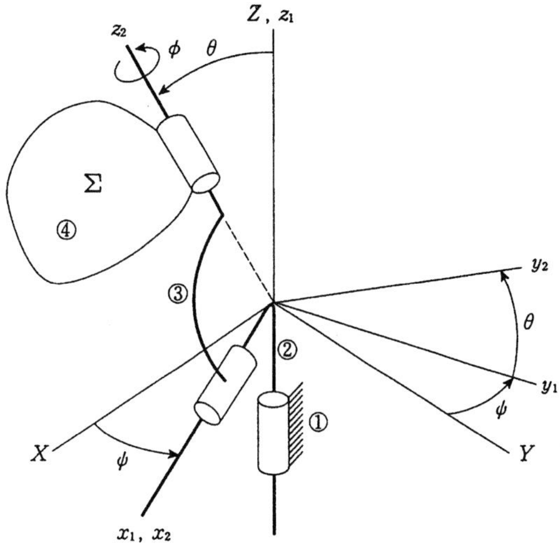

図 5.6 オイラー角 (ψ, θ, ϕ) (2)

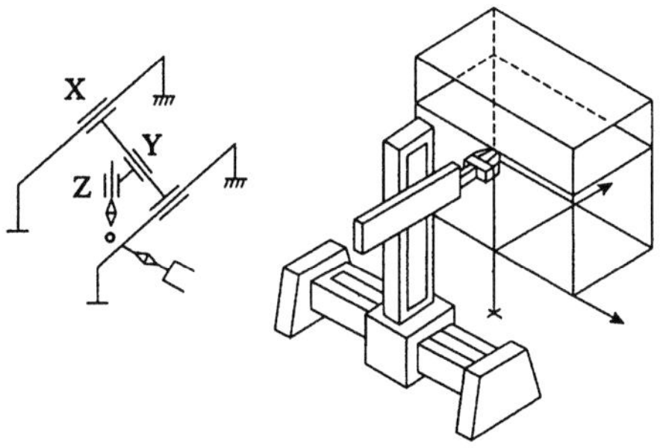

(a) 直交座標形

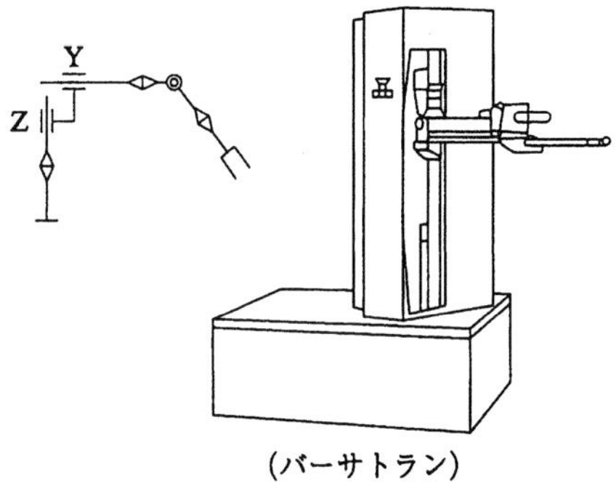

(b) 円筒座標形

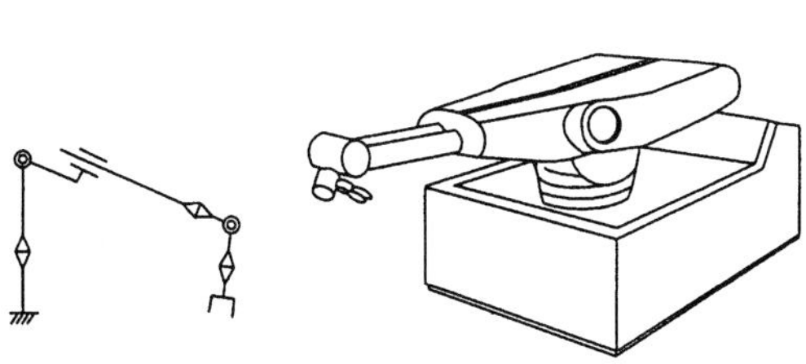

(c) 極座標形

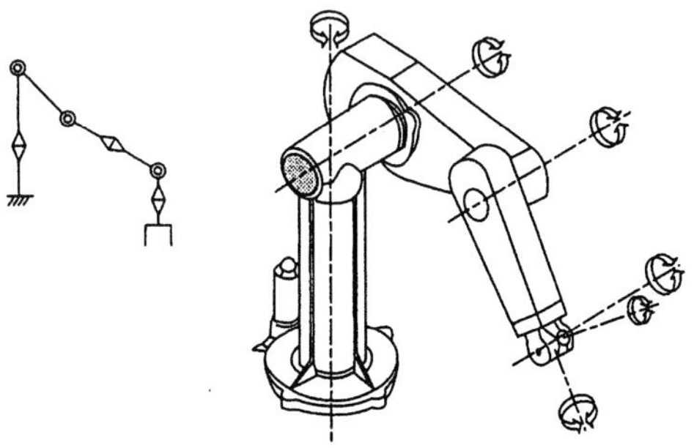

(d) 多関節形

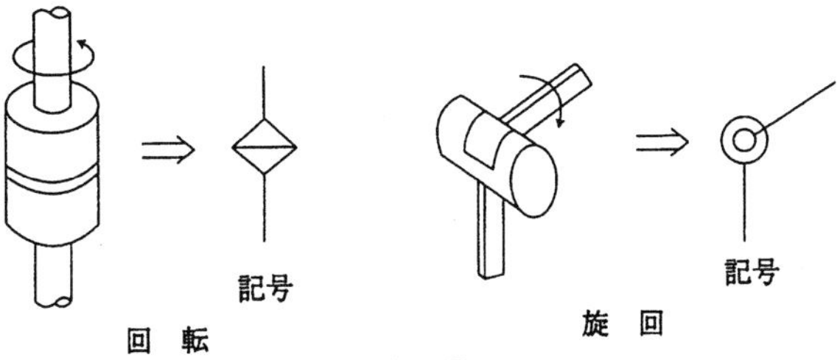

関節記号

図 5.7 ロボット機構

せばよい．重心の位置は考えやすいが，姿勢の示し方は，少しやっかいである．最もよく使われるのがオイラー角である．図5.5は，ロータはインナジンバルで，インナジンバルはアウタジンバルで，アウタジンバルはハウジングで支えられた様子を示す．これにより，ロータは任意の姿勢を取りうる．ロータの姿勢を示すには，絶対静止座標軸 OXYZ に対する剛体（ロータ）に固定した座標軸 OXYZ の関係を示せばよい．それには，ψ, θ, ϕ の3つの角度でよい．これらをオイラー角という．ϕ は，インナジンバルに対するロータの回転角である．図5.6もオイラー角を説明するもので，剛体 Σ の姿勢が，ψ, θ, ϕ の3つの回転によって示されている．

空間運動機構における数総合の式は，次のようになる．

$$F=6(N-1)-\sum_{f=1}^{6}(6-f)P_f \qquad (5.2)$$

ここで，P_f は自由度 f のペアの個数である．

組立てロボットが，任意の位置に，任意の姿勢で存在している部品をつかみたいとき，指先が6自由度を持たねばならないのは，以上のようなわけである．図5.7は代表的な汎用ロボットの機構であるが，すべて6自由度を持っている．しかし，ロボット機構には，6より少ない自由度のものもたくさんある．図5.8はインサータとも呼ばれ，非常に広く使われるロボットで，水平面におかれた電子回路基板の任意の位置に，任意の姿勢で（垂直軸まわりの回転角が自由）抵抗やICなどの部品を上から差し込むのに用いられる．これは，4自由度あればよいわけである．

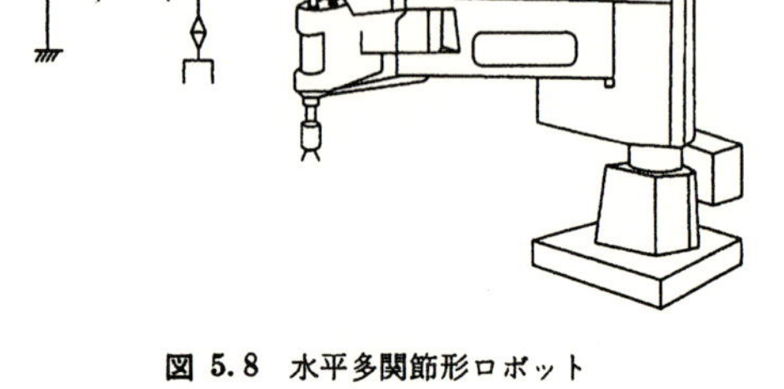

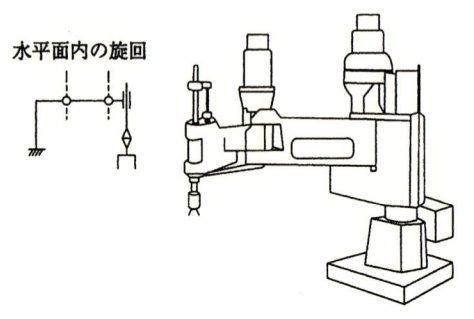

図 5.8 水平多関節形ロボット

さて，平面運動機構における4節回転機構のように，空間運動機構において，ピンペアばかりで結合された閉じた連鎖で限定機構となる N はいくつであるかを求めてみる．$F=1, P_1=N$, $P_2=\cdots=P_5=0$ を式(5.2)に代入すると，$N=7$ が得られる．

5.4 適合条件

図5.9の平面運動機構について，式(5.1)を計算すると，$N=5$, $P_1=6$, $P_2=0$ より，$F=0$ になる．しかし，この機構は明らかに動きうる．このように，計算上は自由度が0であるにもかかわらず動きうるということは，AB=CD=EF, BC=ADであるために，四辺形ABCD, ABEFが常に平行四辺形に保たれるからなのである．平行四辺形でなければ，動けない．このように，自由度 F が0以下でも機構の相対運動が可能となる条件を適合条件という．空間運動機構の場合は，適合条件の種類は多い．たとえば，平面運動機構の4節回転機構に相当する $N=4$, $P_1=4$, $P_2=\cdots=P_5=0$ を式(5.2)に代入すると $F=-2$ となる．これは，平面運動機構は，空間運動機構に適合条件を与えたものであることを意味している．ピンペアのピンの軸方向がすべて平行であるということが適合条件になっているのである．ピンの軸がすべて1点で交わるとか，軸どうしが直交しているなどというのも適合条件となりうる場合がある．

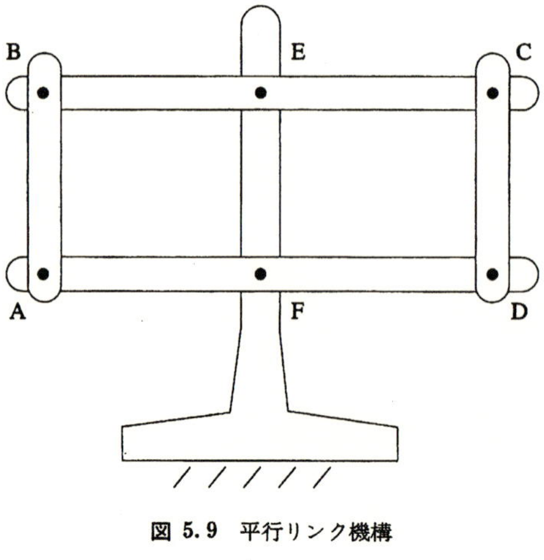

図 5.9 平行リンク機構

第6講

剛体の速度解析

機構学では，機構を構成するエレメントの代表的なものはリンクであり，リンクは理想的な剛体と考えるということは先に述べた．本講では，剛体が平面内で運動するとき，速度に関して持つ特性について学ぶ．速度はベクトルであり，ベクトルは1本の矢線で表されることはすでに学んだ．本講では，ベクトルを用いて，できるだけ図によって速度の解析を進めることにする．

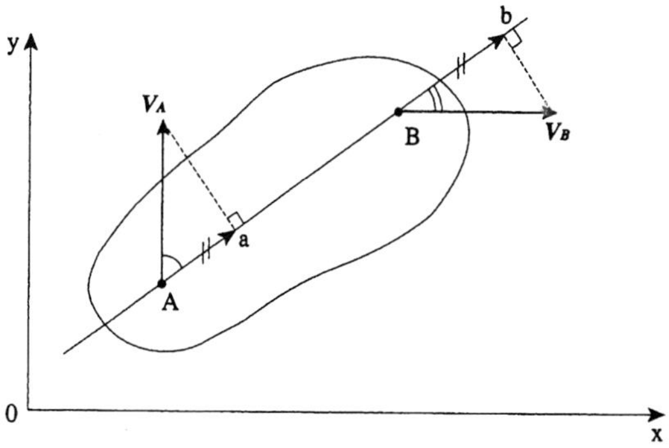

図 6.1　速度分値

6.1　剛体内の2点の速度

(1)　2点の速度分値は等しい．

図6.1において，A, Bは平面運動する剛体の上の2点で，それぞれの速度ベクトルは $\boldsymbol{V}_A$, $\boldsymbol{V}_B$ である．A, Bは剛体の上の2点であるから，運動中にABの距離が変化することはない．すなわち，AB方向の相対速度は常に0である．これをベクトルで考えれば，図において，それぞれの速度のAB方向の成分AaとBbが等しいということである．AaとBbは速度分値と呼ばれることがあり，上で述べたことを，「速度分値は等しい」と覚えておくとよい．剛体内の任意の2点について，このことが成り立つ．

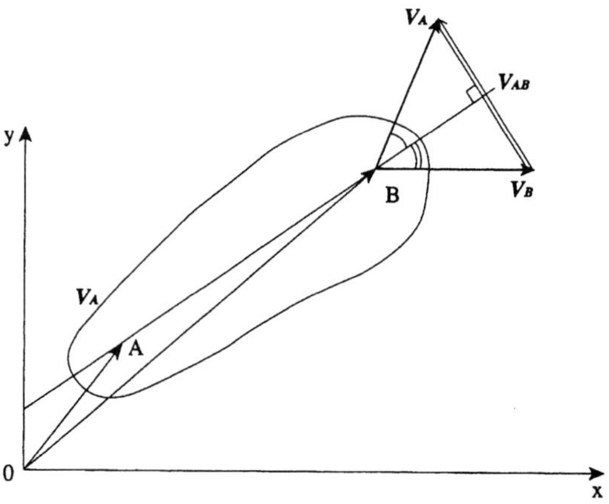

図 6.2　相対速度ベクトル

(2)　2点の相対速度ベクトルは相対位置ベクトルに直交する．

図6.2は，AとBとの相対速度を考えるためのものである．Bに対するAの速度 $\boldsymbol{V}_{AB}$ は $\boldsymbol{V}_{AB}=\boldsymbol{V}_A-\boldsymbol{V}_B$ であり，$\boldsymbol{V}_A$ の始点をBに移してベクトルで描けば，図6.2のようになる．図6.1と比べれば明らかであるが，$\boldsymbol{V}_{AB}$ は直線ABの方向と直交する．ABの方向というのは，AとBの相対位置ベクトル（$\overrightarrow{AB}=\overrightarrow{OB}-\overrightarrow{OA}$）の方向であるから，「相対速度ベクトルは相対位置ベクトルに直交する」と覚えておくとよい．基本的には，(1)と同じことを，表現を変えて言い直したもの

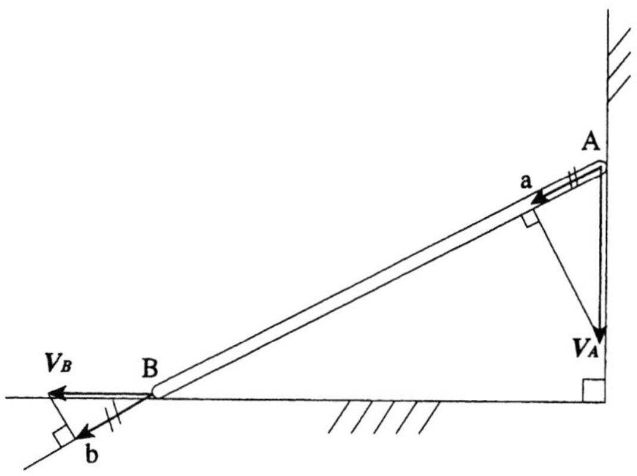

図 6.3　速度解析

と考えてよい．

これらの性質を応用すると，以下のような速度解析を行うことができる．

図6.3は，水平な床と垂直な壁との間に立てかけられたはしごABがすべり落ちているところである．点Aの垂直下方への速度 V_A が与えられると，速度分値AaとBbが等しいということから，図のような作図によって V_B が得られる．

図6.4は，2つの剛体IとIIが点Cでピンで結合されて，平面内で運動しているところである．剛体Iの上の点A，IIの上の点Bの速度が，図のように，それぞれ V_A, V_B と与えられたとき，ピン点Cの速度 V_C は，図のような作図によって得られるのである．速度分値AaをCa′へ移動すると，これはとりもなおさず，V_C のAC方向への速度分値でなければならない．この段階では，まだ V_C は求められていない．ただ，V_C の始点をCとしたとき，ベクトルの先端は，a′を通り，CAに直交する線上に存在しなければならないことがわかる．Bb（V_B の速度分値）も同様にCb′へ移動する．これも，V_C のCB方向への速度分値である．a′, b′において，CA, CBに垂線を引き，交点を求めれば，この交点がベクトル V_C の先端になるべきで，結局，Cを始点とし，この交点を終点とするベクトルが V_C である．（Ca′とCb′をベクトル的に加えるのは誤りであることに注意したい．）

6.2 速度三角形の相似則 I

図6.5は，剛体Iが平面運動をしていて，その上の3点A, B, Cの速度 V_A, V_B, V_C であることを示している．3点A, B, Cの速度の間に成り立つべき関係を考えよう．図6.1のA, Bの2点の速度どうしには，前節の(1)，(2)で述べたような関係が存在し，その様子をわかりやすくベクトルで表示したのが，図6.2である．3点A, B, Cの速度について考えるとき，V_A と V_B, V_B と V_C, V_C と V_A どうしの間で，上の関係が成り立たねばならないから，図6.1に対して図6.2を描いたように，図6.5に対して図6.6を描くことができる．図6.6において，速度ベクトルの先端を結ぶ線分（相対速度の大きさと方向を示していることは，図6.2で明らか）が，三角形ABCの辺と直交していることに注目しよう．図6.7は，速度ベクトルだけを取り出して，1つの座標（速度線図

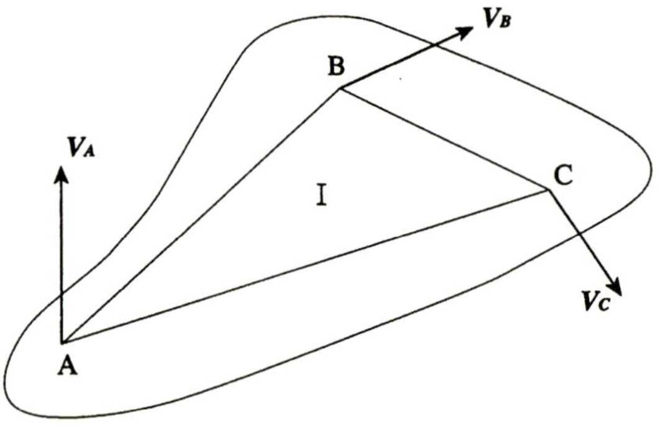

図 6.5　剛体上3点の速度

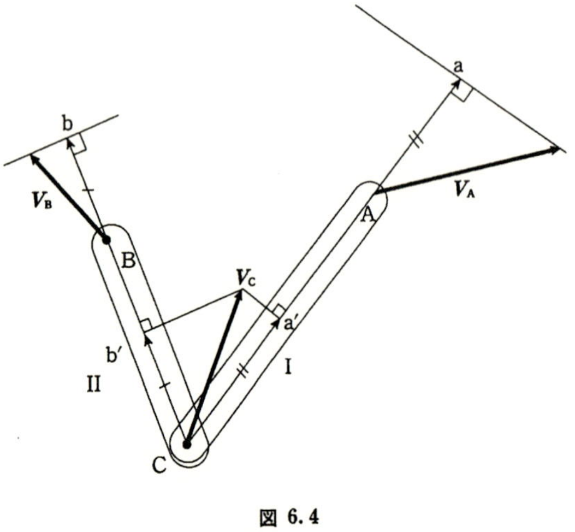

図 6.4

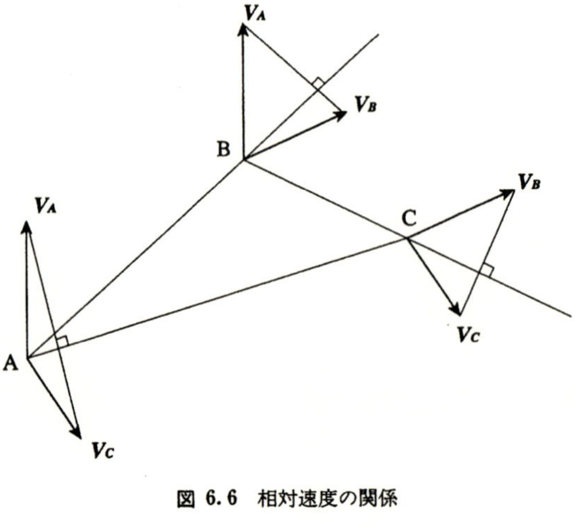

図 6.6　相対速度の関係

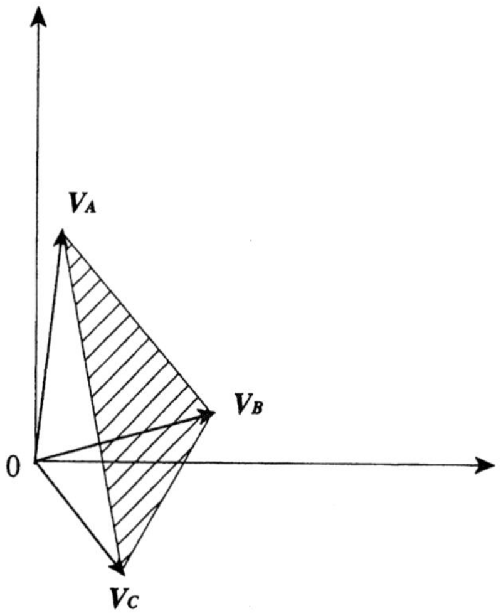

図 6.7 速度線図

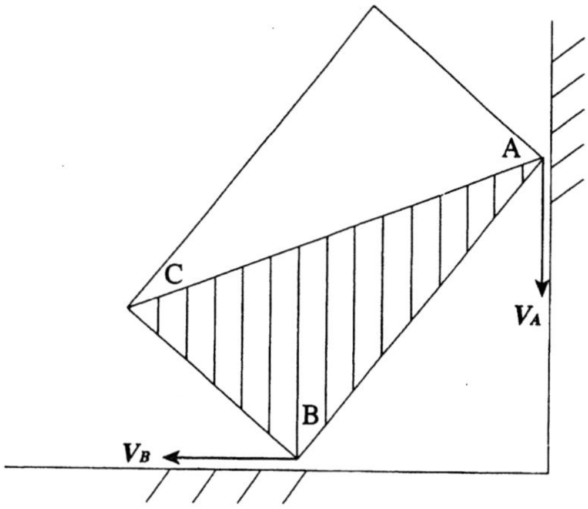

(a)

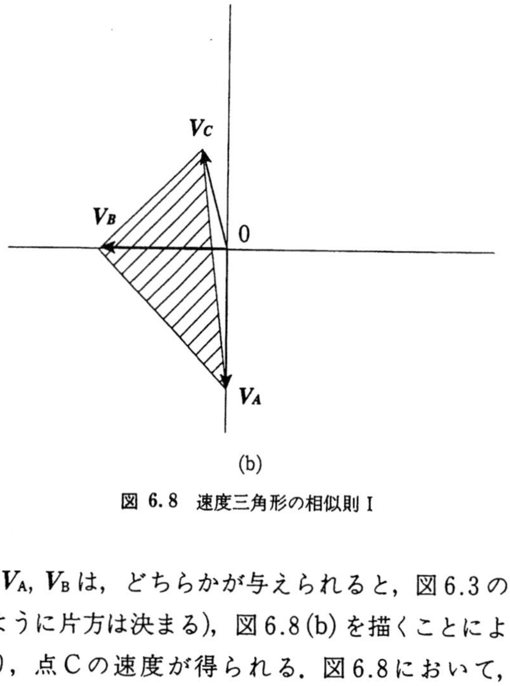

(b)

図 6.8 速度三角形の相似則 I

ということがある)の上に描いたものである．速度ベクトル V_A, V_B, V_C の先端を結んだ三角形(斜線をほどこしたもの)を考えると，3つの辺は，図6.6より明らかなように，三角形ABCの3辺とそれぞれ直交しており，相似三角形の関係になることがわかる．まとめると，「剛体の上の3点の速度ベクトルを速度線図の上に描くとき，ベクトルの先端がなす三角形は，3点がなす三角形と相似である」ということになる．これを速度三角形の相似則 I という．(後で，もう一つ速度三角形の相似則が出てくるので，これには，I とつけておく.)

この相似則を用いれば，剛体の上の2点の速度がわかっていれば，それら以外の点の速度は容易に得ることができる．

図6.8(a)のように，壁と床に沿って長方形状のブロックがすべり落ちており，点Aの速度と点Bの速度がそれぞれ V_A, V_B であるならば(V_A, V_B は，どちらかが与えられると，図6.3のように片方は決まる)，図6.8(b)を描くことにより，点Cの速度が得られる．図6.8において，斜線をほどこした三角形どうしは，相似でなければならないという関係を利用したのである．

第7講

速度の瞬間中心とセントロード

一般に，剛体が平面上で運動をしているとき，これを並進運動と回転運動の組み合わせと考えることができる．この組み合わせ方は無限にある．回転運動の中心としては，どこを選んでもよいからである．たとえば，剛体の運動方程式を作る場合には，中心として重心を選び，重心の移動に関する方程式(姿勢の変化のない並進運動と考えるので，質点の運動と同じになる)と固定した重心まわりの回転に関する方程式を作る．そして，これらを連立させて解くことによって，剛体の運動を論じることができる．

ところで，剛体の運動は，瞬間的には，ある点をうまく選べば，その点は静止しており，その点まわりの回転運動のみと考えることができるのである．本講は，この性質に注目して剛体の運動を論じる．

7.1　速度の瞬間中心

図7.1は，平面上を運動する剛体である．A, Bは剛体上の2点で，これらの点の速度ベクトルが V_A, V_B である瞬間について考える．さて，点Aを通り，V_A に垂直な直線1-1を引く．すると，V_A の1-1方向の速度分値は0である．1-1上に点aをとると，点aの速度ベクトルは，直線1-1に垂直である．なぜならば，1-1方向の速度分値が0でなければならないからである(Aaの距離は不変だから)．したがって，1-1上のすべての点について，速度ベクトルは1-1に垂直であることがわかる．次に，点Bに対しても同じことを行って，直線2-2を引くと，この直線上のすべての点の速度ベクトルは2-2に垂直である．ここで，直線1-1と2-2との交点をPとすると，Pの速度は1-1，2-2の両方に垂直でなければならないということから，0であることがわかる．この瞬間には，点Pは静止しており，剛体は点Pを中心に回転していると考えられるので，Pを速度の瞬間中心(単に瞬間中心といわれることも多い)という．

7.2　瞬間中心との相対運動

上に述べたように，剛体の運動は瞬間中心のまわりの回転運動と考えられるので，瞬間中心が求められると，回転角速度がわかれば，剛体上のあらゆる点の速度は容易に得られる．すなわち，速

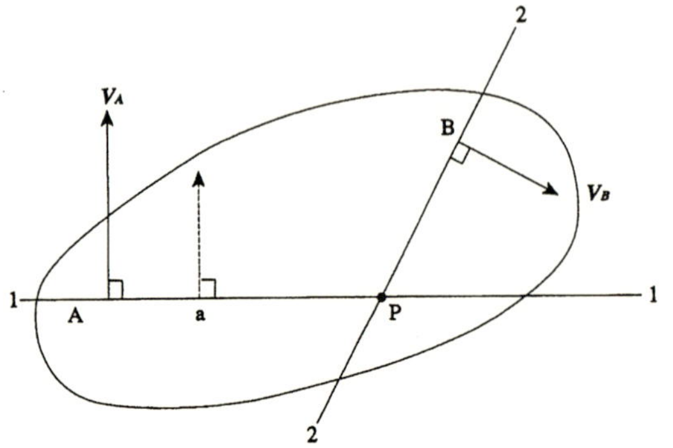

図 7.1　平面上を運動する剛体

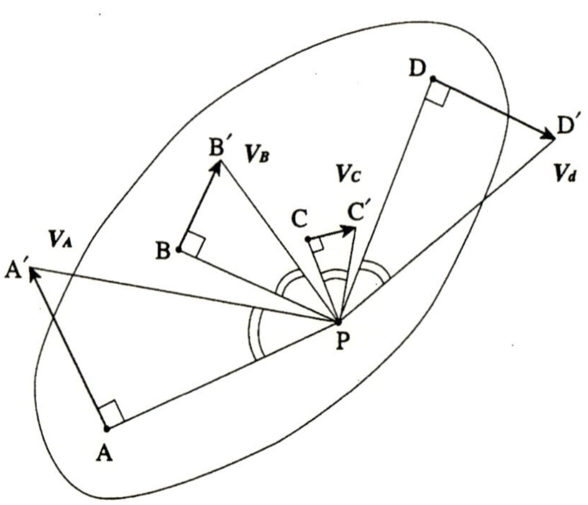

図 7.2　瞬間中心と速度

度の方向は，瞬間中心の方向と直交し，大きさは，瞬間中心からの距離と回転角速度との積である．図 7.2 はその様子を示したものである．$\boldsymbol{V}_A$, $\boldsymbol{V}_B$ が与えられると（速度の大きさは，それぞれ AA′, BB′ とする），図 7.2 のような作図によって，瞬間中心 P が求められる．角速度 ω＝AA′/PA＝BB′/PB であるから，三角形 AA′P と三角形 BB′P は相似である．したがって，剛体上の点 C, D の速度は，図 7.2 のように，相似三角形の関係から容易に求められる．

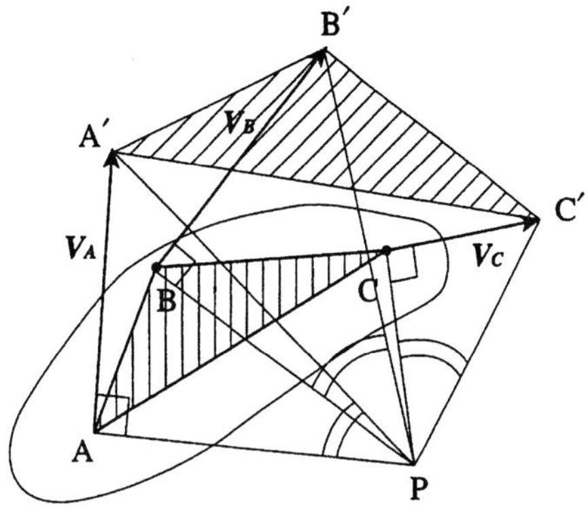

図 7.3　相似則 II

7.3　速度三角形の相似則 II

すでに，速度三角形の相似則 I については述べたが，ここでは，もう一つの表現法である相似則 II について述べる．図 7.3 において，A, B, C は剛体 I の上の 3 点である．各点の速度ベクトルを図のように描き，ベクトルの先端（矢頭）を A′, B′, C′ とする．このとき「三角形 ABC と三角形 A′B′C′ は相似となる」というのが，速度三角形の相似則 II である．図のように，P を瞬間中心とすれば，三角形 AA′P, BB′P, CC′P が相似三角形であるから，これを用いれば，この相似則は容易に証明できる．相似則 I と II は表現法が異なるだけなので，両方あわせて速度三角形の相似則と呼ばれることも多い．

7.4　セントロード

図 7.4 (a) は，車輪が，直線軌道上をすべることなく転がっているところである．点 A の運動を考える．車輪は，点 O まわりに ω で回転しているとする．車輪の半径を r とすれば，点 O の移動速度（並進運動）は，水平方向に $r\omega$，点 A の O に対する速度（回転運動）は，垂直下方に $r\omega$ であるから．点 A の速度ベクトル $\boldsymbol{V}_A$ は，この 2 つを合成して図の AD になる．車輪と軌道との接点を P とすると，AP は AD に垂直であることは，幾何学的に明らかである．車輪上の他の点 A′ について考えると，A′ の速度ベクトルは，A′B′ と A′C′（大きさはいずれも $r\omega$）の合成で，A′D′ である．A′ と P を結ぶと，A′P と

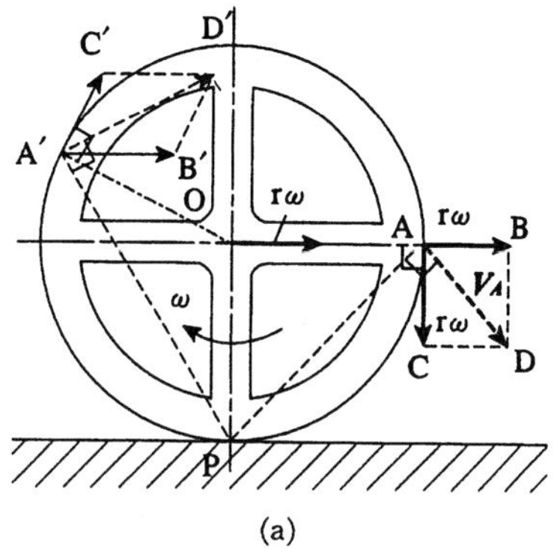

(a)

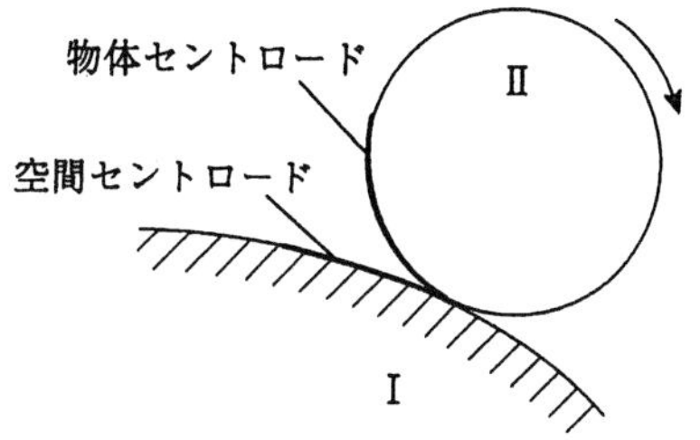

(b)

図 7.4　セントロード

A′D′ は垂直であることは容易に証明できる．したがって，P は，瞬間中心の条件を満たしていることがわかる．図 7.4 (b) は，静止している剛体 I に剛体 II が転がり接触して移動しているところであるが，先ほどの議論でわかったように，接点が常に瞬間中心であるが，剛体 II が移動するにしたがって，瞬間中心は移動する．その移動軌跡をセントロードという．剛体 I（静止している）の上の軌跡を空間セントロード，剛体 II の上の軌跡を物体セントロードという．この場合は，剛体の外形曲線が空間セントロードと物体セントロード

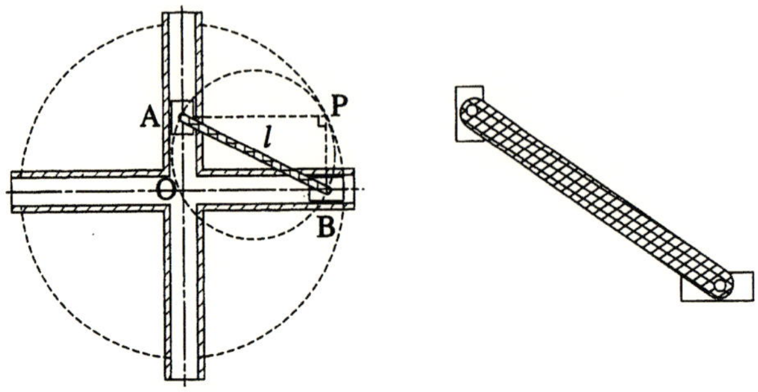

図 7.5　セントロードの転がり接触

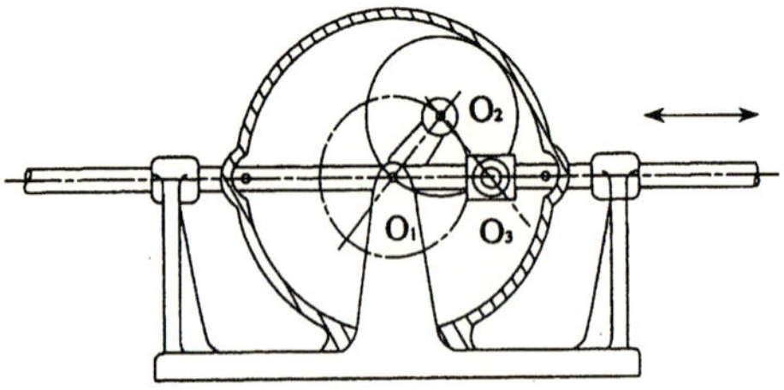

図 7.6　カルダン歯車機構

であり，これらが転がり接触して移動することが，すなわち剛体の移動である．上記のような転がり接触の場合はわかりやすいが，瞬間中心は，剛体の内部にあることもあるし，外部のこともある．一般に，剛体の運動は，いかに複雑な場合も，空間セントロードと物体セントロードの転がり接触に帰結できることが示されるのである．ここでは詳細な証明はしないが，次のようなわかりやすい実例を示しておく．

図7.5において，スライダAとBは長さlの剛体でピン結合されており，Aは垂直な溝を，Bは水平な溝をすべる．この長さlの剛体の運動に注目する．まず，瞬間中心を求める．Aの速度は常に垂直方向，Bの速度は常に水平方向であるから，剛体の任意の位置において，瞬間中心は，図7.5のようにして，Pと定めることができる．剛体からみると，PはABを直径とする円周の上を動くので，これが物体セントロードになる．一方，Pは中心Oから距離lのところにあるから，空間セントロードはOを中心，半径lの円となる．結局，剛体の運動は，直径$2l$，半径lの円どうしの転がり接触運動と等価なのである．図7.6は，この原理を利用して回転運動を往復運動に変換する機構である．小さい円の外周の点(たとえば図7.5の点AやB)は，直線運動をすることを利用している．小さい円(中心O_2)がO_1のまわりに回転すると，小さい円の外周上の点O_3のピンによって，水平な棒は左右に往復運動をすることになる．実際には，円がすべらないように，大きい円の内側に歯を刻み，小さな円の外側に歯を刻んである．大きさの比が2：1の歯車機構をカルダン歯車機構という．

7.5　速度解析の多様性

剛体(機構のエレメント)の速度解析の手法をいろいろ述べてきた．ここで，まとめておくことにする．これらの手法は，剛体を複数個組み合わせて作られた，一般的な機構の速度解析の基本となるものである．

図7.7(a)のような，Y形をしたリンクの点A, B, Cの速度を解析することにしよう．点A, Bには，スライダがピン結合されており，点Aのスライダは垂直に，点Bのスライダは水平に動くものとする(図は簡略化して描いてある)．Aの速度$\boldsymbol{V}_A$が，図7.7(a)のように与えられているとしよう．$\boldsymbol{V}_B$と$\boldsymbol{V}_C$を求める．図7.7(a)は，速度分値が等しいことを利用した解法である．点Bは移動方向がわかっている(水平)ので，$\boldsymbol{V}_B$がまず定まり，それを用いて$\boldsymbol{V}_C$が決まる．

$\boldsymbol{V}_C$は，図のように，$\boldsymbol{V}_A$のAC方向の速度分値，$\boldsymbol{V}_B$のBC方向の速度分値から決定される．

図7.7(b)は，速度三角形の相似則Iを利用する作図である．この場合は，2つの速度ベクトル

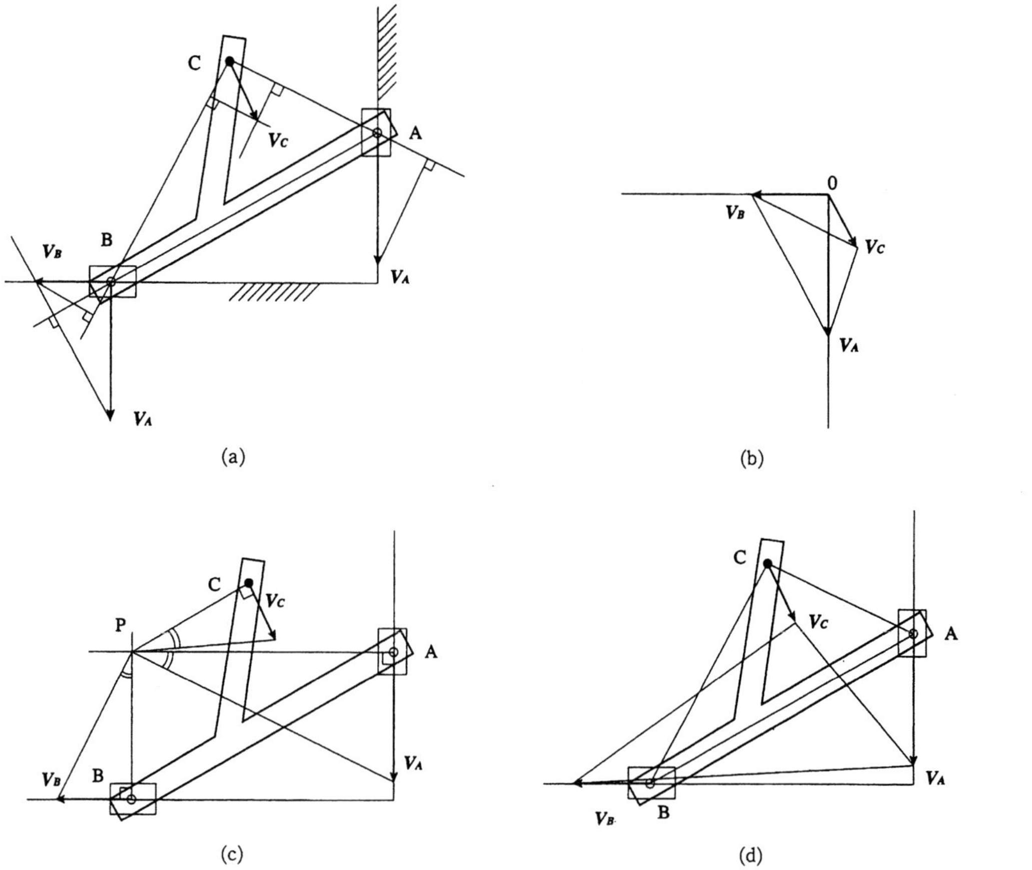

図 7.7　速度解析のまとめ

がわかれば，残りは，相似三角形を描くことにより求められる．

図 7.7 (c) は，瞬間中心 P を V_A と V_B から求め，それを利用して V_C を求める方法である．

図 7.7 (d) は，速度三角形の相似則 II を用いるものである．いずれの方法を用いても，同じ結果が得られることは当然であるが，実際には，与えられる条件により，最も使いやすい方法を選択することが大切である．

第8講

リンク機構の速度解析

前講で，単一剛体の速度解析は詳しく述べたので，次に，複数個の剛体(リンク)を組み合わせて作られたリンク機構を取り扱うことにする．平面リンク機構の基本である4節回転機構をまず取り上げよう．

8.1 ケネディの共線定理

図8.1のように，3つのリンクA, B, Cがピン結合されている機構を考えよう．Aに対するB(あるいはBに対するA)の相対運動の瞬間中心(相対速度が0，すなわち，その点の位置のA上の点とB上の点の速度が等しいということ)をI_{AB}，Bに対するC(あるいはCに対するB)の相対運動の瞬間中心をI_{BC}，Cに対するA(あるいはAに対するC)の相対運動の瞬間中心をI_{CA}とする．

I_{AB}, I_{BC}, I_{CA}は，一直線上に存在する，というのが，ケネディの共線定理あるいは3瞬間中心(3中心)の定理である．

これは，簡単に証明される．I_{AB}, I_{BC}はO_2, O_3と一致することは明らかである．次に，O_2をA上の点と考え，O_3をC上の点と考えると，O_2, O_3の距離は変化しないから，O_2に対するO_3の相対速度はO_2O_3に垂直である．したがって，O_3の速度と垂直な線上に相対的な瞬間中心は存在するはずであるから，結局，I_{CA}はO_2O_3の線上(延長線も含む)に存在する．図8.1では，3つの瞬間中心は1-1線上に存在する．

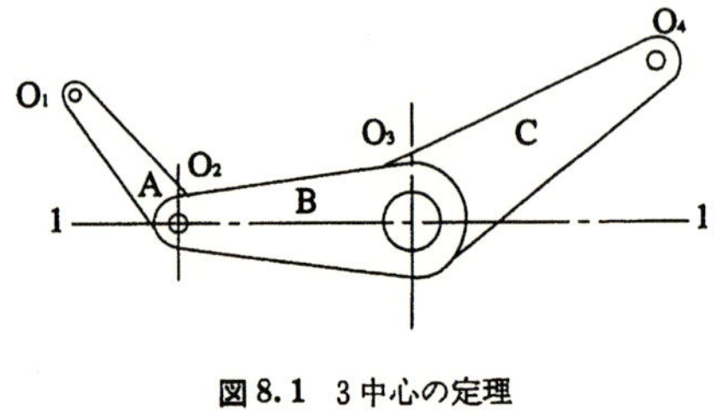

図8.1 3中心の定理

8.2 4節回転機構の速度解析

a. 瞬間中心の利用

図8.2の機構を考えよう．この場合，ADも1つのリンクと考えられるから(固定リンク)，AB, BC, CDとあわせて，4つのリンクからなっている4節回転機構(連鎖)である．A, B, C, Dは，すべてピン結合である．

点B(ピンB)の速度$\boldsymbol{V}_B$が与えられたとき，点Cの速度$\boldsymbol{V}_C$を求める．そのための1つの方法は，リンクBCの瞬間中心を利用するものである．リンクAB, BC, ADについて，ケネディの共線定理を適用する．ABのADに対する瞬間中心はA，ABのBCに対する瞬間中心はB，したがって，BCのADに対する(静止平面に対する)瞬間中心は，ABの延長線上に存在する．同様に，リンクBC, CD, DAについてもケネディの共線定理を適用すると，BCの瞬間中心はCDの延長線上に存在する．結局，2つの条件から，AB, CDの延長線の交点Iが，リンクBCの瞬間中心であることがわかる．すると，リンクBCは，Iまわりの回転運動であるから，BCの上の点の速度は，Iからの距離に比例することにな

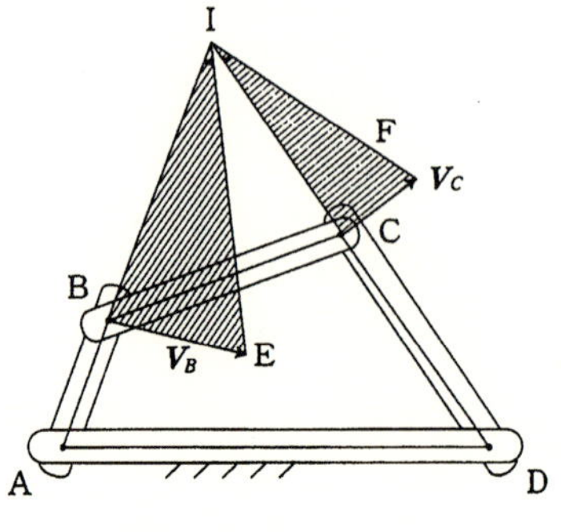

図8.2 瞬間中心の利用

る．図 8.2 のような作図から V_C が求められる．V_C の方向は，IC に垂直である．また，速度の大きさは次の関係になる．

$$|V_C|=\frac{IC}{IB}|V_B|$$

b. 速度分値の利用

図 8.3 のように，B の速度の BC 方向の成分(速度分値)を V_{BC} とすると，これは，点 C の速度 V_C の BC 方向の成分でもあるから，図にあるような作図によって V_C を求めることができる．このとき，V_C の方向は，CD に垂直であることがわかっていることが重要である．

c. 平行線の利用

図 8.4 のような作図によっても V_C を求めることができる．図 8.2 の V_B を 90° 回転し，リンク AB 上に，V_B の大きさに等しく BB_1 をとる．B_1 から BC に平行線を引き，CD との交点を C_1 とすると，CC_1 が V_C の大きさであり，これを，先ほどとは反対の方向に 90° 回転すると，図 8.2 で示されている V_C が得られる．この方法で正しく V_C が得られることは，以下のように証明できる．三角形 IBC と三角形 IB_1C_1 は相似であるから $IB/BB_1=IC/CC_1$，したがって，$CC_1=(IC/IB)BB_1=(IC/IB)|V_B|$ となるのである．

また，リンク BC に対して固定されている点の速度も，同じような手順で求められる．たとえば，図 8.4 において，点 B′ を考えよう．図のように，B_1 から BB′ に平行線を引き，IB′ との交点を B_1' とすれば，$B'B_1'$ が $V_{B'}$ の大きさであり，方向はこれを反時計回りに 90° 回転したものとなる．

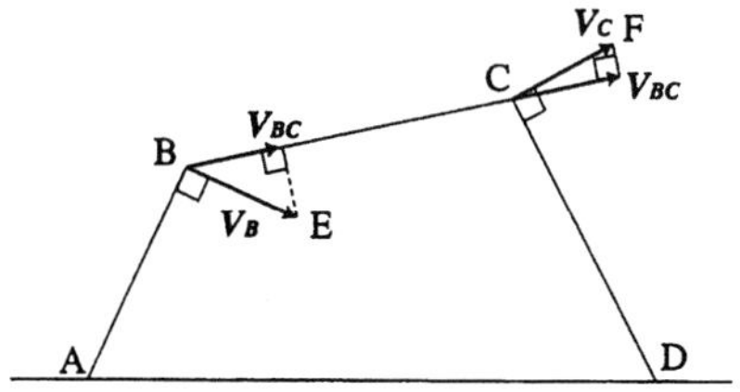

図 8.3

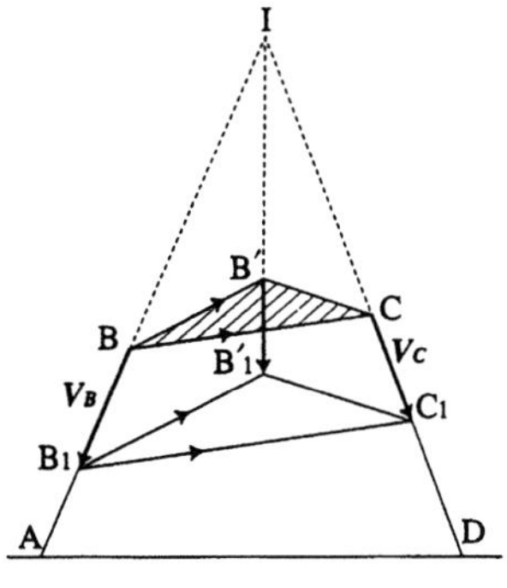

図 8.4

8.3 すべりがある機構の速度解析

これまでは，運動をすべてピンによって伝える機構を考えてきたが，すべりが存在する機構は機械の中によくみられる．その場合の速度解析をしてみる．

図 8.5 は，水平な棒に沿って動くスライダ(すべり子)に固定されたピン P が，O まわりに回転するリンク I の溝の中をすべるようになっている機構である．リンク I のピンに接している部分の速度(ピンは十分に細いと考える)を V_I，ピンの水平方向の速度(スライダの速度)を V_{II} とすると，これら速度ベクトルは，図のような関係になる．V_I と V_{II} の相対速度 V_S はピンと溝とのすべり速度である．2 つの剛体が運動していて，接触が続いているときは，相対速度は，接点での接線の方向であることは，接触運動を考えるときに大切な性質である．これについては，11 講の接触伝動のところで詳しく述べる．

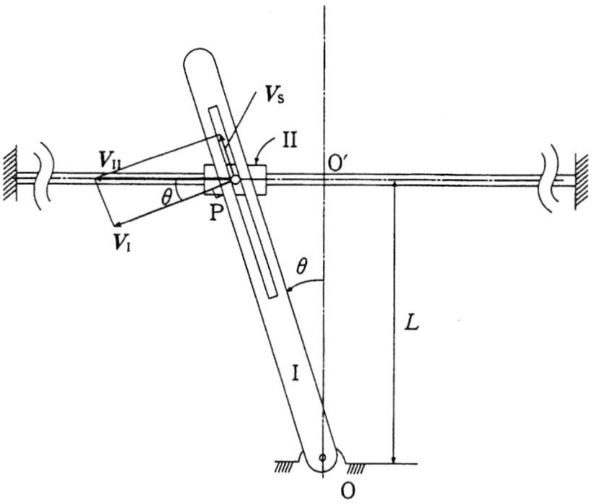

図 8.5 すべりのある機構

さて，リンク I の角速度を $\omega(=d\theta/dt)$ とすると，次の関係が成り立つ．

$$|\boldsymbol{V}_{\rm II}|=\frac{|\boldsymbol{V}_{\rm I}|}{\cos\theta}=\frac{\omega {\rm OP}}{\cos\theta}=\frac{\omega({\rm OO'}/\cos\theta)}{\cos\theta}$$

$$=\frac{\omega L}{\cos^2\theta}$$

この結果は，以下のように解析的に計算しても得られる．

O′P$=x$ とおくと，

$$|\boldsymbol{V}_{\rm II}|=\frac{dx}{dt}=\frac{d(L\tan\theta)}{dt}=L(1/\cos^2\theta)\frac{d\theta}{dt}$$

$$=\frac{\omega L}{\cos^2\theta}$$

次に，よく似た図 8.6 の機構を考えよう．O まわりに回転するリンク I に固定されたピンが，O′ まわりに回転できるリンク II の溝に沿って動くようになっている．これは，早戻り機構としてよく応用されるもので，リンク II が，左方向へ動くときより右方向へ動くときの方が時間が短いということを利用するのである．

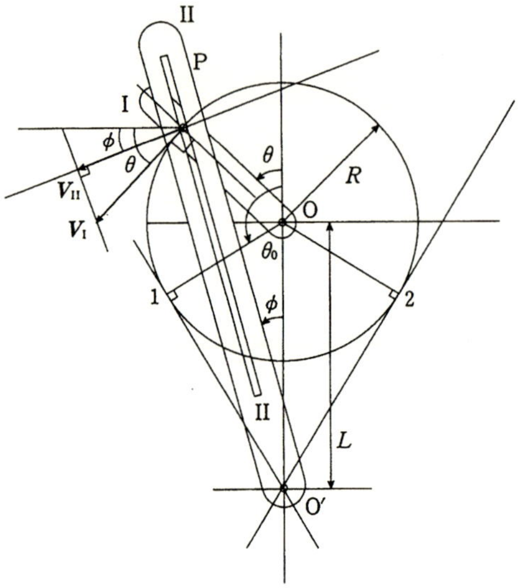

図 8.6

$d\theta/dt=\omega$ (一定) として，ϕ について調べる．

$$\tan\phi=\frac{R\sin\theta}{L+R\cos\theta}$$

両辺を t で微分すると

$$\frac{1}{\cos^2\phi}\frac{d\phi}{dt}=\frac{\omega R(L\cos\theta+R)}{(L+R\cos\theta)^2}$$

これより，$d\phi/dt=0$ すなわち $\cos\theta=-R/L$ のときが左方向，右方向への運動の切り替え点であることがわかる．図 8.6 の点 1，点 2 がそれに相当する点である．

速度ベクトルの関係は，図 8.6 の $\boldsymbol{V}_{\rm I}$ (大きさは ωR)，$\boldsymbol{V}_{\rm II}$ のようになる．図 8.6 でピンの速度 $\boldsymbol{V}_{\rm I}$ のうち，溝に垂直な成分 $\boldsymbol{V}_{\rm II}$ がリンク II を回転させるのに有効であるので，$d\phi/dt=|\boldsymbol{V}_{\rm II}|/{\rm O'P}$ でリンク II の角速度となる．

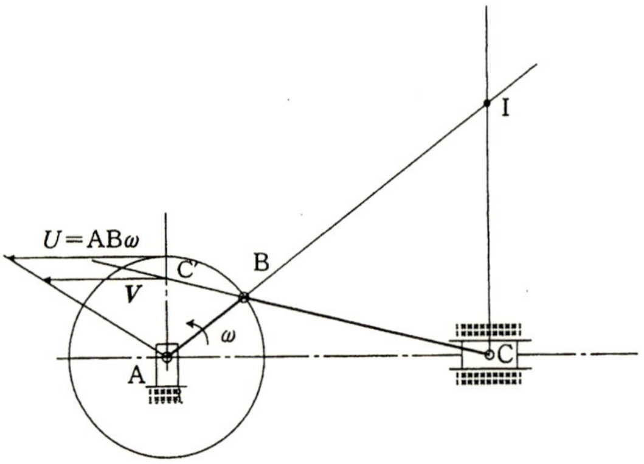

図 8.7　ピストン-クランク機構

【例題】 図 8.7 のピストン-クランク機構において，図のような作図を行うと，短い方の矢線の長さ V は，ピストン C の速度となることを示せ．

解答　図において，リンク BC (連結棒) の瞬間中心は I である．したがって，B の速度の大きさ U(ABω) と C の速度の大きさの比は，IB の距離と IC の距離の比に等しい．IB/IC=AB/AC′$=U/V$ となり，V は C の速度の大きさになる．

第9講

リンク機構の加速度解析

9.1 剛体の加速度解析

a. 固定点まわりの回転運動

剛体が，固定された点のまわりに回転運動するときの，剛体の上の点の加速度がどうなるかを考える．図9.1は，点Oまわりに回転する剛体を示す．平面に固定した直交軸が xy，剛体に固定した直交軸が $\xi\eta$ である．回転角 θ を時間 t の関数とし，$\omega=d\theta/dt$（角速度），$\alpha=d\omega/dt=d^2\theta/dt^2$（角加速度）とすると，剛体の上の点P（Oからの距離は r）の位置，速度，加速度は，以下のように，解析的に座標軸方向の成分が求められる．座標軸 xy 方向の成分は，

座標：$x=r\cos\theta,\quad y=r\sin\theta$

速度：$v_x=-r\omega\sin\theta=-y\omega$

$v_y=r\omega\cos\theta=x\omega$

加速度：$a_x=-r\alpha\sin\theta-r\omega^2\cos\theta$

$=-y\alpha-x\omega^2$

$a_y=r\alpha\cos\theta-r\omega^2\sin\theta=x\alpha-y\omega^2$

また，剛体に固定した座標軸 $\xi\eta$ 方向の成分は，

座標：$\xi=r,\quad \eta=0$

速度：$\boldsymbol{v}_\xi=0,\quad \boldsymbol{v}_\eta$（$\eta$ 方向，大きさは $r\omega$）

加速度：$\boldsymbol{a}_\xi$（ξ 方向，大きさは $-r\omega^2$），

$\boldsymbol{a}_\eta$（η 方向，大きさは $r\alpha$）

剛体の上の点の加速度は，最後の式がわかりやすい．回転中心へ向かう加速度（向心加速度という）$\boldsymbol{a}_\xi$ とこれに垂直な $\boldsymbol{a}_\eta$ である．これらは，半径方向成分，接線方向成分と呼ばれることも多く，$\boldsymbol{a}_r$, $\boldsymbol{a}_t$ と記することにする．

b. 一般の平面運動

次に，剛体の一般的な運動を考える．図9.2において，平面に固定した座標軸をOxy，剛体に固定した座標軸をA$\xi\eta$ とする．Aの座標を（x_A, y_A），剛体の上のBの座標を（ξ, 0）とすれば，Bについて次のようになる．

座標：$x=x_A+\xi\cos\theta,\quad y=y_A+\xi\sin\theta$

速度：$v_x=\dot{x}=\dot{x}_A-\xi\omega\sin\theta$

$v_y=\dot{y}_A+\xi\omega\cos\theta$

加速度：$a_x=\ddot{x}=\ddot{x}_A-\xi\alpha\sin\theta-\xi\omega^2\cos\theta$

$a_y=\ddot{y}=\ddot{y}_A+\xi\alpha\cos\theta-\xi\omega^2\sin\theta$

加速度は，次のようにも書ける．

$$\begin{aligned} a_x&=\ddot{x}_A-\alpha(y-y_A)-\omega^2(x-x_A)\\ a_y&=\ddot{y}_A+\alpha(x-x_A)-\omega^2(y-y_A)\end{aligned} \tag{9.1}$$

上の第1式，第2式の右辺第1項 $\ddot{x}_A$, $\ddot{y}_A$ は，点Aの加速度の x 成分，y 成分である．これら

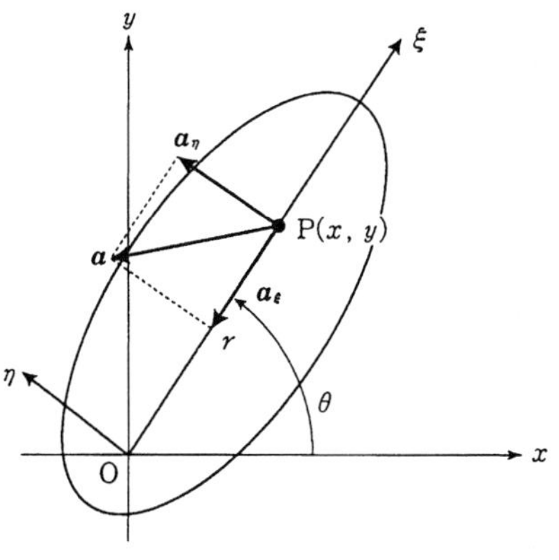

図9.1 回転運動

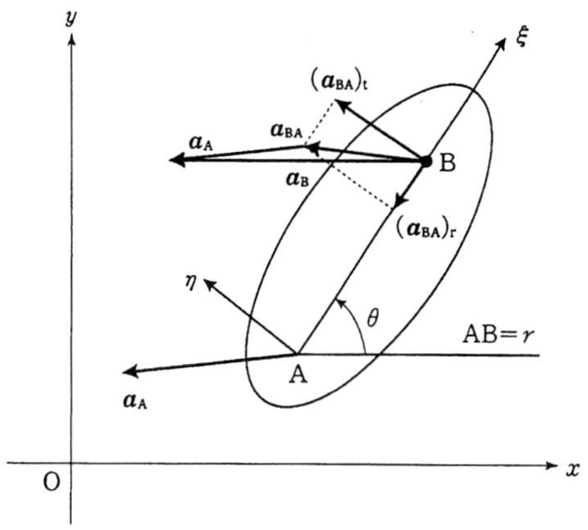

図9.2 一般平面運動

を合成した点Aの加速度を $\boldsymbol{a}_A$ と表し，Aを始点として図9.2に描いた．

第2項 $-\alpha(y-y_A)$, $+\alpha(x-x_A)$ は，合成すると，方向はABに垂直で，大きさは $AB\alpha$ である．これは，点Aに対する点Bの相対加速度 $\boldsymbol{a}_{BA}$ のABに垂直な成分（接線成分ということがある）で，$(\boldsymbol{a}_{BA})_t$ と表すことにする．図9.2では，Bを始点として描いてある．第3項は，合成すれば，向心加速度（BからAへ向かう）になる．大きさは，$AB\omega^2$ である．これを $(\boldsymbol{a}_{BA})_r$ と表すことにする．これも，図9.2に描かれている．図9.2では，次の関係が描かれていることに注意したい．

$$\boldsymbol{a}_B=\boldsymbol{a}_A+\boldsymbol{a}_{BA}=\boldsymbol{a}_A+(\boldsymbol{a}_{BA})_r+(\boldsymbol{a}_{BA})_t \qquad (9.2)$$

これは，点Bの加速度は，点Aの加速度と点Aに対する相対加速度の和であることを示している．

9.2 4節回転機構の加速度解析

図9.3は，リンクAB, BC, CD, DA（固定と考える）よりなる4節回転機構である．リンクABが，ピンAを中心に時計回りに，角速度 ω, 角加速度 α で回転するとき，点B, Cの加速度を求めてみよう．

点Bの加速度 $\boldsymbol{a}_B$ は，向心加速度 $\boldsymbol{a}_{Br}$ と接線加速度 $\boldsymbol{a}_{Bt}$ との和であるから，

$$\boldsymbol{a}_B=\boldsymbol{a}_{Br}+\boldsymbol{a}_{Bt}$$

となる．右辺二項の大きさは，与えられた条件から，$|\boldsymbol{a}_{Br}|=AB\omega^2$, $|\boldsymbol{a}_{Bt}|=AB\alpha$ である．

したがって，図9.3のように $\boldsymbol{a}_B$ が求められる．

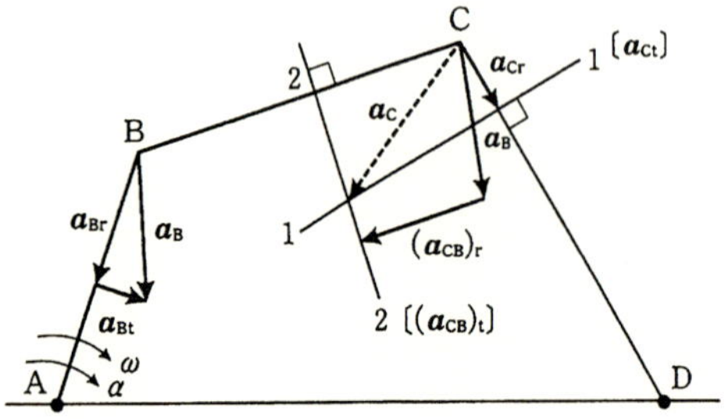

図9.3　加速度解析

$$|\boldsymbol{a}_B|=\sqrt{(AB\omega)^2+(AB\alpha)^2}$$

次に，$\boldsymbol{a}_C$ は，下の2通りの表現ができることを利用して求める．

$$\boldsymbol{a}_C=\boldsymbol{a}_{Cr}+\boldsymbol{a}_{Ct} \qquad (9.3)$$

$$\boldsymbol{a}_C=\boldsymbol{a}_B+\boldsymbol{a}_{CB}=\boldsymbol{a}_B+(\boldsymbol{a}_{CB})_r+(\boldsymbol{a}_{CB})_t \qquad (9.4)$$

式(9.3)において，右辺の第1項 $\boldsymbol{a}_{Cr}$ は点Cの加速度の半径方向の成分，すなわち，CからDへ向かう成分であり，第2項 $\boldsymbol{a}_{Ct}$ はCDに垂直な成分である．

点Cの速度を $\boldsymbol{v}_C$ とすると，$\boldsymbol{a}_{Cr}$ の大きさは，$|\boldsymbol{a}_{Cr}|=|\boldsymbol{v}_C|^2/CD$ となる．$\boldsymbol{v}_C$ は，前講に述べた方法で求められるから（$|\boldsymbol{v}_B|=AB\omega$ を用いる），$\boldsymbol{a}_{Cr}$ は，図9.3に点Cを始点として示したように完全に求められる．しかし，$\boldsymbol{a}_{Ct}$ は，方向はわかっている（CDに垂直）が，大きさはわかっていない．図9.3において，$\boldsymbol{a}_{Cr}$ の終点を通るように，CDに垂直に1-1という直線を引くと，$\boldsymbol{a}_C$ はCを始点とし，この直線上に終点を持つベクトルで示されるはずである．

式(9.4)において，$\boldsymbol{a}_{CB}$ は，Bに対するCの相対的な加速度であるが，これもやはり，CからBへ向かう $(\boldsymbol{a}_{CB})_r$ と，CBに垂直な $(\boldsymbol{a}_{CB})_t$ との和として与えられる．

V_C は前講に述べた方法で求められるから，CのBに対する相対速度 V_{CB} は，求めることができる．これを用いると，$|(\boldsymbol{a}_{CB})_r|=|\boldsymbol{v}_{CB}|^2/BC$ によって，$(\boldsymbol{a}_{CB})_r$ は完全に定めることができる．

式(9.4)のベクトル関係式を図で示すと，図9.3のように，Cを始点として，すでに求められた $\boldsymbol{a}_B$ を描き，その終点から上で求められた $(\boldsymbol{a}_{CB})_r$ をBCに平行に描く．$(\boldsymbol{a}_{CB})_t$ の大きさはわからないが，方向はBCに垂直であるから，$(\boldsymbol{a}_{CB})_r$ の終点を通って，BCに垂直な直線2-2を引くと，この上に $\boldsymbol{a}_C$ の終点があるはずである．

以上の2条件から，1-1と2-2の交点が $\boldsymbol{a}_C$ の終点であることがわかるので，図9.3のように，$\boldsymbol{a}_C$ が完全に定められる．

以上の方法では，すべてが作図によって求められたわけではないが，リンクABの角加速度が0の場合（$\alpha=0$）は，次のようにして，何の計算を

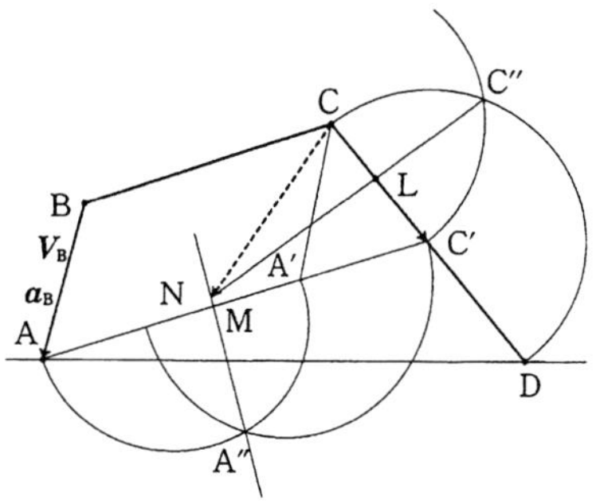

図 9.4　簡単な加速度解析

することもなく作図のみでCの加速度を求めることができる．

まず，適当な比例定数によって，点Bの速度の大きさをABの長さに等しくとる．図9.4において，ABを$|\boldsymbol{v}_B|$に等しくとるわけである．すると，Bの加速度(この場合$\boldsymbol{a}_{Bt}$の大きさは0である)は，大きさが$|\boldsymbol{v}_B|^2/AB$であるから，やはりABの長さになり，BAのベクトルで示されることになる．AからBCに平行線を引き，CDとの交点C′を求めると，速度解析で説明したように，CC′が$\boldsymbol{v}_C$の大きさになる．

CDを直径とする円と，Cを中心にCC′を半径とする円との交点をC″とし，C″からCDに下ろした垂足をLとすると，三角形CC″Dと三角形CLC″が相似であるから，

$$\frac{CD}{CC''}=\frac{CC''}{CL}\quad したがって\quad \frac{CD}{|\boldsymbol{v}_C|}=\frac{|\boldsymbol{v}_C|}{CL}$$

ゆえに，$CL=\dfrac{|\boldsymbol{v}_C|^2}{CD}$

となり，ベクトルCLは，$\boldsymbol{a}_{Cr}$の大きさに等しくなる．図9.3の場合と同様に，C″Lの延長線上にa_Cの終点があるはずである．

次に，BAをCA′に平行移動すると，ベクトルCA′が$\boldsymbol{v}_B$, CC′が$\boldsymbol{v}_C$(両方とも90°回転している)であるから，ベクトルC′A′は$\boldsymbol{v}_{CB}$となる．

AA′(=BC)を直径とする円と，A′を中心とし，A′C′を半径とする円との交点をA″とし，AA′(BCに平行)へ下した垂足をMとすると，

$$A'M=\frac{(A'C')^2}{AA'}=\frac{|\boldsymbol{v}_{CB}|^2}{BC}$$

となり，A′Mは，$(\boldsymbol{a}_{CB})_r$に等しくなる．ベクトルCA′は，$\boldsymbol{a}_B$でもあるから，A″Mの延長上に$\boldsymbol{a}_C$の終点があるはずである．

以上の条件から，図9.4のNが$\boldsymbol{a}_C$の終点となり，ベクトルCNがCの加速度であることがわかる．

第10講

リンク機構の速度・加速度解析の例

本講では，これまでに学んだ機構の運動についての例題を解いてみよう．

【例題】 図10.1の機構において，剛体IIIは正方形である．リンクIが等角速度1 rad/sで回転していて図の位置にきた瞬間を考える．この機構を図10.1の右図のような座標上に設定する．速度，加速度ベクトル1 m/s，1 m/s^{2}の長さも1目盛とする．以下の問に答えよ．

(1) IIIの瞬間中心の座標を求めよ．

(2) Eの速度ベクトルの始点の座標を点E(1, 2)とすると，終点の座標はどこか？

(3) Bに対するCの加速度の向心加速度成分(CからBへ向かう成分)は，Cを始点とすると終点の座標はどこか？

(4) Cの加速度の始点をCとすると，終点は$x=k$の直線上に存在することが(3)からわかる．kの値を求めよ．

(5) 一方，Cの加速度のDへ向かう向心加速度成分は，Cを始点とすると，終点の座標はどこか？

(6) 前問の(5)の結果を用いると，Cの加速度はCを始点として，終点の座標は$y=mx+n$の直線上にあることがわかる．mとnを求めよ．

(7) 上の(4)，(6)の結果から，Cの加速度が求められるが，Cの加速度は，Cを始点とすると，終点の座標はどこか？

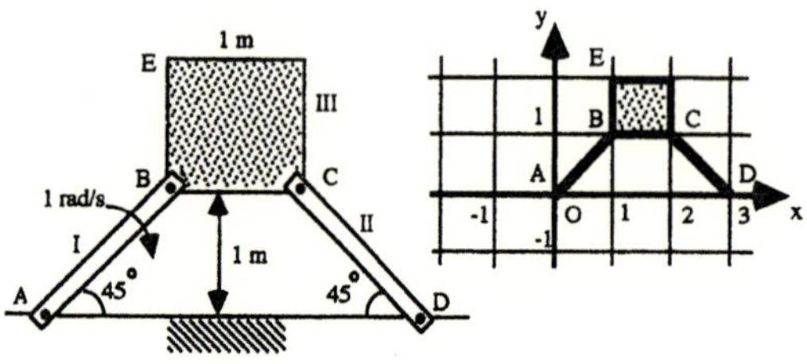

図10.1 4節回転機構

解答

(1) IIIに属する2点B, Cの速度ベクトルは，図10.2のV_B, V_Cのようになる．速度の瞬間中心は，速度ベクトルと直交する方向に存在するので(図7.1)，図10.2の点Pが，IIIの速度の瞬間中心であることがわかる．

(2) 前問で，剛体IIIの瞬間中心Pが求められたので，IIIに属する点の速度は容易に求められる．点Eの速度V_Eの方向は，PEに垂直である．また，PE＝PBなので，点Eの速度の大きさは，V_Bと等しく，$\sqrt{2}$ m/sとなる．したがって，点Eの速度ベクトルの始点を図10.2のように，(1, 2)とすると，終点は(0, 1)となる．

(3) 点Cの点Bに対する相対速度をまず求め

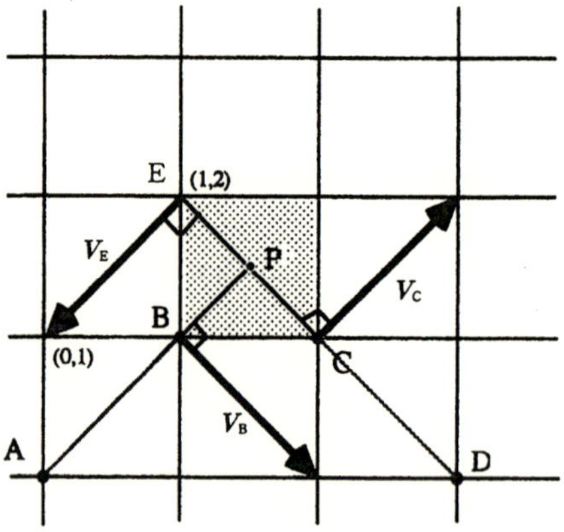

図10.2 速度ベクトル図

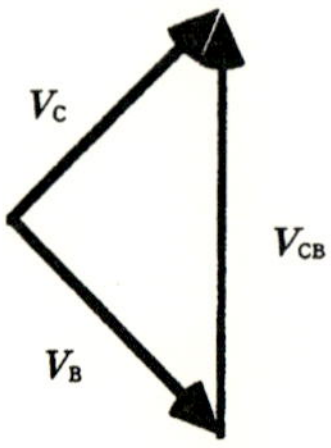

図10.3 相対速度ベクトル

なければならない．図 10.3 のように，ベクトル $\boldsymbol{V}_B$, $\boldsymbol{V}_C$ より，相対速度 $\boldsymbol{V}_{CB}$ が求められる．大きさは，2 m/s．式 (9.4) の関係を用いるので，まず，$(\boldsymbol{a}_{CB})_r$ を求める．方向は，C から B へ向かう方向で，大きさは $|\boldsymbol{V}_{CB}|^2/BC=4$ である．したがって，ベクトル $(\boldsymbol{a}_{CB})_r$ の始点を C とすると，終点は，図 10.4 に示したように，$(-2, 1)$ の点になる．

(4) 点 C の加速度 $\boldsymbol{a}_C$ を求めるために，式 (9.4) の関係を用いて求めよう．$(\boldsymbol{a}_{CB})_r+\boldsymbol{a}_B$ は，図 10.4 に示したように，点 C を始点とし，点 $(-3, 0)$ を終点とするベクトルであるので，ベクトル $\boldsymbol{a}_C$ の終点は，点 C を始点とすると，終点は図 10.4 の直線 2-2 の上に存在する．したがって，$k=-3$ である．

(5) 次に，式 (9.3) の関係を考えよう．ベクトル $\boldsymbol{a}_{Cr}$ は，点 C を始点とすると，図 10.4 のように，終点は点 D となる．

(6) したがって，ベクトル $\boldsymbol{a}_C$ の始点を C とすると，終点は，図 10.4 の直線 1-1 の上に存在することになる．この直線の方程式は，$y=x-3$ である．すなわち，$m=1$, $n=-3$ となる．

(7) 上の結果を合わせて，$\boldsymbol{a}_C$ のベクトルは，始点を C とすると，終点は，直線 1-1 と 2-2 の交点である．ちなみに，図 10.4 で明らかなように，$\boldsymbol{a}_C$ の大きさは，$\sqrt{74}$ m/s^2 である．

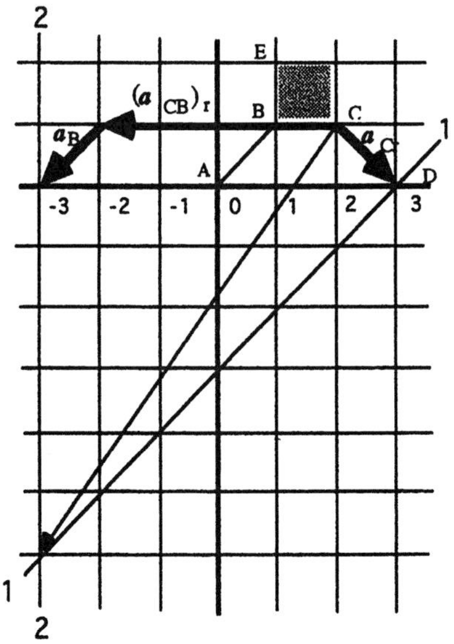

図 10.4 加速度ベクトル図

【例題】 図 10.5 (a) のようなリンク機構において，長さ a のリンクが，時計回りに，角速度 ω で等速回転して，図の位置に来たときの C の加速度を求めよ．

解答 この場合は，図 9.4 の方法を用いることができるから，作図だけで求めることができる．図 10.5 (b) に示した作図によって，以下のように計算できる．ここで，$|\boldsymbol{a}|$ などは，ベクトル $\boldsymbol{a}$ の大きさを表す．

$$\boldsymbol{V}_C=CC'=\frac{a\omega}{2}$$

$$|\boldsymbol{a}_{Cr}|=CL=\frac{\boldsymbol{V}_C^2}{CD}=\frac{a^2\omega^2/2}{2\sqrt{2}a}=\frac{a}{4\sqrt{2}}\omega^2$$

$$|\boldsymbol{V}_{CB}|=C'A'=a\omega/\sqrt{2}$$

$$|(\boldsymbol{a}_{CB})_r|=A'M=\frac{\boldsymbol{V}_{CB}^2}{BC}=\frac{a^2\omega^2/2}{\sqrt{2}a}=\frac{a}{2\sqrt{2}}\omega^2$$

$$|\boldsymbol{a}_C|=\sqrt{(CL)^2+(MC')^2}=\sqrt{\frac{a^2\omega^4}{32}+\left(\frac{a\omega^2}{\sqrt{2}}+\frac{a\omega^2}{2\sqrt{2}}\right)^2}$$

$$=a\omega^2\cdot\sqrt{\frac{1}{32}+\frac{9}{8}}=a\omega^2\sqrt{\frac{37}{32}}$$

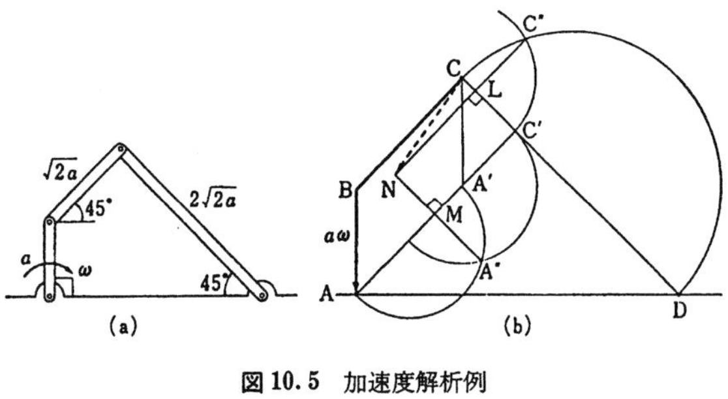

図 10.5 加速度解析例

第11講
接触伝動と歯車機構

機械には，接触によって運動を伝達する機構がよく用いられる．本講では，接触運動の基本的な性質を調べ，それを利用した歯車の理論と応用について述べる．

11.1 接触伝動の解析

図11.1のように，剛体Ⅰ，Ⅱがそれぞれ固定中心 O_1, O_2 のまわりに接触回転運動する場合を考えよう．接触点をPとし，Pにおける共通接線を1-1，共通垂線を2-2とする．共通垂線と O_1-O_2 の交点をCとする．O_1, O_2 から2-2に下ろした垂足をそれぞれ H_1, H_2 とする．接触を保ちながら回転運動している剛体Ⅰ，Ⅱの角速度をそれぞれ ω_1, ω_2 とする．

PにおけるⅠの速度を $\boldsymbol{V}_1$，Ⅱの速度を $\boldsymbol{V}_2$ とすると，接触を保つためには，

$$|\boldsymbol{V}_1|\cos\alpha=|\boldsymbol{V}_2|\cos\beta \tag{11.1}$$

でなければならない．式(11.1)に以下の関係を代入すると，式(11.2)，(11.3)が得られる．

$$|\boldsymbol{V}_1|=O_1P\omega_1, \qquad |\boldsymbol{V}_2|=O_2P\omega_2$$

$$\cos\alpha=\frac{O_1H_1}{O_1P}, \qquad \cos\beta=\frac{O_2H_2}{O_1P}$$

$$\frac{O_1H_1}{O_2H_2}=\frac{\omega_2}{\omega_1} \tag{11.2}$$

三角形 O_1CH_1 と三角形 O_2CH_2 は相似なので，

$$\frac{O_1C}{O_2C}=\frac{O_1H}{O_2H_2}=\frac{\omega_2}{\omega_1} \tag{11.3}$$

したがって，剛体ⅠとⅡの角速度比は，共通垂線が回転中心を結ぶ線(O_1-O_2)を内分する比に反比例することがわかる．これより，定角速度比伝

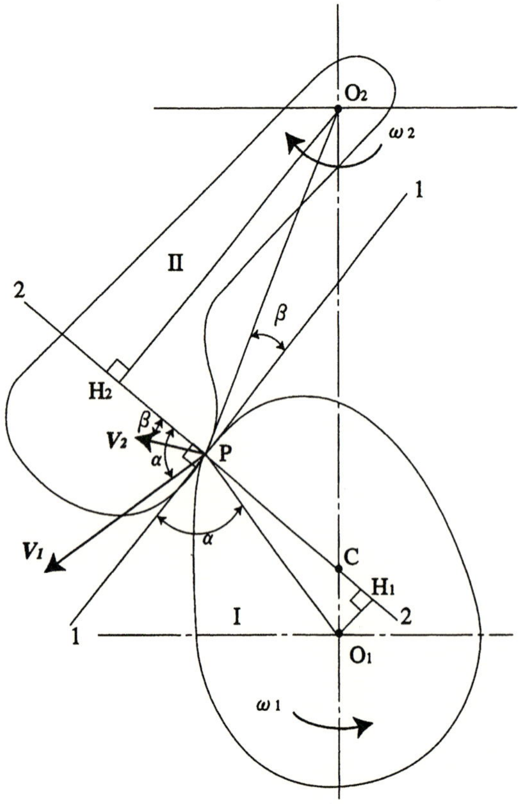

図11.1 接触伝動

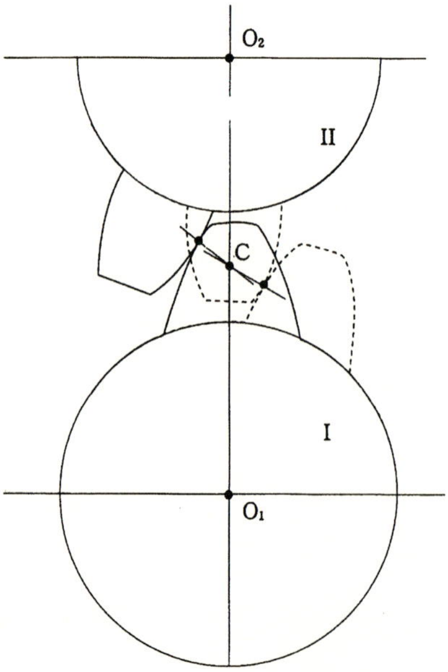

図11.2 定角速度比伝動

動であれば，点 C は定点となる．

11.2 歯車の歯形曲線

接触によって伝動を行う典型的なものは歯車である．一般に，歯車機構は，2 軸の回転を定角速度比で伝動するのが役目である．図 11.2 に歯と歯の接触を示すが，前節で得た結論により，定角速度比伝動のためには，接触点での歯形曲線の共通垂線は常に定点 C を通らねばならない．この条件によって，一方の歯形が与えられれば，他方は一義的に決まる．条件を満たす歯形曲線の組み合わせは無限に存在しうるが，実用的には，強度，効率，製作の難易などから次に述べるインボリュート曲線が広く用いられる．

11.3 インボリュート曲線

図 11.3 のように，円に巻き付けた糸の一端 C を引っ張って，緩まないようにしながらといていくとき，この点 C の描く曲線を，円のインボリュート (伸開線)，略してインボリュートという．巻き付けてあった円を基礎円という．

図 11.3 において，次のように記号を定める．

R_b：基礎円半径，

R=OC：インボリュートの動径

各量の間には，次の関係が成り立つ．

$$R\cos\beta=R_b,\qquad \psi=\tan\beta-\beta,\qquad ds=\rho d\varphi$$

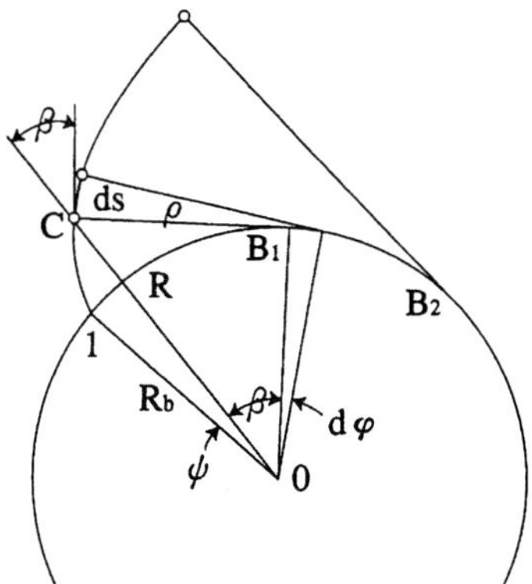

図 11.3 インボリュート曲線

$$\rho=R_b\tan\beta,\qquad d\rho=R_b d\varphi$$

ここで，$\tan\beta-\beta$ を β のインボリュート関数と呼び，便覧やハンドブックに数表となっている．$\mathrm{inv}\,\beta=\tan\beta-\beta$ と書くことがある．

11.4 巻掛伝動とインボリュート歯車

図 11.4 は，原動軸 O_2 を時計方向 (図の矢印方向) に回すと，糸 B_2B_1 によって，従動軸 O_1 が定角速度比で回転する．この機構の運動について，次のように考察を進める．

(1) 糸 B_2B_1 を任意の点 C で切り離し，円 O_1, O_2 をそれぞれの基礎円として，2 つのインボリュート 1-1 と 2-2 とを描く．

(2) 次に，いま切った糸を再びつなぐと仮定し，つないだ状態で原動軸 O_2 を回転し，点 C を C′ に移す．

(3) ここで，再び糸を C′ で切り離し，2 つのインボリュート 1′-1′ と 2′-2′ を描く．

(4) すると，これらの 1′-1′, 2′-2′ は，いずれも，点 C で描いた 2 曲線 1-1, 2-2 とまったく同じものである．

(5) ところで，B_2B_1 は定点 P を通っているから，定角速度比の条件によって，糸を用いるかわりに，2 つのインボリュートを歯形として用い，O_1 を原動軸と考えても，まったく同じ回転運動の伝動が実現できる．

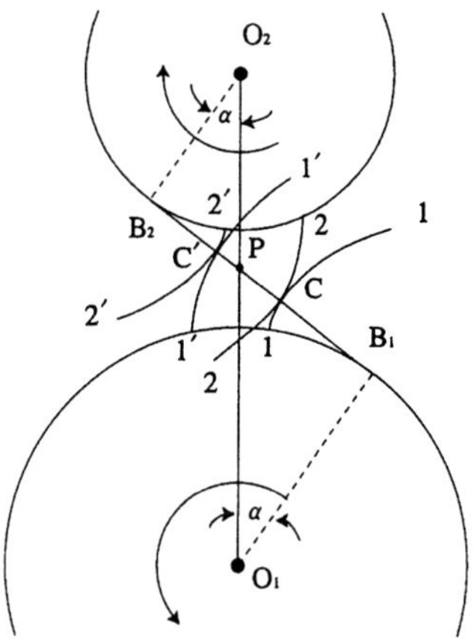

図 11.4 巻掛伝動と歯形

インボリュートを歯形とする歯車をインボリュート歯車といい，上記の5段階の考察によって，2つのインボリュート歯車は，接触伝動により，定角速度比で回転を伝えることができることがわかる．また，糸 B_2B_1 の直線が接点の軌跡であり，糸の傾きを示す角 α を圧力角という．

11.5　ピッチ円とモジュール

インボリュート歯車は，インボリュートの一部を歯形とするものであって，必ずしも基礎円にくっついて歯が形成されているわけではない．図11.5にこの様子を示す．歯の大きさがどのようにして決まるかは，次講に述べる．

ところで，図11.4によって，インボリュート歯車による伝動は，基礎円の巻掛伝動と等価であることはわかるが，もう一つ，O_1P, O_2P を半径とする2つの円の摩擦伝動とも等価である．その様子を，図11.6に示す．この2つの円はピッチ円と呼ばれ，点Pはピッチ点と呼ばれる．$O_1B_1/O_2B_2=O_1P/O_2P$ より，伝動の角速度比は基礎円の半径の比でもあり，ピッチ円の半径の比でもある．

インボリュート歯車の各部の寸法を決める重要なパラメータは，次の式で示されるモジュールという値である．

$$m=\frac{d}{z}$$

ここで，m：モジュール，d：ピッチ円の直径(mm)，z：歯数である．

2つの歯車のモジュールが等しいということ

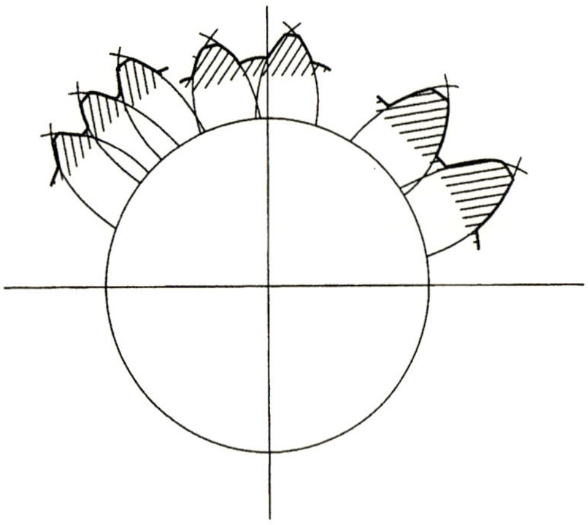

図11.5　インボリュート曲線の一部が歯形となる

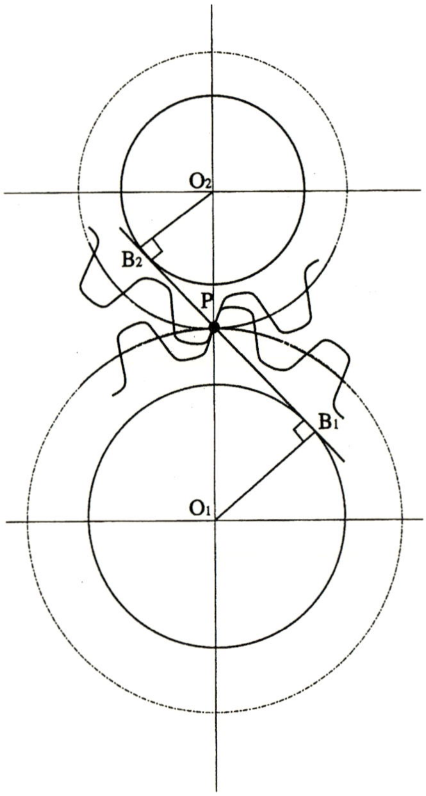

図11.6　巻掛伝動と摩擦伝動

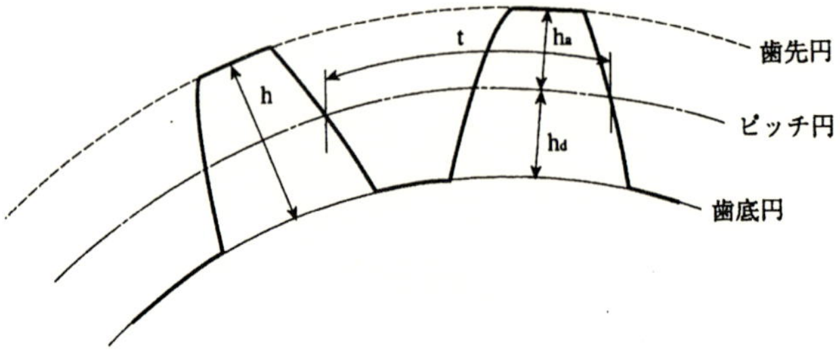

図11.7　歯車の各部の呼び名

は，ピッチ円の直径(歯車の大きさ)と歯数の比が等しいということで，歯の大きさが等しいということである．したがって，モジュールの等しい歯車どうししか噛み合うことはない．

図 11.7 に歯車の各部の呼び名を示す．ここでは，平歯車(歯の輪郭が軸方向に一様)を取り上げている．

歯の先端を通り，ピッチ円と同心の円を歯先円，歯の根元を通りピッチ円と同心の円を歯底円という．ピッチ円から外側の歯の高さ h_a を歯末のたけ，内側の高さ h_b を歯元のたけ，$h(=h_a+h_b)$ を全歯たけという．ピッチ円上の1つの歯の上の点と隣の歯の対応する点との距離をピッチ円に沿って測った長さ t をピッチという．次の関係が成り立つ．

$$t=\frac{\pi d}{z}=\pi m$$

第12講

歯車製作法および差動歯車の原理と応用

インボリュート歯車は，製作上で優れている点が多いことも，実用的に広く普及した理由の一つである．いかにして，インボリュート曲線を作り出すのかは，機構学として興味あることである．本講では，歯車の製作の基本および歯車の応用として興味深い差動歯車機構の原理について述べる．

12.1 基準ラック

図11.4において，$O_1 \to \infty$, $B_1 \to \infty$ とする過程で，ピッチ点P付近におけるインボリュートの形は，B_1 を中心とし，B_1P を半径とする円で近似されることに注意すれば，結局，インボリュートは，中心点を結ぶ線 O_1O_2 と角度 α をなす直線であることがわかる．この直線を歯形とする直線状に歯が並んだものをラックという．

次に述べるように，ラックがインボリュート歯車を製作するのに刃物(カッタ)として用いられるが，その形状は，JIS(日本工業規格)によって図12.1のように定められている．α(圧力角)は，20°である．歯末のたけや頂隙(相手の歯との隙間) c_k などは，モジュールを基準として定められていることがわかる．基準ピッチ線というのは，ピッチ円半径が無限大になったピッチ円と考えればよい．

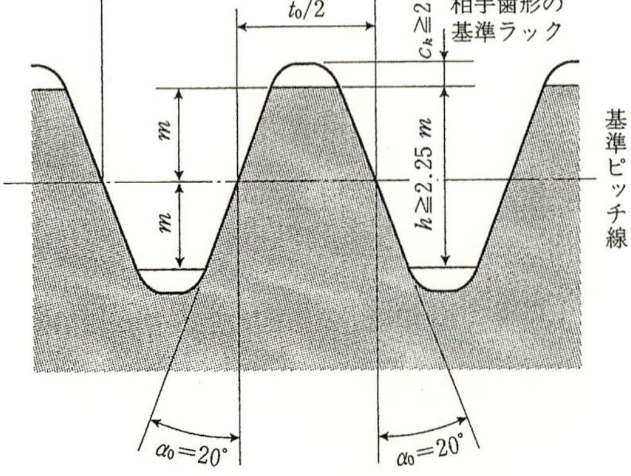

図 12.1 基準ラックの歯形および寸法

12.2 歯切り

歯を切削によって作り出すことを歯切りというが，創成歯切りと成形歯切りについて説明する．

最も基本的なのは，ラックカッタによる創成歯切りで，図12.2(a)に原理が示されている．歯車素材は，歯先円直径に等しい直径の円板で，ピッチ円とラックカッタのピッチ線とがすべることなく転がり接触しながら図の矢印の方向に動く運動が，歯車素材とカッタに与えられる．カッタは，このように前進運動をしながら，同時に紙面に垂直に素早く往復運動して，歯車素材を削っていく．1つのカッタで，モジュールの等しい任意の半径の歯車を製作することができる．カッタは，すべて直線で形成されているので，精度よく作りやすいという特徴がある．

図12.2(b)には，ピニオンカッタによる創成歯切りが示されている．ピニオンカッタとは，歯車と同じ形の工具のことである．カッタと歯車素材は，ピッチ円どうしが転がり接触して矢印の方向に回転する運動を実現しており，同時にカッタは，歯車素材の軸方向に往復運動して歯切りを行う．

図12.3は，ホブによる創成歯切りである．ホブは，ラックカッタをねじ状に円筒に巻き付けたようなもので，これを用いると，平歯車ばかりでなく，ウォームホイールなど特殊な歯車まで歯切りできるきわめて応用範囲の広い歯切りができる．図12.3(a)は平歯車を製作している原理図である．ホブには，いくすじかの縦溝が設けられ

ており，縦溝の一方の面が刃物になっている．

もっと簡単なのは，図 12.4 に示す成形歯切りである．歯溝(歯と歯との間)の形の輪郭を持つ工具を回転させて，歯車素材の軸方向へ送りながら切削する．モジュールが同じでも，歯数により歯溝の形は異なるので，正確な歯切りを行うには，多数の工具を用意する必要がある．実際には，1つの工具で，ある範囲の歯数のものには近似的に間に合わすというようなことが行われる．

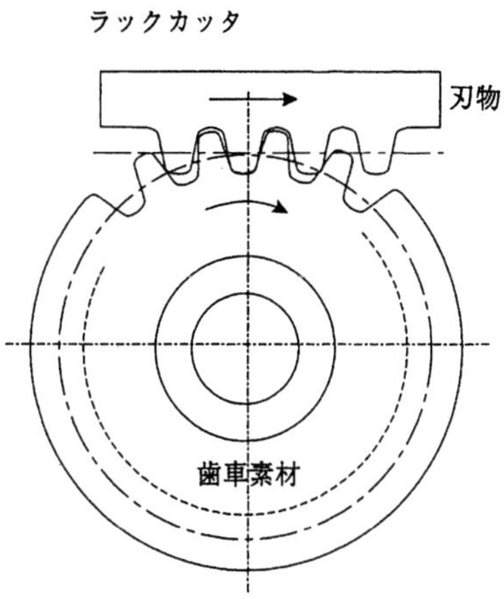

(a)

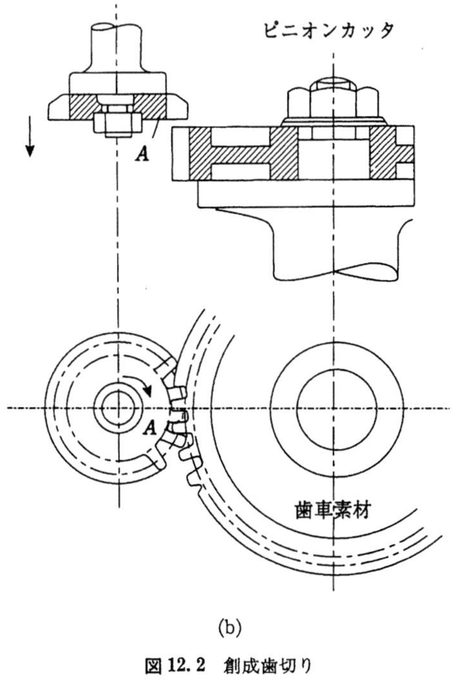

(b)

図 12.2　創成歯切り

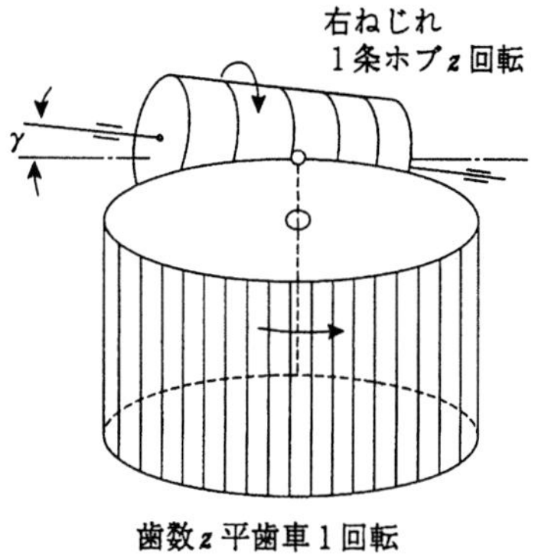

(a)

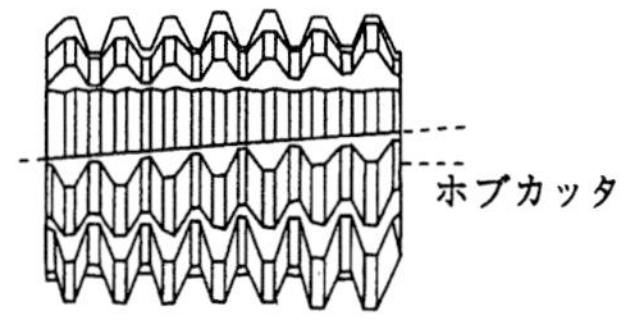

(b)

図 12.3　ホブによる歯切り

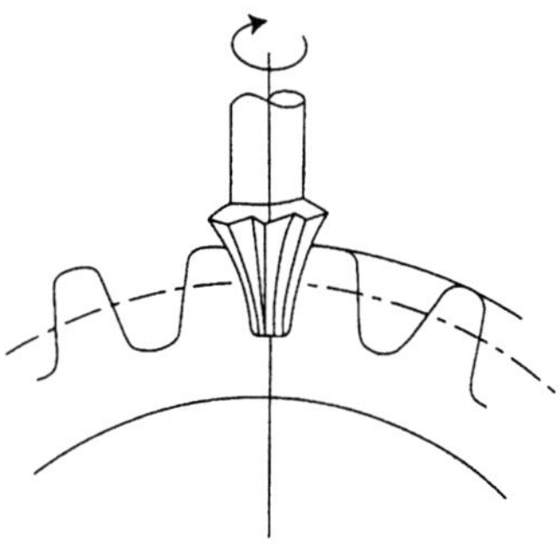

(a)

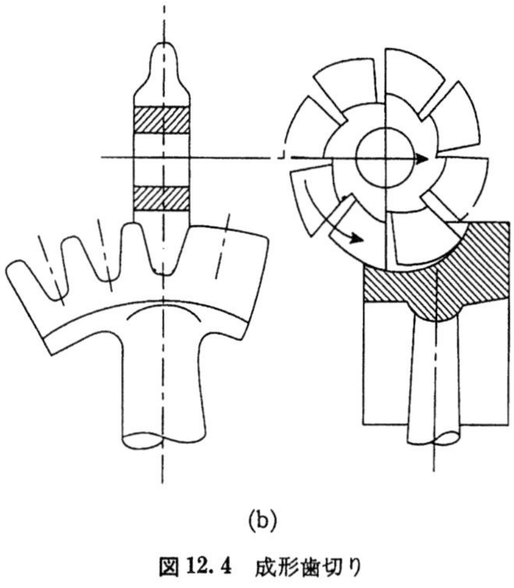

(b)

図 12.4　成形歯切り

12.3 歯切り機械

実際に歯切りを行うには，歯車材と工具（ラックカッタなど）との相対的な運動を正確に行うことが必要である．図 12.5 は，実用されている歯切り盤の原理を示している．歯車材と工具の相対運動は，マスタラックとマスタ歯車によって決められている．

一般に，作り出される歯車には，マスタシステム（マスタラックとマスタ歯車よりなるシステム）以上の精度を期待することはできない．また，マスタシステムも，別の工作機械によって作られたものに違いないわけである．工作機械の精度は，それを組み立てるために用いられる部品を作り出す工作機械の精度に依存するので，作り上げられる機械の精度をどのように管理するかは，歯車製作1つとってみても，非常にむずかしい問題であることがわかる．

12.4 差動歯車の原理

図 12.6 (a) において，A と B は歯車で，ピッチ円で代表させている．A, B の中心軸をリンク L によって，図のように結合したものを差動歯車機構といい，A や L をそれぞれ，θ_a, θ_l だけ回転させれば，B の回転角 θ_b は，いくらになるかを考えることにする．ここで，回転が反時計回りのときを正，時計回りのときを負と定めておく．

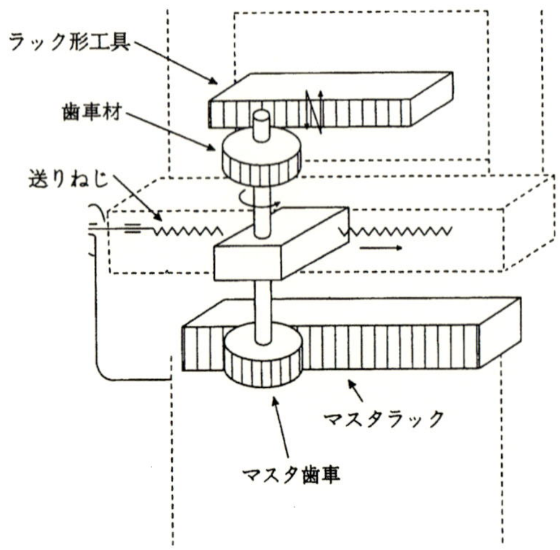

図 12.5 歯切り盤の例

なお，図 12.6 (b) において，C は内歯車をピッチ円で代表して示したものであるが，歯車 A または C を固定した機構を遊星歯車機構といい，広く用いられている．

さて，$\theta_a, \theta_b, \theta_l$ の間に成立する関係を考えよう．$\theta_a=0$, $\theta_l=0$ ならば，$\theta_b=0$ であるから，3 つの変数の間には，同次の 1 次関係が成立することは明らかである．すなわち，m, n を定数とすれば，

$$m\theta_a+n\theta_b+\theta_l=0 \qquad (12.1)$$

この $\theta_a, \theta_b, \theta_l$ のかわりに，それぞれの角速度 $\omega_a, \omega_b, \omega_l$ を用いても，まったく同じような式が成り立つのは明らかである．

$$m\omega_a+n\omega_b+\omega_l=0$$

ここで，m, n の値を定めればよいわけである．すなわち，式 (12.1) の回転角関係を求めるためには，次に述べるように，考えやすい 2 つの特別な場合を考え，これを組み合わせればよい．

(1) 同時回転：図 12.6 (a) の O を中心として，A, B, L を全部一体として，同時に 1 回転させると，$\theta_a=\theta_b=\theta_l=1$ である．これらの値は式 (12.1) を満たすから，

$$m+n+1=0 \qquad (12.2)$$

(2) 普通回転：L を固定して歯車 A を 1 回転させると，B は

$$-\frac{z_a}{z_b}$$

だけ回転する．ここで，z_a, z_b は，歯車 A, B の歯数であり，負号は逆回転を意味する．ゆえに，

$$\theta_a=1, \qquad \theta_b=-\frac{z_a}{z_b}, \qquad \theta_l=0$$

を式 (12.1) に代入すれば，

$$m-n\frac{z_a}{z_b}=0 \qquad (12.3)$$

(3) 係数 m, n の決定：式 (12.2), (12.3) の両式から m, n を解けば，

$$m=-\frac{z_a}{z_a+z_b}, \qquad n=-\frac{z_b}{z_a+z_b}$$

これらを式 (12.1) に代入すれば，

$$z_a\theta_a+z_b\theta_b-(z_a+z_b)\theta_l=0 \qquad (12.4)$$

たとえば，A を固定し，L を 1 回転させれば，

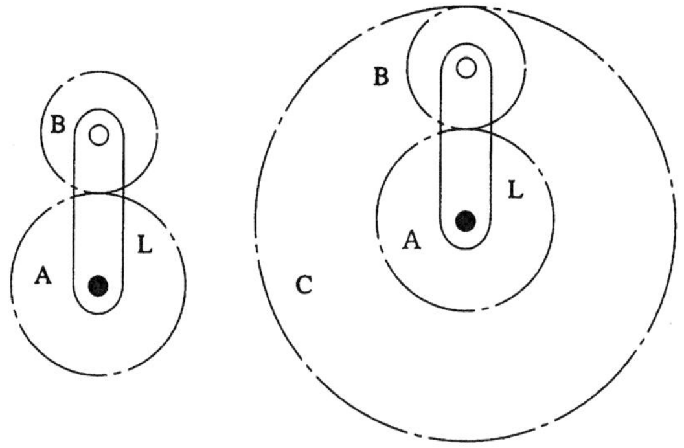

図 12.6　差動歯車

Bは何回転するか，という問の答を知るには，$\theta_a=0$, $\theta_l=1$ を式(12.4)に代入して，θ_b を求めればよい．すなわち，

$$\theta_b=1+\frac{z_a}{z_b} \tag{12.5}$$

(4)　重ね合わせ法：式(12.5)を直接求めることもできる．上記の計算では，未定係数法の計算により，係数 m, n を求めているのであるが，その手数を省いて，次のような簡単な表 12.1 を作ることによって回転の関係を知ろうとするのである．表 12.1 の (a)，(b) は，すでに述べたとおりの関係を書き写したものである．この (a) 行と (b) 行の数値を適当に加減して(すべて1次関係が成立しているので，重ね合わせができる)，A

表 12.1

	A	B	L	コメント
(a)　同時回転	1	1	1	
(b)　普通回転	1	$-\frac{z_a}{z_b}$	0	L 固定
(a)−(b)	0	$1+\frac{z_a}{z_b}$	1	A 固定

の欄が0になるようにすれば，その行をみれば，Aを固定した場合の，BとLの回転の関係を表すことになる．

ここでは，(a)の行から(b)の行を引いて，求めたい結果を得たのであるが，一般には，(a)の行の各数値すべてに適当な数値を乗じ，(b)の行にも適当な数値を乗じて，2つの行を加減することによって，求めたい条件を A, B, L の列に作り出せばよいのである．

図 12.6 (b) については，表 12.2 のように行えばよい．

表 12.2

	A	B	C	L	コメント
(a)　同時回転	1	1	1	1	
(b)　普通回転	1	$-\frac{z_a}{z_b}$	$-\frac{z_a}{z_c}$	0	L 固定
(a)−(b)	0	$1+\frac{z_a}{z_b}$	$1+\frac{z_a}{z_c}$	1	A 固定

第13講

運動の法則

自転を伴わないか無視できる剛体の運動は，重心に全質量が集中しているものとして扱えばよい．また，自転を伴っていても，重心の運動に関しては同様に扱うことができる．本講では，質点の力学について，その基礎を復習する．

13.1 質点の力学

a. ニュートンの運動法則

ニュートンの運動法則は，動力学の基礎である．ここで簡単に説明しておこう．

「第一法則：慣性の法則」　力が働かないかぎり質点は等速直線運動を続ける．これは，第二法則における $\boldsymbol{F}=0$ の場合に対応している．

「第二法則：運動方程式」　質量 m の質点に外力 $\boldsymbol{F}$ が作用すると，その結果加速度 $\dot{\boldsymbol{V}}$ が生ずる．この関係が，運動方程式

$$m\dot{\boldsymbol{V}}=\boldsymbol{F} \tag{13.1}$$

である．質量は慣性質量とも呼ばれ，物体の慣性の大きさ (いわば，動きにくさ) を表している．

なお，力の単位N(ニュートン)は，上の関係をもとに kg m/s² と決められている．

「第三法則：作用反作用の法則」　2つの質点が互いに働きあう力は，大きさが等しく方向が反対で作用線が一致している．

b. 質点の直線運動

ニュートンの運動法則を想起しつつ，物体の直線運動を図13.1の例によって考えよう．

機関車Aが，その動輪にレールから駆動力 $\boldsymbol{T}$ を受けつつ，客車Bを力 $\boldsymbol{F}$ で押している．各種の抵抗は無視し，符号は右方向を正としよう．

まず，作用するすべての外力を調べて，A，Bそれぞれの直線運動の方程式を立てる．Bは $\boldsymbol{F}$ のみを受け，Aは，$\boldsymbol{T}$ に加えて $\boldsymbol{F}$ の反作用である反力 $-\boldsymbol{F}$ を受けるから，次のようになる．

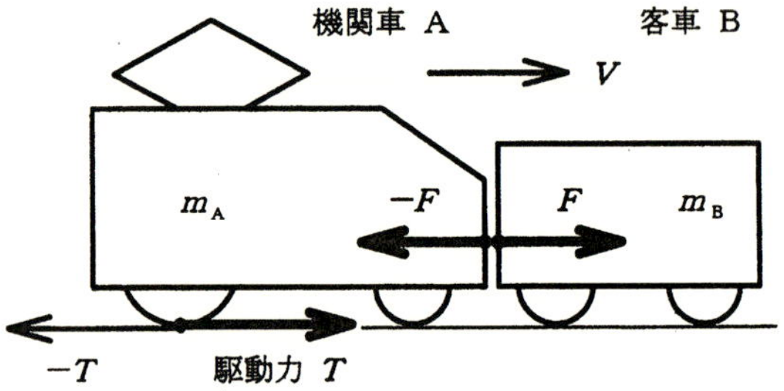

図 13.1　客車を押す機関車と運動の法則

$$\text{機関車　A：} m_A\dot{\boldsymbol{V}}=-\boldsymbol{F}+\boldsymbol{T} \tag{13.2}$$

$$\text{客　車　B：} m_B\dot{\boldsymbol{V}}=\quad\boldsymbol{F} \tag{13.3}$$

両式を辺々加えれば，次のようになる．

$$(m_A+m_B)\dot{\boldsymbol{V}}=\boldsymbol{T} \tag{13.4}$$

よって，

$$\dot{\boldsymbol{V}}=\frac{\boldsymbol{T}}{m_A+m_B} \tag{13.5}$$

$$\boldsymbol{F}=\frac{\boldsymbol{T}}{m_A/m_B+1} \tag{13.6}$$

を得る．$\boldsymbol{T}$ によって生ずる加速度 $\dot{\boldsymbol{V}}$ はもちろん総質量に反比例する．押す力 $\boldsymbol{F}$ はA,Bの質量比 m_A/m_B によって決まる．客車Bが相対的に重いほど，$\boldsymbol{F}$ は大きくなる．しかし駆動力 $\boldsymbol{T}$ を超えることはない．直観的にも納得されよう．

なお，駆動力 $\boldsymbol{T}$ の反作用 (反力) は，レールが動輪から受ける力 $-\boldsymbol{T}$ である．

Aが連結を解いて減速すれば，Bに作用する外力が消え，Bはそのときの速度で惰行する．

ところで，式(13.4)は，機関車Aと客車Bを一体として1つの「系」とみた場合の運動方程式にほかならない．押す力 $\boldsymbol{F}$ が現れないのは，この場合 $\boldsymbol{F}$ と $-\boldsymbol{F}$ は この系の内力だからである．

c. 質点の円運動

質点の曲線運動を，xy 成分に分けて扱うことは，演習問題で復習しよう．ここでは，外力と運動を，軌道の接線方向 (速度の方向，前後方向，

t 方向)と法線方向(速度と直角の方向，横方向，n 方向)とに分けて扱うことを学ぼう．

図 13.2 の C は質点の運動軌跡であるが，どのような曲線の微小部分も円弧とみなせる．また，機械には多くの回転部品がある．ここでは，質点の円運動について整理しておこう．

図 13.3 の点 P は，水平面内で円運動をしているおもり(質点)である．(あるいは，人工衛星や円旋回をする自動車の重心とみてもよい.) これがちょうど図の位置にある瞬間について考えよう．なお，アーム QP の質量は無視する．

まず，速度の大きさ V と半径 r と角速度 $\dot{\theta}$ [rad/s] (とりもなおさず，$\boldsymbol{V}$ の方向の変化率)の関係は次の通りである．単位も確認しよう．

$$V=\dot{\theta}r, \quad (\dot{V}=\ddot{\theta}r) \tag{13.7}$$

さて，外力 $\boldsymbol{F}$ の接線方向と法線方向の成分を，F_t, F_n とすれば，運動方程式 (13.1) は次のようにわかれる．$\dot{\boldsymbol{V}}$ の t 方向成分が $\boldsymbol{V}$ の大きさの変化率 $\dot{V}$ であり，$\dot{\boldsymbol{V}}$ の n 方向成分が $\boldsymbol{V}$ の方向変化による加速度 $\dot{\theta}V$ である．

$$\text{接線方向}(t)：m\dot{V} = F_t \tag{13.8}$$

$$\text{法線方向}(n)：m\dot{\theta}V = F_n \tag{13.9}$$

前後力 F_t がゼロなら速度の大きさ V は変わらない．(自動車なら，F_t はほぼ駆動力と抗力の和であり，これによって速度を変える.)

横力 F_n は，アームから加わる引張力である．(衛星なら引力，自動車ならタイヤが路面から受けるコーナリングフォースである.) 軌道の内側に向かうこのような力 F_n を「向心力」と呼ぶ．唯一この力によって，これと同じ方向の加速度 $\dot{\theta}V$ が生じ，時とともに軌道が曲がっていく(速度 $\boldsymbol{V}$ の方向が変わっていく)のである．このような加速度を「向心加速度」と呼ぶ．これは式 (13.7) を用いて次のように表してもよい．いずれも単位が m/s² となることを確認しよう．

$$\dot{\theta}V=\dot{\theta}^2 r=\frac{V^2}{r} \tag{13.10}$$

たとえば，半径 r を変えずに速度 V を倍にすると，向心加速度は 4 倍となり，4 倍の向心力が必要となる．このとき，角速度 $\dot{\theta}$ は倍になる．

なお，向心力 F_n の反作用(反力)はおもりがアームを引張る力である．そしてこれは，アームを伝わって結局回転軸に作用することとなる．

(人工衛星の場合の反力は，衛星が！地球を引張る引力であり，旋回中の自動車なら，タイヤが路面を外側に押す力である.)

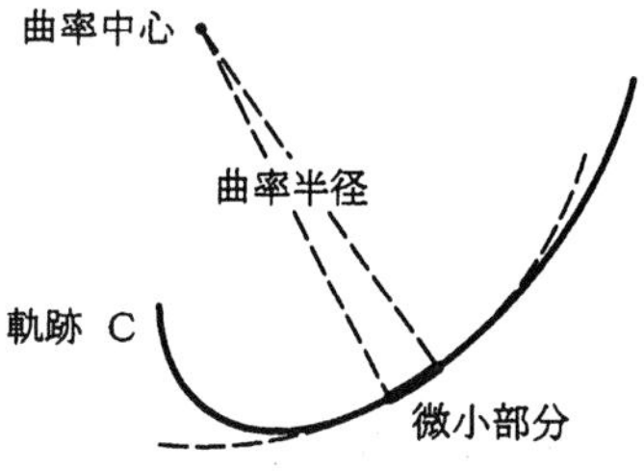

図 13.2 曲線の微小部分は円弧とみなせる

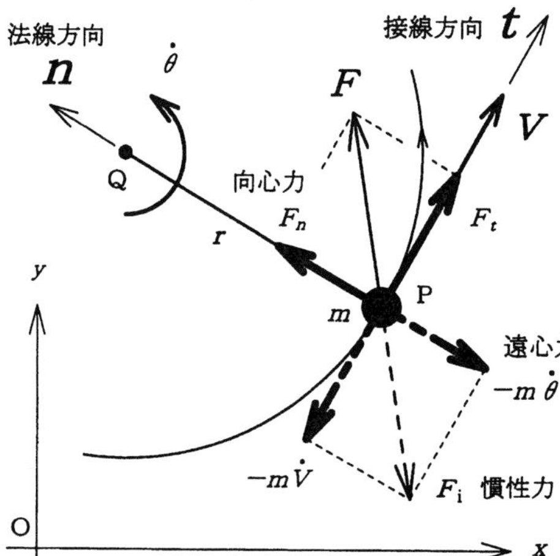

図 13.3 質点の円運動

13.2 ダランベールの原理と慣性力

運動方程式 $m\dot{\boldsymbol{V}}=\boldsymbol{F}$ の左辺 $m\dot{\boldsymbol{V}}$ を移項して，$-m\dot{\boldsymbol{V}}$ をあらたに外力とみなすと，

$$\boldsymbol{0}=-m\dot{\boldsymbol{V}}+\boldsymbol{F} \tag{13.11}$$

という「力のつりあいの式」となって，動力学の問題が静力学の問題に帰着する．これが「ダランベールの原理」であり，複雑な機械や回転機械などの運動を扱う際に便利である．なおこの式は，「動的つりあいの式」とも呼ばれている．

a. 慣性力

上記のように外力とみなしたものを，「慣性力」,「慣性抵抗」,「見かけの外力」などと呼び,－質量×加速度の形をしている．遠心力，コリオリの力などがその例である．

なお，慣性力に反力はない．

おもり(質点)の円運動(式(13.8)，式(13.9))にこの原理を適用すれば，以下のようになる．

接線方向(t)：$0=-m\dot{V}+F_t$　　(13.12)

法線方向(n)：$0=-m\dot{\theta}V+F_n$　　(13.13)

両式の右辺第1項が慣性力 $\boldsymbol{F}_i$ ($\boldsymbol{F}_i=-m\dot{\boldsymbol{V}}$) の成分で，図13.3に太い点線で示したものである．

前後力 F_t が正なら加速し，加速による慣性力 $-m\dot{V}$ は F_t と同じ大きさで方向は逆となる．車の加速中に感ずる後ろ向きの力がこれである．

向心力 F_n を加えれば軌道はその方向に曲がる．曲がることによって生ずる慣性力 $-m\dot{\theta}V$ を「遠心力」と呼び，向心力と同じ大きさで方向は逆である．車がカーブする際に感ずるであろう．

b. ダランベールの原理の応用例

図13.4は，シラクサでローマ軍を散々悩ませたアルキメデスの機械の原理図である．台車A(質量 m_A)を力 $\boldsymbol{F}$ で押し出すと同時に，台車上の兵士が駆動輪Cを回して槌B(質量 m_B)を加速し，台車の速度 $\boldsymbol{V}_A$ の n 倍の速度で槌を突き出そうというものである．

なおここでは，駆動輪とコロの質量と転がり抵抗は無視し，符号は右方向を正としよう．

全体を1つの系とみなして，これに働くすべての外力を調べると，押し出し力 $\boldsymbol{F}$ に加えて，慣性力として $-m_A\dot{\boldsymbol{V}}_A$ が台車Aに，$-m_B n\dot{\boldsymbol{V}}_A$ が槌Bに働くから，この系の動的つりあいの式は,

$$\boldsymbol{0}=\boldsymbol{F}-m_A\dot{\boldsymbol{V}}_A-m_B n\dot{\boldsymbol{V}}_A \quad (13.14)$$

となり，これを整理すれば 次式が得られる．

$$\boldsymbol{F}=(m_A+nm_B)\dot{\boldsymbol{V}}_A \quad (13.15)$$

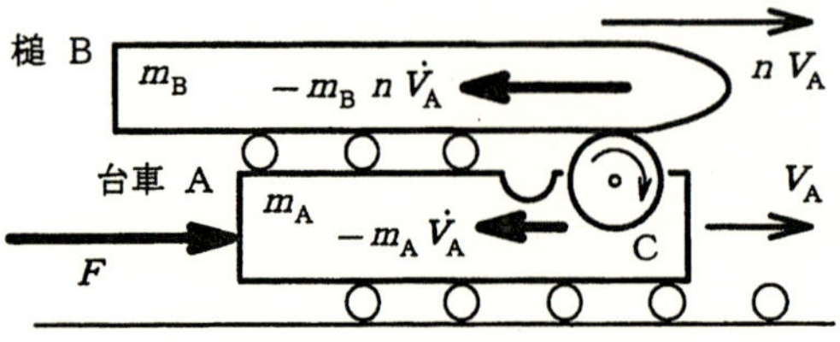

図 13.4　ダランベールの原理

台車を押す者達は，槌Bがそもそもの n 倍の質量を持っているかのごとく感ずるであろう．

駆動輪Cは台車および槌と互いに力を及ぼし合っているが，ダランベールの原理を用いれば，こうした内力を考えなくてもよいのである．

13.3 運動量と力積および運動量保存則

a. 運動量と力積および運動量保存則

通常，物体の質量は変化しないから，運動方程式(13.1)は，次のようにも書ける．

$$\frac{d(m\boldsymbol{V})}{dt}=\boldsymbol{F} \quad (13.16)$$

$m\boldsymbol{V}$ は「運動量 [kg m/s]」と呼ばれ，速度 $\boldsymbol{V}$ と同じ方向のベクトルである(図13.5).

この式の意味は,「物体に働く力が，その物体の運動量の変化率を決める」である．

さて，これを積分すれば次のようになる．

$$m\boldsymbol{V}_2-m\boldsymbol{V}_1=\int_{t_2}^{t_1}\boldsymbol{F}dt \quad (13.17)$$

右辺を，t_1 から t_2 の間の，力 $\boldsymbol{F}$ による「力積 [N s]」と呼ぶ．運動量の単位と一致するはずである．この式は,「作用した力の力積は，運動量の変化をもたらす」ことを意味しており，衝撃力が働く場合の解析などに便利である．

ところで，ある時間外力が作用していない ($\boldsymbol{F}=\boldsymbol{0}$) なら，この間の運動量は変わらない．これを「運動量保存則」という．衝突，結合，破裂などの起こる質点系の運動を扱うのに便利である．

図 13.5　運動量

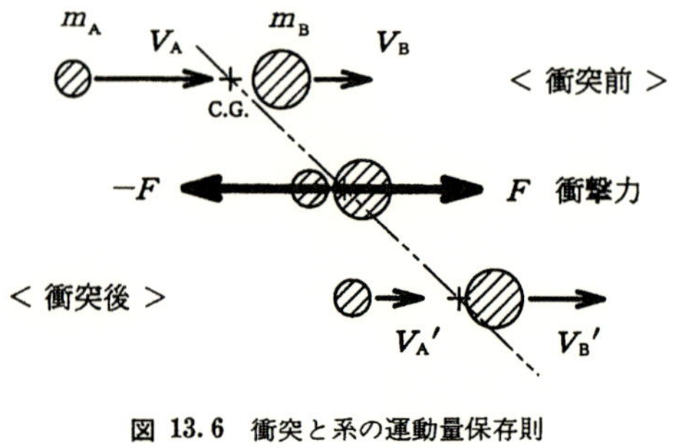

図 13.6　衝突と系の運動量保存則

b. 衝突と系における運動量保存則

図13.6のように，水平な直線上において，速度 $\boldsymbol{V}_\mathrm{A}$ で動く質点A(質量 m_A)が，速度 $\boldsymbol{V}_\mathrm{B}$ で先行する質点B(m_B)に追突し，それらの速度が $\boldsymbol{V}_\mathrm{A}'$, $\boldsymbol{V}_\mathrm{B}'$ になったとする．AとBを1つの「系」とみなして，この系全体の運動量の変化を考えよう．なお，符合は右向きを正とする．

衝突中にBに作用する衝撃力が $\boldsymbol{F}$ なら，Aにはその反力 $-\boldsymbol{F}$ が働く．系の内力であるこれらの力による力積は相殺され，さらにこの系には外力が作用していない．したがって次式のように，この系の運動量は保存される．

$$(m_\mathrm{A}\boldsymbol{V}_\mathrm{A}'+m_\mathrm{B}\boldsymbol{V}_\mathrm{B}')-(m_\mathrm{A}\boldsymbol{V}_\mathrm{A}+m_\mathrm{B}\boldsymbol{V}_\mathrm{B})=\boldsymbol{0} \tag{13.18}$$

ところで，AとBの相対速度の「衝突前後における比」の絶対値を，反発係数(e)という．

$$e=-\frac{V_\mathrm{A}'-V_\mathrm{B}'}{V_\mathrm{A}-V_\mathrm{B}} \tag{13.19}$$

ここで，$m_\mathrm{A}, m_\mathrm{B}, V_\mathrm{A}, V_\mathrm{B}, e$ が既知なら，

$$V_\mathrm{A}'=V_\mathrm{A}-(1+e)\Delta V\cdot\frac{m_\mathrm{B}}{M} \tag{13.20}$$

$$V_\mathrm{B}'=V_\mathrm{B}+(1+e)\Delta V\cdot\frac{m_\mathrm{A}}{M} \tag{13.21}$$

ただし，$\Delta V=V_\mathrm{A}-V_\mathrm{B}$, $M=m_\mathrm{A}+m_\mathrm{B}$

となる．これらより，やりとりされた運動量は $(1+e)\Delta V\cdot m_\mathrm{A}m_\mathrm{B}/M$ であることがわかる．

衝突は反発の程度によって次のように呼ばれる．

$0=e$ ：「非弾性衝突」(衝突後一体化)

$0<e<1$：「不完全弾性衝突」

$e=1$ ：「完全弾性衝突」(エネルギロスなし)

$e=0$, $e=1$ あるいは $m_\mathrm{A}=m_\mathrm{B}$ の場合に，速度が具体的にどうなるか，吟味してみよう．

なお，この系の力学的エネルギの総和は衝突によって減少する．変形や熱や音の発生などがあるからである．破裂の場合はどうなるであろうか．

低軌道衛星と静止衛星と月

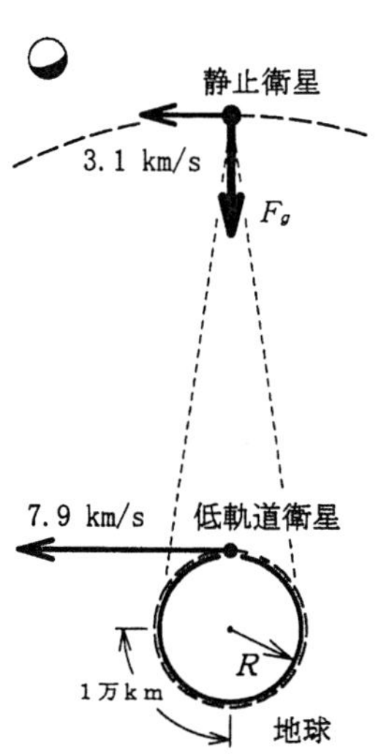

図 13.7 低軌道衛星と静止衛星

歴史的には，地球1/4周を1万kmとして1mが決められた．地球半径 R を逆算すれば約6400 kmとなる．

質量 m の衛星が半径 r の円軌道を速度 V で周回しているとしよう．向心力は衛星に加わる引力 F_g であり，地表での引力 mg を用いて表せば，

$F_g(r)=mg\left(\dfrac{R}{r}\right)^2$ となって，これが遠心力 $-mV^2/r$ と動的につりあっている．周期は1周に要す時間であるから $2\pi r/V$ となる．

さて，さまざまな衛星について具体的に調べよう．

(1) 低軌道衛星：軌道が地表に十分近い($r\fallingdotseq R$)とすれば，速度は約7.9 km/s(ほぼマッハ23)となる．これを第一宇宙速度と呼ぶ．日本列島約3000 kmを6分強で駆け抜け，約1.4時間で地球を1周する速度である．これ以下に減速すれば，衛星は弾道軌道を描いて落下する．低軌道衛星は，地表が暗く上空の軌道に陽の射している明け方か宵に観測できるので，その動きの速さをぜひみていただきたい．

(2) 静止衛星：地球の自転と同じ角速度で公転することより，地表からほぼ3万6000 km(地球直径の3倍弱)の軌道を速度約3.1 km/sで回ることとなる．軌道高度が R を超えているから，最少3個で極地域を除いた地表のすべてをカバーできるのである．なおこの高度での引力は地表の約2.3%にすぎない．

(3) 月：月は，地球半径の約60倍の距離にあるから1周にほぼ27日を要すことになる．これは地球の自転に比べてはるかに遅い．月が約1日で地球を回るかのようにみえるのは，おもに地球の自転によるのである．

第14講

回転を伴う運動

回転軸を持つ機械部品はきわめて多い．本講では，それらの平面内回転運動について復習する．さらに，車輪や乗り物のように自転しつつ移動する物体の平面運動についてもふれておこう．

本講は，質点の運動との対応関係および相違に眼を配りつつ理解するとよい．もちろん，単位についても同様である．

14.1 固定軸まわりの剛体の回転と慣性モーメント

まず，前講で扱ったおもり（質点）の円運動について考えよう．接線方向の運動方程式(13.8)に $\dot{V}=\ddot{\theta}r$ を用い，回転半径 r をかければ，

$$mr^2\cdot\ddot{\theta}=rF_t \qquad (14.1)$$

となる．これが，質点の回転運動の方程式である．右辺は F_t によるQ軸まわりモーメントであり，左辺には角加速度 $\ddot{\theta}$ [rad/s²] がある．

左辺の mr^2 は，質点のQ軸に関する「慣性モーメント [kg m²]」と呼ばれており，回転運動に関する慣性の大きさ（いわば，回りにくさ）を表している．半径が長いほど角速度を変えにくいから，質量に半径の影響が加味されているのである．

次に，簡単な例によって，剛体の回転運動の方程式を導出し，その回転について考察しよう．

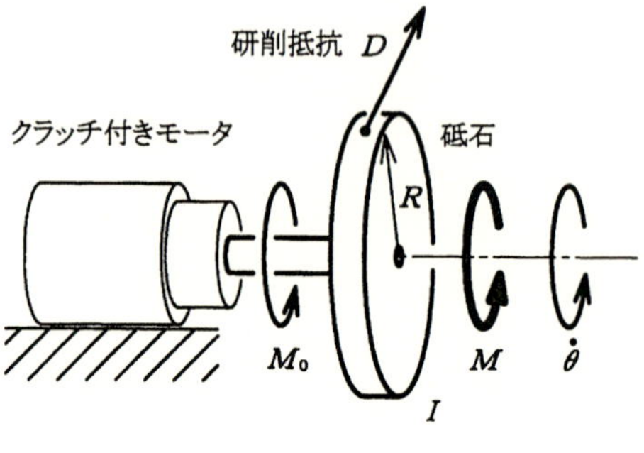

図 14.1 電動砥石の回転と運動の法則

図14.1は，電動回転砥石である．式(14.1)を，この砥石の微小部分に関するものであるとして，砥石全体にわたって積分すればよい．mr^2 の積分は，砥石全体についての慣性モーメント I となる．右辺の積分の結果は，砥石全体に働くモーメント $\boldsymbol{M}$ となるはずであるから，モータの出力トルク $\boldsymbol{M}_0$ と研削抵抗 $\boldsymbol{D}$ による逆回りモーメント $-RD$ との和になる（$M=M_0-RD$）．以上より，次の方程式が得られる．

$$I\ddot{\theta}=\boldsymbol{M} \qquad (14.2)$$

これが，剛体（砥石）の回転運動の方程式であり，「慣性モーメント I の剛体にモーメント $\boldsymbol{M}$ が作用すれば，その結果角加速度 $\ddot{\theta}$ が生ずる」ということを意味している．なお，I と $\boldsymbol{M}$ は，あくまでもQ軸に関するものであり，$\boldsymbol{M}$ と $\dot{\theta}, \ddot{\theta}$ は回転ベクトルである．

回し始めは研削をしないから，砥石には $\boldsymbol{M}_0$ だけが働き，時間とともに回転数（すなわち角速度 $\dot{\theta}$）が増えていく．クラッチを切れば $\boldsymbol{M}=\boldsymbol{0}$ となるから，そのときの $\dot{\theta}$ で回り続ける（慣性の法則）．そこで研削を始めると，$M=-RD$ となって，回転数は $-RD/I$ [rad/s²] のペースで落ちていく．

14.2 慣性モーメントに関する定理

密度（ρ）一定の剛体の慣性モーメント I は，半径 r のところにある微小部分の体積を dV とすれば，次のようになり，形状によって決まる．

$$I=\rho\int_V r^2 dV \qquad (14.3)$$

a. 物体の回転軸に関する「回転半径」

剛体（図14.2(a)）の全質量 m を1点に集めて同じ軸まわりに回転させると仮定したとき（同図

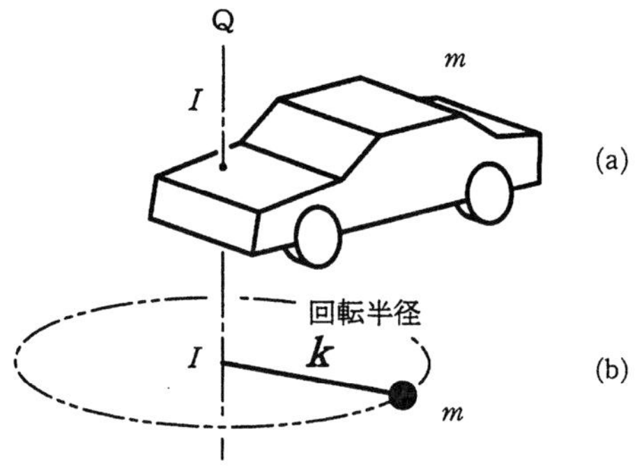

図 14.2　ある軸に関する回転半径

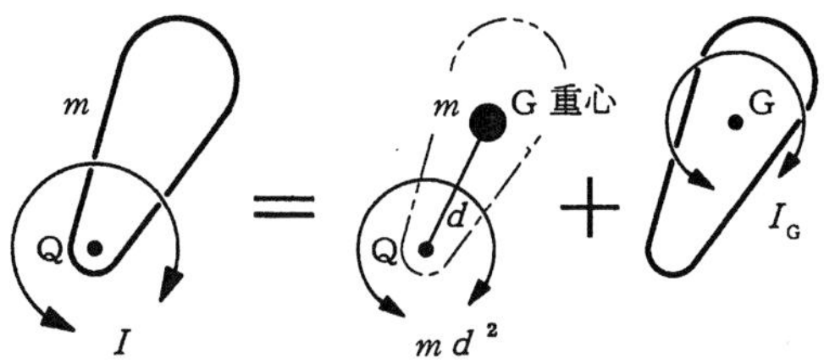

図 14.3　平行軸の定理

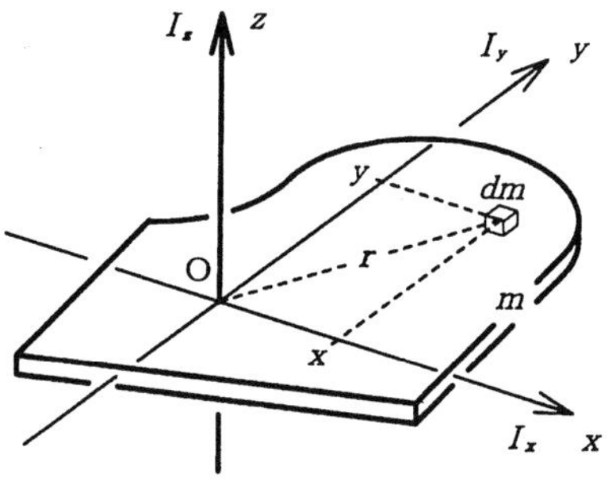

図 14.4　直交軸の定理

(b)), その半径を下式で決まる k とすれば，この慣性モーメントは剛体のそれ (I) と等しくなる．これを，剛体の Q 軸に関する「回転半径」と呼ぶ．

$$I=mk^2 \qquad (14.4)$$

b.　平行軸の定理 (式 (14.5)，図 14.3)

剛体のある軸 Q に関する慣性モーメント I は，その軸と平行で重心 G を通る軸に関するもの I_G と，Q 軸に関する重心の慣性モーメント md^2 との和である．図 14.8 とも密接な関係がある．なお，d は軸間距離である．

$$I=md^2+I_G \qquad (14.5)$$

c.　直交軸の定理 (式 (14.8)，図 14.4)

これは，薄い平板に関する定理である．図 14.4 のように座標軸をとる．微小部分について

$$r^2=x^2+y^2 \qquad (14.6)$$

であるから，これに微小質量 dm をかけて積分すれば，式 (14.7) すなわち式 (14.8) となる．

$$\int r^2dm=\int x^2dm+\int y^2dm \qquad (14.7)$$

$$I_z=I_x+I_y \qquad (14.8)$$

薄板に直交する軸に関する慣性モーメントは，板を通る 2 軸に関する慣性モーメントの和である．

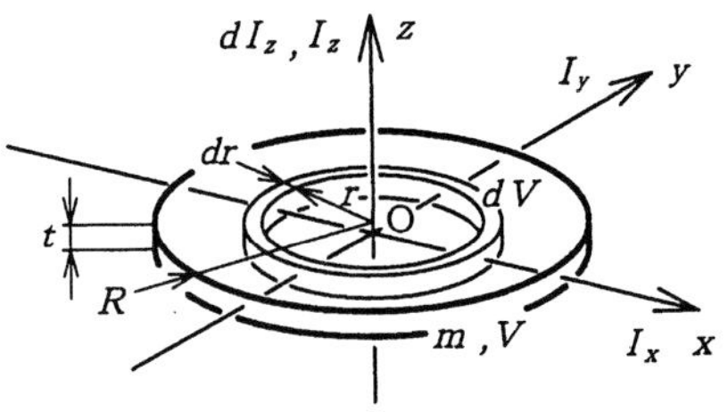

図 14.5　薄い円板の慣性モーメント

【例】　薄い円板の慣性モーメント (図 14.5)

半径 R，厚さ t，密度 ρ の薄い円板を，半径 r，微小幅 dr のリングの集積とみる．その微小慣性モーメント dI_z は，微小体積を dV として

$$dI_z=\rho dV\cdot r^2 \qquad (14.9)$$

となる．これを r について 0 から R まで積分し，全質量 m が $\rho(\pi R^2t)$ であることを用いれば，

$$I_z=m\frac{R^2}{2} \qquad (14.10)$$

を得る．さらに，定理より $I_x=I_y=I_z/2$ となる．

14.3　回転におけるダランベールの原理と慣性偶力および慣性の中心

a.　慣性偶力

回転運動の方程式 (14.2) に ダランベールの原理を適用すれば，次のようになる．

$$0=-I\ddot{\theta}+\boldsymbol{M} \qquad (14.11)$$

$-I\ddot{\theta}$ を「慣性偶力」と呼ぶ．これは必ず − 慣性モーメント × 角加速度の形となっている．

おもり (質点) の円運動の方程式 (14.1) にこの原理を適用すると，$-mr^2\cdot\ddot{\theta}$ が慣性偶力である．これは，さかのぼってみると，式 (13.12) および図 13.3 に示した慣性力 $\boldsymbol{F}_I$ の接線方向成分 $-m\dot{V}$ による Q 軸まわりモーメントにほかなら

ない ($\dot{V}=\ddot{\theta}r$ を思い出そう).

なおもちろん，このおもりには，式(13.13)のように遠心力 $-m\dot{\theta}V$ も作用している.

b. 剛体の回転と慣性の中心

図 14.6(a)のように剛体(質量 m)の回転軸 Q が重心 G から r の距離にあって，これが左回りに加速回転を行っているとする．このとき作用する慣性偶力と慣性力は以下のようになる.

まず，前項 **a.** のおもり(質点)をこの剛体の重心とみれば，これには前項におけると同じ慣性偶力と遠心力が作用することがわかる．さらに，自転による重心まわりの慣性偶力 $-I_G\ddot{\theta}$ が加わる．平行軸の定理によって確認しておこう.

ところで，これらの作用を慣性力 $\boldsymbol{F}_i$ だけで置き換えるとしたときの，その作用線の位置 Q′ を図 14.6(b)によって算出しよう．$\boldsymbol{F}_i$ の移動が慣性偶力 $-I_G\ddot{\theta}$ と同じ効果を持つこと，および幾何学的関係から，次の 2 式が得られる.

$$-eF_i=-I_G\ddot{\theta} \tag{14.12}$$

$$\frac{e}{l-r}=\frac{m\dot{V}}{F_i} \tag{14.13}$$

ただし，$I_G=mk_G^2$,　$\dot{V}=\ddot{\theta}r$

両式より，重心 G から点 Q′ までの距離 $l-r$ が次のように求まる.

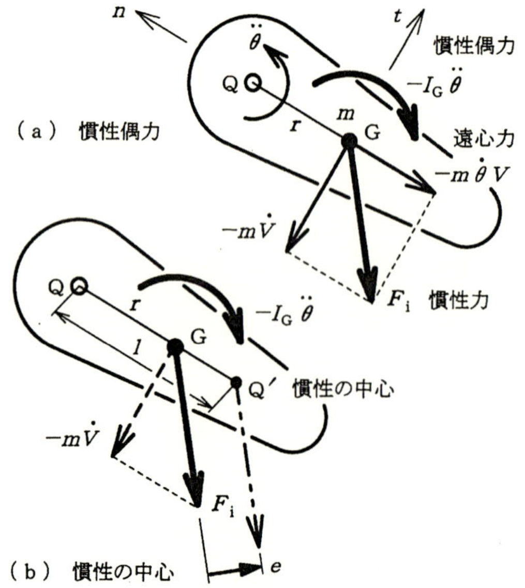

図 14.6　慣性偶力と慣性の中心

$$l-r=\frac{k_G^2}{r} \tag{14.14}$$

点 Q′ は，「慣性の中心」，「振動の中心」，「衝撃の中心」などと呼ばれている．たとえば，バットの真芯とは，いわばこのような点である.

14.4　角運動量と角力積および角運動量保存則

本節は，運動量，力積および運動量保存則と比較しつつ対応づけて理解するのがよい.

剛体の回転運動の方程式 $I\ddot{\theta}=\boldsymbol{M}$ (式(14.2))は，I が時間的に変化する場合も含めて，

$$\frac{d(I\dot{\theta})}{dt}=\boldsymbol{M} \tag{14.15}$$

と表すことができる．$I\dot{\theta}$ [kg m²·rad/s] は「角運動量」と呼ばれる回転ベクトルである．この式は，「剛体に働くモーメントが，その剛体の角運動量の変化率を決定する」ことを意味している.

さて，これを積分すれば次のようになる.

$$I_2\dot{\theta}_2-I_1\dot{\theta}_1=\int_{t_1}^{t_2}\boldsymbol{M}\,dt \tag{14.16}$$

右辺を，t_1 から t_2 の間のモーメント $\boldsymbol{M}$ による「角力積」[N m·s] と呼ぶ．左辺の単位と比べておこう．この式の意味は，「作用したモーメントの角力積が，角運動量の変化をもたらす」である.

ところで，ある時間モーメントが作用していない ($\boldsymbol{M}=0$) なら，この間の角運動量は変わらない．これを「角運動量保存則」という.

たとえば，アイススケートのスピン(図 14.7)では，広げていた体(慣性モーメント I_1，角速度 $\dot{\theta}_1$)を急に縮めて小さな I_2 にする．角運動量は変わらない ($I_2\dot{\theta}_2-I_1\dot{\theta}_1=0$) から，速いスピンになるのである．氷上ではなくともできるので試みて

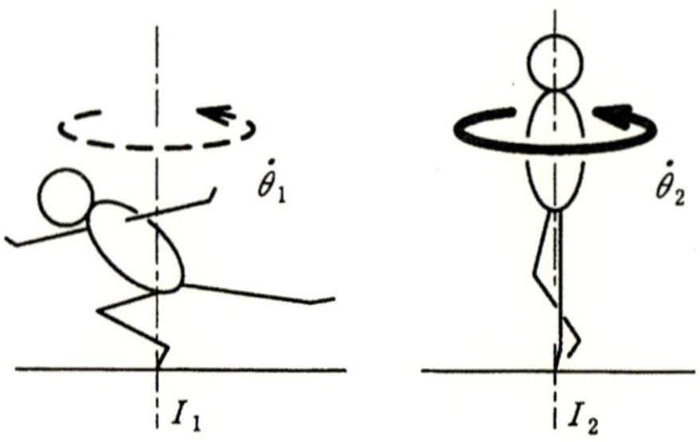

図 14.7　角運動量保存則

よう．

なおこのとき，運動エネルギーは増加する．体を縮める際の筋力のなす仕事によってである．

再び体を広げればどうなるであろうか．

14.5 剛体の平面運動

剛体の一般的平面運動は図 14.8 のように，並進運動（重心の運動，公転）と重心まわりの回転運動（自転）とを合成したものとみることができる．したがって，剛体の運動を調べるには，すでに学んでいるそれらの運動方程式を連立させて吟味すればよい．以下に，その 2 式を再録しよう．

式 (13.1)：$m\dot{\boldsymbol{V}}=\boldsymbol{F}$ (14.17)

式 (14.2)：$I\,\ddot{\theta}=\boldsymbol{M}$ (14.18)

もちろん，$\boldsymbol{V}$ は重心の速度ベクトル，$\dot{\theta}$ は剛体の自転角速度である．$\boldsymbol{F}$ は，作用する外力の総和であり，重心に加わると考える．$\boldsymbol{M}$ は作用する外力による重心まわりモーメントの総和である．I は当然重心に関するものである．

式 (14.17) は，x 方向と y 方向もしくは t 方向と n 方向に関する 2 本の方程式からなっていたから，具体的には合計 3 本の方程式である．この数は，剛体の平面運動の自由度と一致している．

なお，固定軸まわりの剛体の運動や月の運動では，公転と自転の角速度が等しいのである．

【例】 斜度 α の路面を転がる半径 r のタイヤを考える（図 14.9）．重心の運動は斜面方向だけを考えればよいから，運動方程式は次のようになる．$\boldsymbol{F}$ はタイヤが斜面から受ける斜面方向の力である．符号は，斜面を下る方向および左回りを正としよう．

重心の運動：$m\dot{V}=F+mg\sin\alpha$ (14.19)

重心まわりの回転運動：$I_G\ddot{\theta}=-rF$ (14.20)

さらに，スリップしないとすれば $V=\dot{\theta}r$ であるから，これらより，以下の結果が得られる．

$$(m+m_e)\dot{V}=mg\sin\alpha \tag{14.21}$$

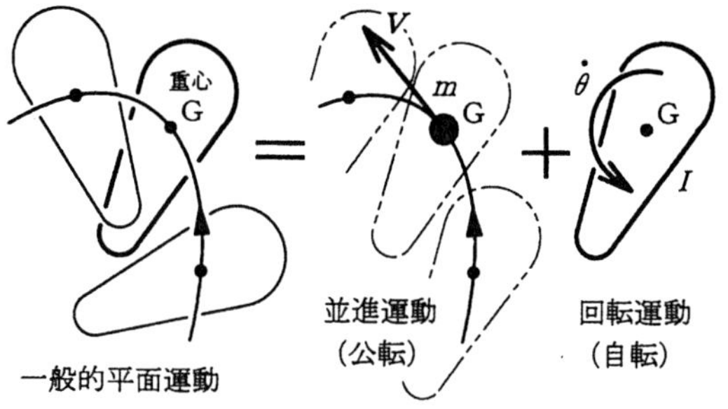

図 14.8 剛体の平面運動

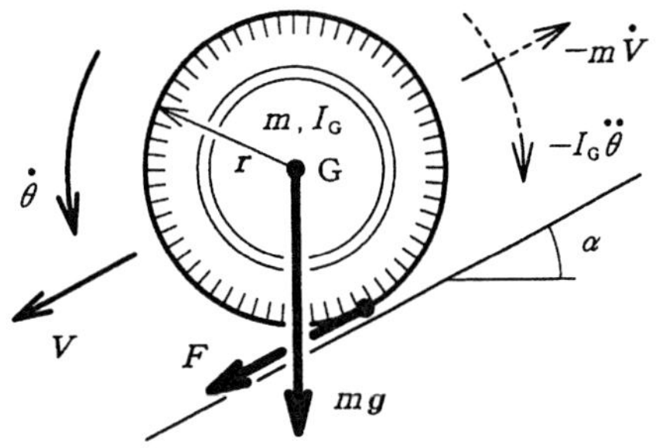

図 14.9 斜面を転がるタイヤ

$$F=\frac{-mg\sin\alpha}{m/m_e+1} \tag{14.22}$$

ただし，$m_e=\dfrac{I_G}{r^2}$：回転部分の等価質量

式 (14.21) から，「タイヤの重心の運動 V は，質量 $m+m_e$ の物体が摩擦のない斜面をすべる場合と等価である」ことがわかる．F が負であるというのは，図に描いた $\boldsymbol{F}$ の方向が 実は逆であったことを意味している．同じ質量であっても I_G が大きいと，$|\boldsymbol{F}|$ は大きくなり，加速が穏やかになる．ただし，$|\boldsymbol{F}|/(mg\cos\alpha)$ が静止摩擦係数を超えると，グリップは失われる．

ところで，ダランベールの原理によれば，接地点まわりのモーメントの動的つりあいは，

$$0=r(mg\sin\alpha)+r(-m\dot{V})+(-I_G\ddot{\theta}) \tag{14.23}$$

となり，$\ddot{\theta}=\dot{V}/r,\ I_G=m_er^2$ を用いてただちに式 (14.21) を得ることができるのである．

身のまわりの角運動量保存則

この法則は，宇宙遊泳中の姿勢変更や，器械体操とか高飛び込みの複雑な運動などでも駆使されている．また，コマやジャイロスコープなどの興味深い動きとも密接な関係がある．

図 14.10 のように崖から落ちそうになったとき，腕をぐるぐる回すのはなぜであろうか．腕に角運動量が生ずるから，この法則によって，同時に，それとは逆向きの角運動量が腕以外の部分に発生する．体全体の重心が崖の内側に戻るほどに，腕の角速度を大きくすればよいのである．皆さんの運動神経はいつこの法則を学んだのであろうか．

背中から落とされた猫もこの法則を応用して難をのがれる．図 14.11 によってその合わせ技を紹介しよう．

(a) 図 (a) のように，猫の胴を曲がった円柱でモデル化する．屈曲部の筋肉を使って，この曲りを保ったまま胴の前部と後部を図のように回転させると，前胴と後胴に角運動量 (L_f, L_r) が発生しようとする．しかし，全体の角運動量はゼロのままであるから，それらを打ち消すに足るだけの角運動量が同時に発生するはずである．これは，全体が逆向きに回ることを意味している．結局，前胴後胴の回転角と全体としての回転角との差だけ，猫の背腹の方向が変化するのである．

(b) 図 (b) のように，足と尾を広げ手を縮めた状態で胴をねじると，慣性モーメントの小さい胴前部の回転角は後部のそれより大きくなる．ついで，手足の伸縮を逆にした上で逆にねじれば，回転の方向と回転角の大小は前後逆転する．結局，この前胴と後胴の回転角の差の累積が背腹の方向の変化となるのである．スムースに回る回転椅子の上に立って，体の方向を変えるにはどうすればよいか．実験してみよう．

このように，胴を曲げたまま回転させつつ，手足の伸縮と胴のねじりを合わせれば，通称「猫ひねり」と呼ばれるこの技が完成する．何度も試してこの技をよく観察しよう．

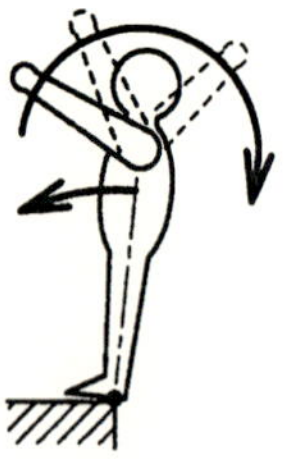

図 14.10 崖から落ちそうになると

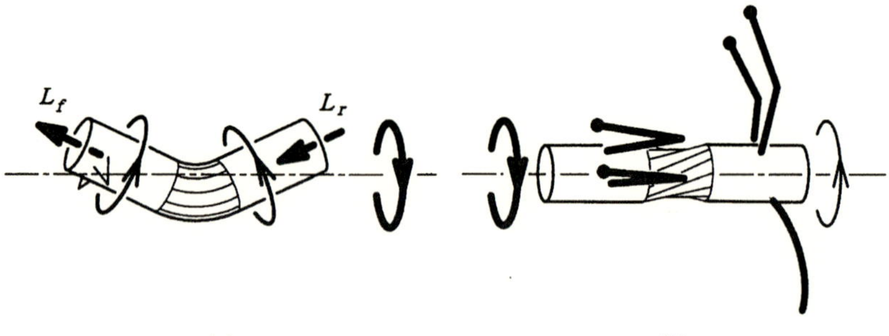

図 14.11 猫ひねり

第15講
往復機械の動力学

連続した回転が得られるモータなどの動力を使って，ポンプやコンプレッサなどの機械で仕事をするためには，回転運動を往復運動に変換する機構が必要である．また，逆にエンジンのピストンのような往復運動を車軸の回転に変えるためには，やはり，往復運動を回転運動に変換する機構が必要となる．このような変換機構として使用される代表的なものが，ピストン-クランク機構である．ここでは，この機構の力学的な分析，特に慣性力について説明するとともに，この機構を組み合わせることによって力学的なバランスをとることをエンジンの多シリンダ機関を例にとり，説明する．

15.1　往復機械の慣性力

往復運動を回転運動に変換するピストン-クランク機構を図15.1に示す．この図は，いま最もよく使われている内燃機関の構造であり，運動する要素としては，ピストン，連接棒(コンロッド)，クランクの3要素である．ピストンは，シリンダ内を図の左右方向に往復運動し，クランクは，図の点Oを中心に回転運動するが，連接棒については，ピストンに近い部分は，往復運動が主であり，クランクに近い部分は回転運動が主になる．

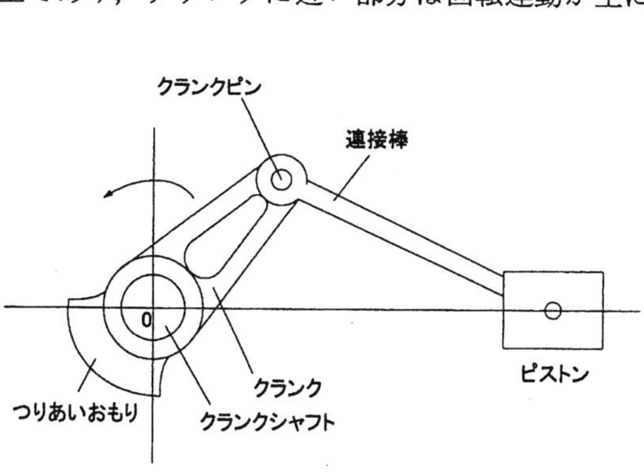

図 15.1　ピストン-クランク機構

この系で発生する慣性力には，往復質量による慣性力と回転質量による慣性力があるが，往復質量としては，連接棒のうちの往復運動するとみなした質量(小端部の質量という)とピストンの質量を合計した質量を考え，ピストンの位置にあるものとする．回転質量としては，連接棒のうちの回転運動するとみなした質量(大端部の質量という)とクランクの質量を合計した質量を考え，クランクピンの位置にあるものとする．回転質量による慣性力とは遠心力のことであり，図15.1のようにクランクと反対側につりあいおもりをつけることにより，慣性力をつりあわせることができる．しかし，往復質量による慣性力は図15.1の機構ではつりあわせることはできない．この慣性力は，シリンダ数を増やし，クランク配置を考慮することによって軽減されるか，あるいは打ち消される可能性がある．

まず，図15.1の機構での往復質量による慣性力を考えてみる．慣性力とは，ある質量が加速あるいは減速しているときに質量に働くみかけの力であり，乗り物が加速しているときに乗っている人が進行方向とは逆の方向に受ける力，あるいは減速しているときに人が受ける進行方向の力のことである．したがって，往復質量による慣性力Fは，次の式で表される．

$$F = -m_r \ddot{x} \tag{15.1}$$

ここで，m_rは往復質量，$\ddot{x}$は往復質量の加速度であり，マイナスの符号がつくことに注意が必要である．

次に，往復質量の加速度を求めるために図15.2のような座標を考える．クランクの回転中心を原点にとり，ピストンの運動方向をx軸，クランクの運動がxy平面内になるようにy軸を

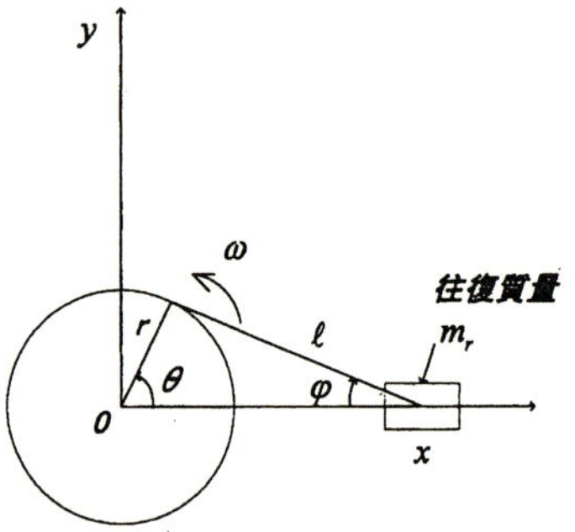

図 15.2　ピストン-クランク機構

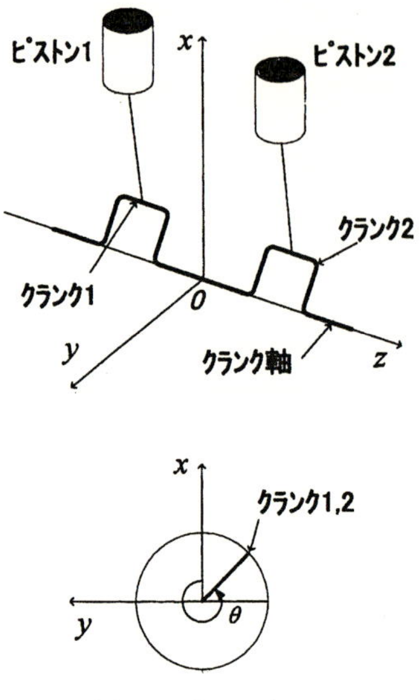

図 15.3 (a)　2 気筒 4 サイクルエンジン

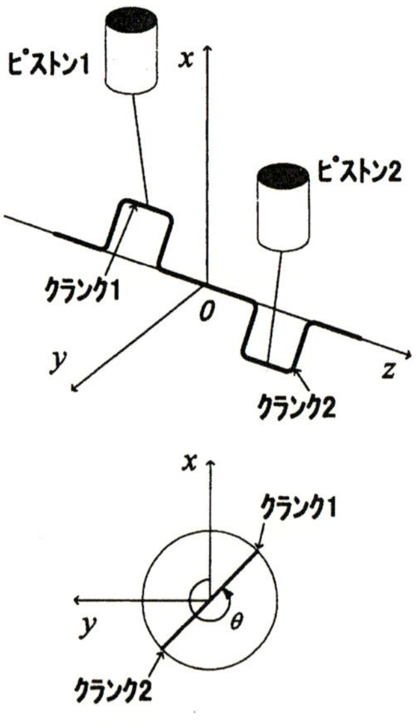

図 15.3 (b)　2 気筒 2 サイクルエンジン

とる．クランクピンの回転半径を r，連接棒の長さを l とし，クランクは等角速度 ω で回転しているものとし，x 軸から角度 θ の位置にあるとする．このとき，ピストンの位置を x は

$$x = r\cos\theta + l\cos\phi \qquad (15.2)$$

となる．ここで，$r\sin\theta = l\sin\phi$ の関係を使って ϕ を消去し，a が 1 に比べて小さいとき，平方根を $\sqrt{1+a} = 1 + (1/2)a$ と近似することによって，x は

$$x = l + r\left(\cos\theta + \frac{q(\cos 2\theta - 1)}{4}\right) \qquad (15.3)$$

のようになる．ここで，$q = r/l$ である．加速度を求めるため，式 (15.3) を時刻 t で 2 階微分し，$\dot{\theta} = \omega$ を使い，式 (15.1) に代入すると往復質量による慣性力は

$$F = -m_r\ddot{x} = m_r r\omega^2(\cos\theta + q\cos 2\theta) \qquad (15.4)$$

となる．この式の第 1 項は 1 次の慣性力を表し，第 2 項は 2 次の慣性力を表している．3 次以降の慣性力は，2 次までの慣性力に比べて小さいので無視している．

15.2　直列形往復機関のつりあい

前節では，シリンダが 1 つ，すなわち単気筒の慣性力について調べてきた．これを複数のシリンダを組み合わせることによって，往復質量の慣性力を軽減することができる．ここでは，直列形機関の慣性力のつりあいについて述べる．

a.　2 気筒エンジン

直列形機関とは，すべてのピストンの運動方向 (図 15.2 での x 軸) が平行で，かつ同じ向きであり，同一面内に存在する機関のことである．たとえば，直列 2 気筒エンジンの場合，シリンダ内の点火の間隔時間のことを考えると，図 15.3 (a)，(b) の 2 通りの構造が考えられる．図でピストンは x 軸方向に運動し，クランク軸を z 軸に一致させてある．図 15.3 (a) はクランク 1 とクランク 2 を z 軸方向からながめると同じ角度であり，一方図 15.3 (b) は，クランクの角度が π だけずれているものである (逆の位相となっている)．

このクランクの角度の違いにより，いわゆる4サイクルエンジンと2サイクルエンジンに分けられる．4サイクルエンジンとは，4ストロークサイクルエンジンの略であり，4ストローク（行程）で1つのサイクルを完成するものである．4ストロークとは，吸気，圧縮，膨張，排気の各行程であり，これらが一巡して1サイクルとなる．それぞれの行程は，ピストンの上昇あるいは下降によって行うので，4行程は，ピストンの2往復，つまり，クランク軸の2回転に相当する．すなわち，各シリンダにとってクランク軸の2回転で1回の点火を行うこととなる．2サイクルエンジンは2ストローク（行程）で1つのサイクルを完成する．2行程とはピストンの上昇と下降であり，点火により膨張が起こったのち，シリンダ内容積が大きくなっているとき（下死点付近）に排気ガスを追い出す掃気を行い，新しい燃料を入れる．つまり，クランク軸の1回転で1回の点火を行うことになる．

図15.3(a)のエンジンの場合，2つのシリンダで同時に容積が小さくなるが，燃料の点火はシリンダ内の容積が小さくなったとき（上死点付近）に交互に行うので，1つのシリンダでは2回転に1回の点火を行うことになる．つまり，これは4サイクルエンジンとなる．図15.3(b)のエンジンの場合，全体では，180°ごとに点火することになる．つまり，各シリンダでは1回転で1回の点火を行うことになるので，これは2サイクルエンジンである．

さて，往復質量による慣性力のつりあいは，図15.3(a)で描かれているz軸の正の方向からみて，x軸からのクランクまでの角度をθとすると慣性力はピストン1，2とも式(15.4)となるので，合計では

$$F=2S_1\cos\theta+2S_2\cos 2\theta \qquad (15.5)$$

となる．ここで，1次と2次の慣性力の最大値（振幅）をそれぞれ

$$S_1=m_r r\omega^2, \qquad S_2=qm_r r\omega^2 \qquad (15.6)$$

とおいている．

図15.3(b)の慣性力は，クランクの角度が180°ずれているため，角度θのとり方に注意する必要がある．つまり，式(15.4)でのθはピストンのある方向（x軸）からクランクまでの角度の意味であり，クランク1までの角度をθとするとクランク2までの角度は$\theta-\pi$となる．したがって，ピストン1およびピストン2による慣性力は，

$$F_1=S_1\cos\theta+S_2\cos 2\theta \qquad (15.7)$$

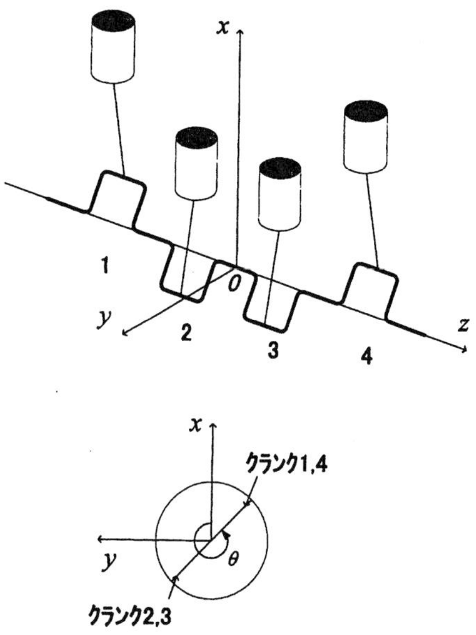

図 15.4(a) 4気筒4サイクルエンジン

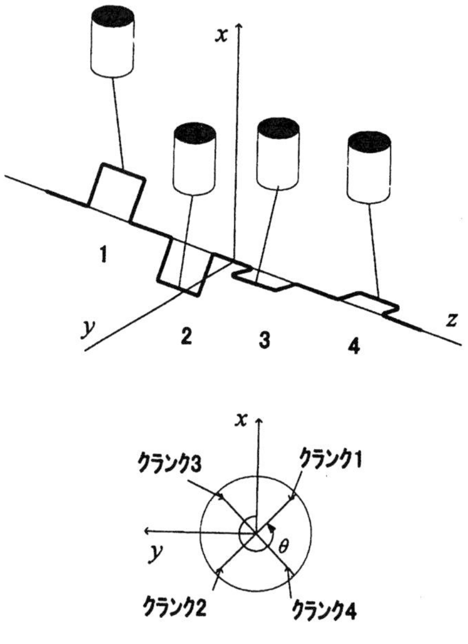

図 15.4(b) 4気筒2サイクルエンジン

$$F_2=S_1\cos(\theta-\pi)+S_2\cos 2(\theta-\pi) \quad (15.8)$$

であり，合計では，

$$F=F_1+F_2=2S_2\cos 2\theta \quad (15.9)$$

となる．つまり，1次の慣性力は打ち消し合うが，2次の慣性力が1気筒のときの2倍となる．

b. 4気筒エンジン

4つのシリンダが平行に並んだ直列4気筒エンジンのクランク配置図は図15.4(a)，(b)のようになる．この場合も，図15.4(a)は4サイクルエンジン，図15.4(b)は2サイクルエンジンである．図15.4(a)において全体の機構を xy 面に対称になるように製作した方が慣性力などのバランスの点でより良いため，クランク1と4，クランク2と3をそれぞれ z 軸からみて同じ角度にしている．この4サイクル機関の点火間隔は，2回転の720°を気筒数4で割って，180°となる．点火の順序としては，1-3-4-2の順がよく使われる．ピストン(x 軸)からクランク1までの角度を θ とすると，クランク4は，クランク1と同じだが，クランク2と3は，π だけ位相がずれているので，それぞれの慣性力は，

$$F_1=F_4=S_1\cos\theta+S_2\cos 2\theta \quad (15.10)$$

$$F_2=F_3=S_1\cos(\theta-\pi)+S_2\cos 2(\theta-\pi) \quad (15.11)$$

で，合計では，

$$F=\sum_{i=1}^{4}F_i=4S_2\cos 2\theta \quad (15.12)$$

のようになり，2次の慣性力が残ることになる．

図15.4(b)の2サイクルエンジンでは，クランクの角度は90°ずつずれており，点火順序の関係でクランク1と2を180°，クランク3と4を180°ずらしている．クランク1までの角度を θ とすると慣性力はそれぞれ

$$F_1=S_1\cos\theta+S_2\cos 2\theta \quad (15.13)$$

$$F_2=S_1\cos(\theta-\pi)+S_2\cos2(\theta-\pi) \quad (15.14)$$

$$F_3=S_1\cos\left(\theta-\frac{3\pi}{2}\right)+S_2\cos 2\left(\theta-\frac{3\pi}{2}\right) \quad (15.15)$$

$$F_4=S_1\cos\left(\theta-\frac{\pi}{2}\right)+S_2\cos 2\left(\theta-\frac{\pi}{2}\right) \quad (15.16)$$

と計算され，合計すると

$$F=0 \quad (15.17)$$

となり，往復質量による2次までの慣性力に関してはつりあいがとれたことになる．この機関で，点火間隔は90°，点火順序は，1-4-2-3であり，xy 平面をはさんで，交互に点火することができ，隣り合ったシリンダが連続して点火することによるクランク軸への負荷の偏りなどを少なくすることができる．

第16講
多列形機関のつりあいと動力伝達

多列形機関とは，図 16.1 のようにシリンダ列がある角度を持って配置されている機関である．この角度は，60°，90°，180° などがあり，180° の場合は水平対向エンジンとなる．多列形機関では，直列形機関では生じなかった y 軸方向の慣性力も生じることになる．ここでは，代表的な多列形機関の例をあげて，慣性力の軽減について説明をすることにする．

また，ピストン-クランク機構で得られたクランク軸と負荷となる車の車軸との間に変速機が必要である．この変速比により，ローギア，セカンドギア，…，トップギアなどと呼ばれる．この変速機の種類には，自転車などでみられるチェーンなどを媒介とする方法，歯車を組み合わせて回転数を変える方法などの機械方式，オートマチック車に代表されるトルクコンバータなどの流体方式などがある．機械方式では回転数比がある決められたいくつかの値しかとりえないのに対し，流体方式では，回転数比が連続的に変化する無段変速機となるという特徴がある．ここでは，平歯車を使った変速機の力学について考えてみる．

16.1　多列形往復機関のつりあい

ここでは，簡単な 2 気筒エンジンについて考えてみる．2 気筒の多列形機関の場合は，図 16.2 (a)，(b) のようにピストンの運動方向が逆向きになる水平対向の配置が考えやすい．この場合，1 つのクランクに 2 つの連接棒を接続する方法 (図 16.2 (a)) と，クランクを 2 つ設けてそれぞれの連接棒を接続する方法 (図 16.2 (b)) とがある．図 16.2 (a) は，たとえば，シリンダ 1 が上死点 (シリンダ内容積が最も小さい状態) のとき，シリンダ 2 は下死点 (シリンダ内容積が最も大きい状態) となり，全体としてクランク軸が 180° 回転

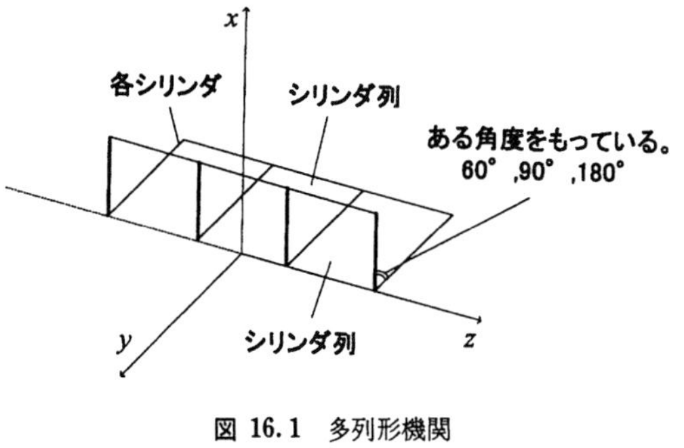

図 16.1　多列形機関

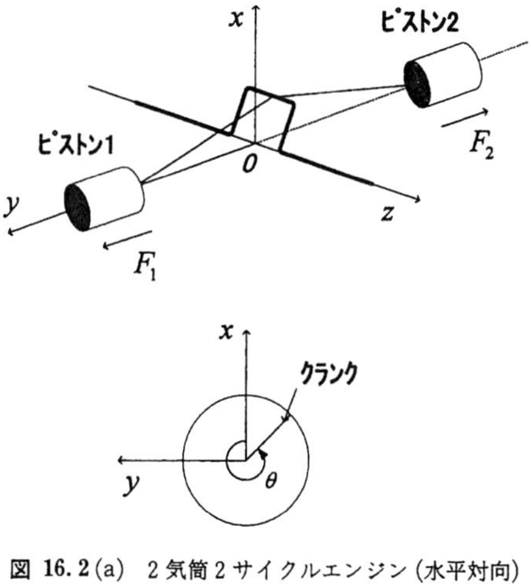

図 16.2 (a)　2 気筒 2 サイクルエンジン (水平対向)

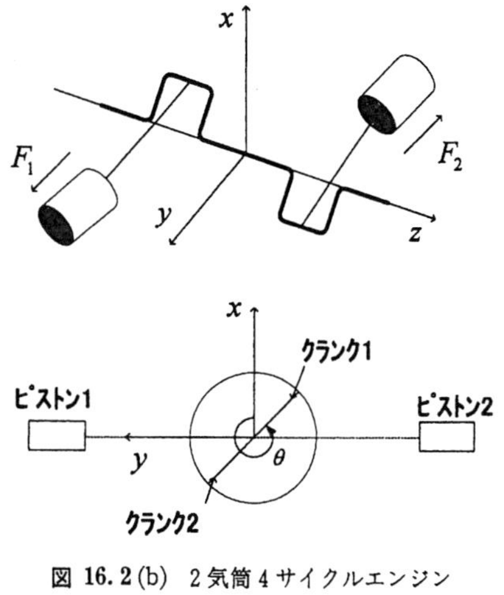

図 16.2 (b)　2 気筒 4 サイクルエンジン

することに点火できる上死点の状態になるので，クランク軸の180°ごとに点火すればよいことになる．したがって，1つのシリンダからみるとクランク軸が1回転するごとに1回点火できることになり，この機構は，2サイクルエンジンを構成する．

慣性力を考える場合に注意しなければならないことは，直列形と異なり，ピストンの向きが x 軸方向を向いていないことである．式(15.4)での θ は z 軸の方向からみて，ピストンの方向からクランクまでの角度をとっており，慣性力の方向は，ピストンの上死点の方向(図15.2での x 軸の方向)を正としている．したがって，図16.2(a)で x 軸からクランクまでの角度を代表的に θ とすると，ピストン1の方向からクランクまでの角度は，$\theta-\pi/2$，ピストン2の方向からクランクまでの角度は，$\theta-3\pi/2$ となり，ピストン1による慣性力 F_1 を y 軸の正の方向，ピストン2による慣性力 F_2 を y 軸の負の方向とすると，慣性力はそれぞれ，次のように求められる．

$$F_1=S_1\cos\left(\theta-\frac{\pi}{2}\right)+S_2\cos 2\left(\theta-\frac{\pi}{2}\right) \tag{16.1}$$

$$F_2=S_1\cos\left(\theta-\frac{3\pi}{2}\right)+S_2\cos 2\left(\theta-\frac{3\pi}{2}\right) \tag{16.2}$$

となり，全体として，y 方向の慣性力は，

$$F_y=F_1-F_2=2S_1\sin\theta \tag{16.3}$$

となる．

図16.2(b)では，両方のシリンダで同時に上死点あるいは下死点になるので，クランク軸の1回転で1回の点火となる．したがって，1つのシリンダでみると，2回転で1回の点火となり，この機構は，4サイクルエンジンとなる．図で x 軸からクランク1までの角度を θ とすると，ピストン1の方向からクランク1までの角度およびピストン2の方向からクランク2までの角度はともに，$\theta-\pi/2$ であるのでピストン1およびピストン2による慣性力 F_1 および F_2 (それぞれピストンの方向を正とする)は

$$F_1=S_1\cos\left(\theta-\frac{\pi}{2}\right)+S_2\cos 2\left(\theta-\frac{\pi}{2}\right) \tag{16.4}$$

$$F_2=S_1\cos\left(\theta-\frac{\pi}{2}\right)+S_2\cos 2\left(\theta-\frac{\pi}{2}\right) \tag{16.5}$$

となり，全体では，y 方向の慣性力は

$$F_y=F_1-F_2=0 \tag{16.6}$$

となる．

気筒数が4気筒などになると，90° V (2サイクルエンジン)や水平対向(4サイクルエンジン)が構成できる．さらに，6気筒では，60° V (4サイクルエンジン)や水平対向(クランク配置により，2サイクル，4サイクルともに可能)が構成できる．

16.2 変速機による動力伝達

機械式の変速機のうち，最も単純な構造は，平歯車により，減速あるいは加速する場合である．図16.3のようにモータあるいは原動機から歯数が z_1, z_2 の歯車1，2を介して動力を負荷側に伝えるとき，モータの駆動トルク T_d と負荷トルク T_r との間の関係は，次のように求められる．

図16.4のように伝達する場合を考える．作用反作用の法則から負荷側の歯車2は f の力を与えられ，その反作用として駆動側の歯車1は f の力を受けるが，実際には歯車のすべりや伝達中の接触半径の変化などの理由により力は100%は伝達されず，97〜99%程度である．しかし，簡単のため，ここでは効率を100%と考える．歯車のピッチ円半径を r_1, r_2，とすると，それぞれのト

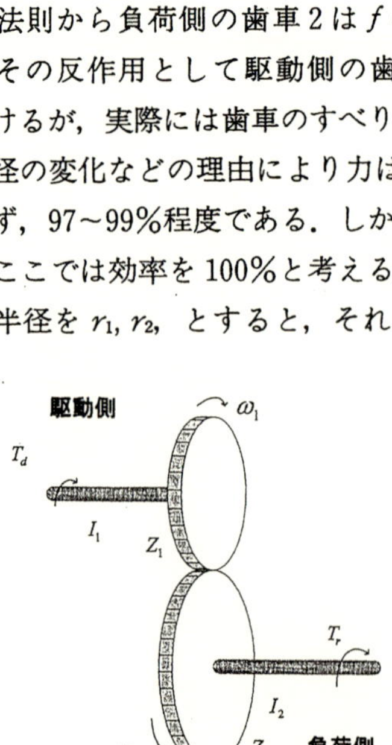

図 16.3 歯車伝達機構

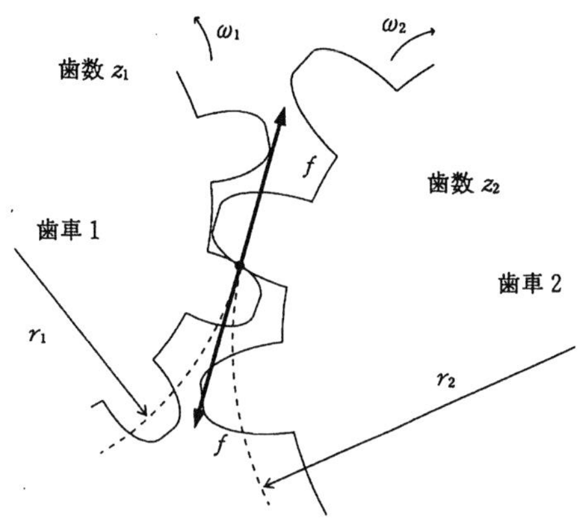

図 16.4　歯車の噛み合い

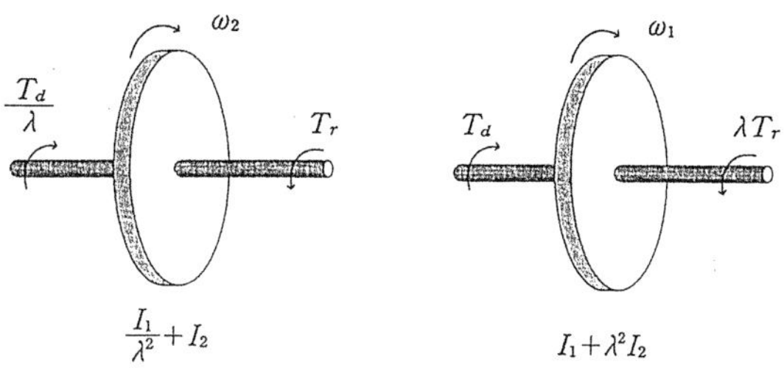

(a) 負荷側を基準にした系　(b) 駆動側を基準にした系

図 16.5　等価 1 軸系

ルクは $-fr_1, fr_2$ となる．ここで，トルクの符号は歯車が回転する方向を正としている．

図のように歯車の慣性モーメントを I_1, I_2，回転角速度を ω_1, ω_2 とすると，運動方程式は

$$I_1\dot{\omega}_1 = T_d - fr_1 \tag{16.7}$$

$$I_2\dot{\omega}_2 = fr_2 - T_r \tag{16.8}$$

となる．回転速度の比を $\lambda=\omega_2/\omega_1$ とおくと，λ は歯数比になり $\lambda=z_1/z_2=r_1/r_2$ であるので式 (16.7) と (16.8) から

$$\left(\frac{I_1}{\lambda^2}+I_2\right)\dot{\omega}_2 = \frac{T_d}{\lambda} - T_r \tag{16.9}$$

あるいは，

$$(I_1+\lambda^2 I_2)\dot{\omega}_1 = T_d - \lambda T_r \tag{16.10}$$

となる．式 (16.9) は ω_2 を微分した方程式となっていることから歯車 2 の回転を基準に考えた式，式 (16.10) は ω_1 を微分した方程式なので，歯車 1 の回転を基準に考えた式で，それぞれ等価 1 軸系といい，歯車などの変速機構があっても図 16.5 のような 1 軸系に変換することができる．式 (16.10) を例にとり，説明をすると，駆動側は，慣性モーメント I_1，回転角加速度 $\dot{\omega}_1$，駆動トルク T_d であるので，これらの値はそのままでよい．負荷側は，回転数が駆動側の λ 倍になっているので，負荷トルク T_r に関しては λ 倍して，駆動トルクから引き，慣性モーメント I_2 に関しては λ^2 倍して，I_1 に加えてやればよいことがわかる．つまり，回転速度が λ の比で，変換されるだけでなく，トルク，慣性モーメントもそれぞれ変換されている．

表 16.1　等価 1 軸系に変換する場合の変換係数

基準	変数	回転数比		慣性モーメント		トルク		式
		駆動側	負荷側	駆動側	負荷側	駆動側	負荷側	
負荷側	θ_2	$1/\lambda$	1	I_1/λ^2	I_2	T_d/λ	T_r	(16.9)
駆動側	θ_1	1	λ	I_1	$\lambda^2 I_2$	T_d	λT_r	(16.10)

第17講
回転機械のつりあい

回転機械で力学的に最も重要な要素としては，回転軸と軸受があげられる．回転軸は通常，その目的に応じて，タービンの回転軸には翼が取り付けられ，モータの回転軸にはコイルなどが巻き付けられている．軸の加工精度が悪いと，回転している軸に大きな遠心力が発生し，それが原因となって振動が起こり，軸受が破損したり，軸自身が破壊されたりする．つまり，軸全体のバランスが非常に重要である．それを防ぐためには，製作された回転軸を検査する必要がある．検査には，静つりあい試験と動つりあい試験の2種類を行い，不つりあいがみつかれば不つりあいをなくすように修正を加える．以上は回転軸が変形しない剛性回転体についていえることであるが，回転軸が変形する弾性回転体の場合には，以上述べたことのほかに軸自身の曲げたわみ変形によるふれまわりやねじり振動が生じる．これらも回転軸系を支持する軸受に大きな力を与えることになり，回転軸系全体にとっても好ましくない．本講では回転体のつりあい，ふれまわりなどについて述べる．

17.1 慣性力とつりあわせ

回転軸には，目的に応じて，タービン翼や慣性モーメントの大きな円盤(フライホイール)などが取り付けられる．円板あるいは軸孔の加工精度により，取り付けた際に軸の回転中心と円板の重心が一致しないことがありうる．この場合，この軸は偏心しているといい，軸が回転している場合に遠心力などが発生する原因となる．いま，図17.1のように，質量 m の薄い円板を有する回転体が，軸のまわりを角速度 ω で回転しているとする．回転の中心から円板の重心までのベクトル量(偏重心)を $\boldsymbol{r}$ とすると，この円板は慣性力(遠心力)

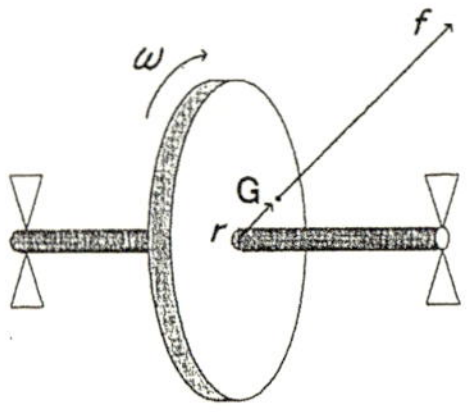

図 17.1　回転体の不つりあい

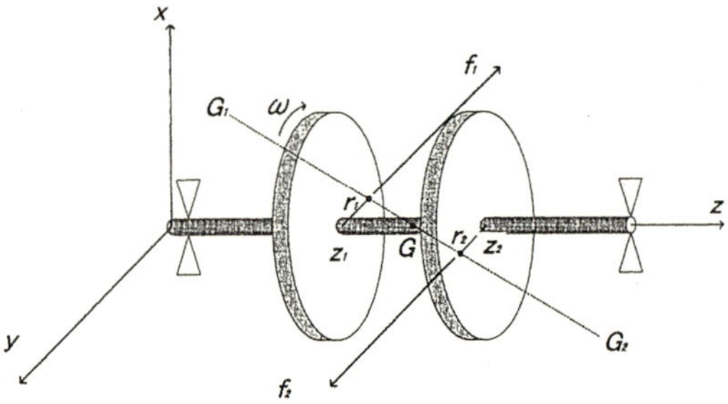

図 17.2　2枚の円板のつりあわせ

$$\boldsymbol{f}=m\boldsymbol{r}\omega^2=\omega^2\boldsymbol{f}^*,\qquad \boldsymbol{f}^*=m\boldsymbol{r} \qquad (17.1)$$

を受ける．上式で $\boldsymbol{f}^*$ は不つりあいと呼ばれる回転体に固有の量である．この慣性力は軸受を通じて機械に伝達され振動源あるいは音源になる．$\boldsymbol{r}=0$ のとき，すなわち重心が回転軸上にあるときには $\boldsymbol{f}=0$ となり，機械に作用する慣性力はなくなる．このような状態をこの回転体はつりあっているという．

次に，図17.2のように，質量 m の等しい2枚の薄い円板が反対側に偏心した状態で取り付けられている場合を考えてみよう．2枚の円板の慣性力はそれぞれ

$$\boldsymbol{f}_1=m\boldsymbol{r}_1\omega^2=\omega^2\boldsymbol{f}_1^*,\qquad \boldsymbol{f}_1^*=m\boldsymbol{r}_1 \qquad (17.2)$$

$$\boldsymbol{f}_2=m\boldsymbol{r}_2\omega^2=\omega^2\boldsymbol{f}_2^*,\qquad \boldsymbol{f}_2^*=m\boldsymbol{r}_2 \qquad (17.3)$$

となる．この場合，$m\boldsymbol{r}_1+m\boldsymbol{r}_2=0$ となるので全体の重心Gは回転軸上にあり，$\boldsymbol{f}=\boldsymbol{f}_1+\boldsymbol{f}_2=0$ となるので，慣性力はなくなる．ところが，2枚の円板に働く慣性力が反対向きであるので，軸には

慣性力のモーメント

$$\boldsymbol{M}=\boldsymbol{z}_1\times\boldsymbol{f}_1+\boldsymbol{z}_2\times\boldsymbol{f}_2=\omega^2\boldsymbol{M}^* \tag{17.4}$$

$$\boldsymbol{M}^*=\boldsymbol{z}_1\times m\boldsymbol{r}_1+\boldsymbol{z}_2\times m\boldsymbol{r}_2 \tag{17.5}$$

$$=(\boldsymbol{z}_1-\boldsymbol{z}_2)\times m\boldsymbol{r}_1$$

が作用する．上式で $\boldsymbol{M}^*$ は不つりあいのモーメントと呼ばれる回転体に固有の量である．この慣性力のモーメントはやはり振動源あるいは音源となる．この慣性力のモーメントをなくすには，回転軸を図中の破線で示すような G_1GG_2 を通る軸(慣性主軸と呼ばれる)に一致させて取り付けてやればよいことがわかる．このことから，2枚の円板を有する回転体がつりあうためには，全体の重心が回転軸上にあるだけでは不十分で回転軸が回転体の慣性主軸と一致する必要がある．

次に，図17.3に示すように，n 枚の薄い円板を有する回転体が角速度 ω で回転している場合，第 i 番目の円板の質量を m_i，偏重心を $\boldsymbol{r}_i$，円板の取り付け位置を z_i とすると，軸に働く慣性力と慣性力のモーメントは次のようになる．

$$\boldsymbol{f}=\sum_{i=1}^{n}\boldsymbol{f}_i=\sum_{i=1}^{n}m_i\boldsymbol{r}_i\omega^2=\omega^2\boldsymbol{f}^* \tag{17.6}$$

$$\boldsymbol{f}^*=\sum_{i=1}^{n}m_i\boldsymbol{r}_i=m\boldsymbol{r}_G \tag{17.7}$$

$$\boldsymbol{M}=\sum_{i=1}^{n}\boldsymbol{z}_i\times\boldsymbol{f}_i=\sum_{i=1}^{n}\boldsymbol{z}_i\times m_i\boldsymbol{r}_i\omega^2$$

$$=\omega^2\boldsymbol{M}^* \tag{17.8}$$

$$\boldsymbol{M}^*=\sum_{i=1}^{n}\boldsymbol{z}_i\times m_i\boldsymbol{r}_i \tag{17.9}$$

ここで，$\boldsymbol{f}^*, \boldsymbol{M}^*$ はそれぞれ不つりあいおよび不つりあいのモーメントである．$m, \boldsymbol{r}_G$ はそれぞれこの回転体全体の質量および偏重心である．

17.2　つりあいの条件

回転体が軸受などの支持部に動的な力を及ぼさずに回転しているとき，この回転体はつりあっているといわれる．そのための条件は，不つりあいおよび不つりあいのモーメントがともに0となることである．つまり，

$$\boldsymbol{f}^*=0 \quad および \quad \boldsymbol{M}^*=0 \tag{17.10}$$

となることである．たとえば図17.3に示す n 枚の薄い円板を有する回転体の場合には

$$\boldsymbol{f}^*=\sum_{i=1}^{n}m_i\boldsymbol{r}_i=m\boldsymbol{r}_G=0 \tag{17.11}$$

$$\boldsymbol{M}^*=\sum_{i=1}^{n}\boldsymbol{z}_i\times m_i\boldsymbol{r}_i=0 \tag{17.12}$$

となる．$\boldsymbol{f}^*=0$ の式は慣性力がつりあっていることを示す式であり，静つりあいの条件と呼ばれる．$\boldsymbol{M}^*=0$ の式は慣性力のモーメントがゼロであることを示す式であり，動つりあいの条件と呼ばれる．両方をあわせてつりあいの条件という．

次に，つりあいの条件の物理的意味を考えてみよう．慣性力のつりあいの条件が満たされる場合には，$\boldsymbol{r}_G=0$ となる．すなわち回転体の重心が回転軸上にあることになる．この静つりあいの条件が満たされているかどうかは，止まっている回転体を滑らかな軸受で支持しておいて，手で任意の角度だけ回転させて静かに放したとき，重力による回転が起こるかどうかでチェックすることができる．このように，静つりあいの条件は重力を利用した静的試験によりチェックできる．ところで，図17.2のように反対向きに取り付けられた等しい2枚の円板の回転体は，重心が回転軸上にあるので静つりあいの条件は満たしている．ところが，この回転体を回転させると，慣性力により不つりあいのモーメントが生じ，動的にはつりあっていないことがわかる．したがって，動つりあいの条件が満たされているかどうかは，回転体を回転させ動的試験を行ってはじめてチェックすることができる．動つりあいの条件は，物理的には，回転軸が回転体の慣性主軸に一致していることを意味している．

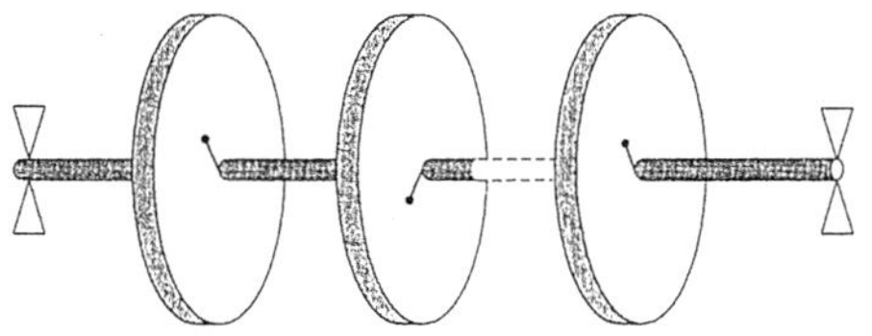
図 17.3　多円板のつりあわせ

17.3　ふれまわり危険速度

軸が回転すると前節で述べた不つりあいによる遠心力が原因となってたわみが生じる．たわんだ

ままの状態で軸が回転することを軸のふれまわりという．回転数が低いときは遠心力も小さいのでふれまわりによるたわみ，つまりふれまわり半径は小さいが，回転数を高くしていき，ある回転数になるとふれまわり半径が増大する．この回転数のことをふれまわりの危険速度という．軸の定常回転時におけるこのふれまわり運動について調べてみる．図 17.4 のように質量のない一様な弾性軸の中央に 1 枚の円板が取り付けられており，軸の両端は単純支持されているものとする．このようなモデルは 1 円板弾性ロータと呼ばれる．ふれまわりの半径は次のようにして計算できる．図 17.4 でたわみのない状態での円板の取り付け位置を原点 O にとり，空間に固定された座標系を X, Y, Z とする．図 17.5 のように円板の取り付け位置を点 S，円板の重心を点 G とし，何らかの理由で点 S が点 O から OS$=r_0$ だけずれたとすると，たわんでいる軸が元に戻ろうとする力（復元力）は，軸の曲げのばね定数 k を使って $-kr_0$ と表される．また，円板の質量を m，偏心量を ε，ふれまわりの回転速度を ω とすると，遠心力の大きさは，$m(r_0+\varepsilon)\omega^2$ となる．外から力およびトルクが働かない場合，遠心力と復元力はつりあっているので，

$$m(r_0+\varepsilon)\omega^2=kr_0 \tag{17.13}$$

の式が成り立ち，ここから r_0 を求めると

$$r_0=\frac{m\varepsilon\omega^2}{k-m\omega^2}=\frac{\varepsilon\omega^2/\omega_n{}^2}{1-\omega^2/\omega_n{}^2} \tag{17.14}$$

となる．つまり，点 S は，点 O を中心として，半径 r_0 の円を描きながら，ふれまわることがわかる．$k\approx m\omega^2$ つまり，$\omega\approx\sqrt{k/m}$ のときは，ふれまわりの半径は無限大になり，この ω が，ふれまわりの危険速度と呼ばれるものである．ところで，$\sqrt{k/m}$ は曲げ振動の固有角振動数であり，ふれまわりの危険速度と一致することがわかる．

次に，回転速度 ω の値により，ふれまわり現象がどのようになるか，調べてみる．回転速度が危険速度 $\sqrt{k/m}$ よりも低い場合は，点 O, S, G は図 17.6 (a) のような位置関係にあり，回転速度が高くなるにつれて，r_0 が徐々に大きくなる（図 17.6 (b)）．危険速度を超えると点 G は点 S の内側に入り（図 17.6 (c)），式 (17.14) では，r_0 の値が負になることに対応する．さらに回転速度が高くなると，点 G は点 O に近づき，$\omega\to\infty$ で点 G と点 O は一致する（図 17.6 (d)）．これは，式 (17.14) で r_0 が $-\varepsilon$ になることに対応する．この性質は自動的に不つりあいをなくすよう働くことから自己調心などと呼ばれている．

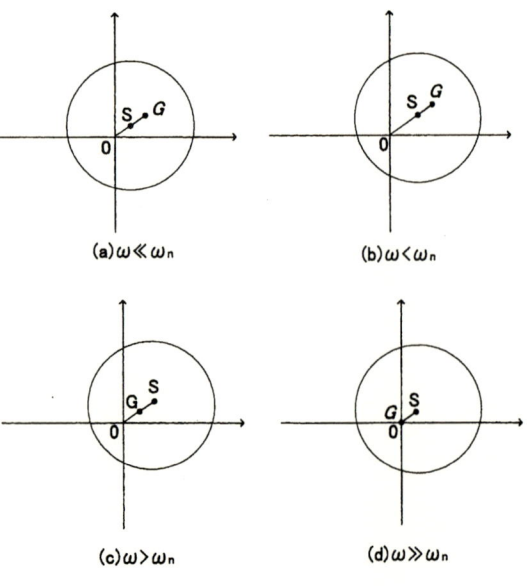

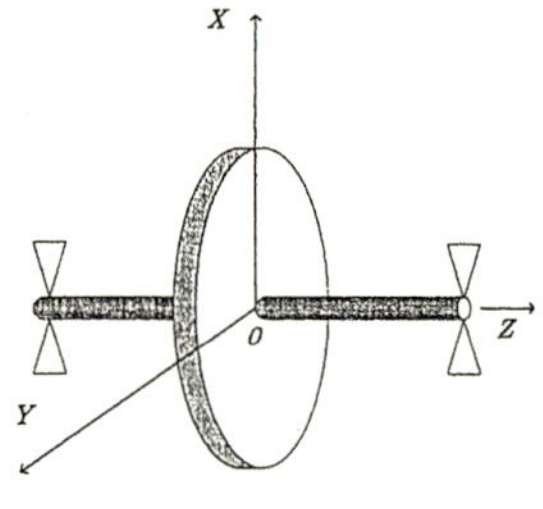

図 17.4 円板の座標系

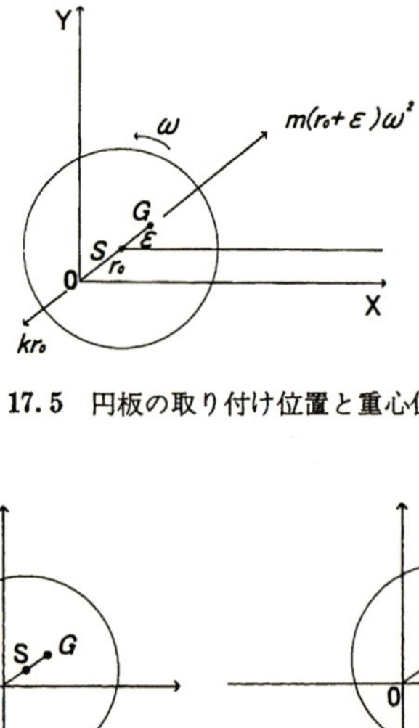

図 17.5 円板の取り付け位置と重心位置

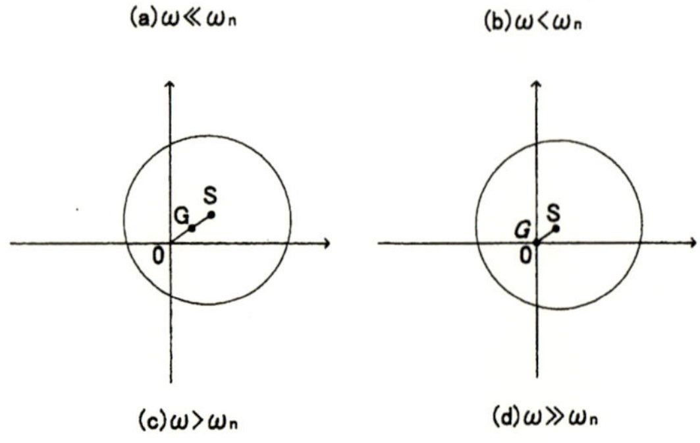

図 17.6 円板のふれまわりの様子

第18講
回転機械のねじり危険速度

機械に繰り返し同じ動作をさせ，同じ作業を続けさせるためには，軸の回転を利用することが不可欠である．軸の回転数を変える変速機としては，歯車，トルクコンバータなどが使用される．軸の回転を伝えるものとしてタービンやモータの軸，エンジンのシャフトなどがあり，いずれも軸の中心を回転の中心として軸を回転させることによって動力を伝達する．この軸の回転力のことをトルクといい，単位はモーメントと同じNmである．軸が剛体であれば，入力(モータなど)の回転と出力(負荷)の回転は一致するが，実際の伝達では軸にねじれが生じ，ねじれを解消しようとする力(復元トルク)によって回転が伝えられる．一定速度で回転している場合を考えると，軸受の摩擦や回転体に働く空気抵抗などがなければ，軸間でのトルクの伝達は必要なく，軸のねじれはほとんど考慮しなくてよい．しかし，このような回転は理想的な状態を仮定しており，実際には，モータの回転変動や負荷の変動などによって，軸間にトルク変動が起こる．この場合，ねじれのない状態を平衡点としてねじり振動が生じる．このねじり振動の振幅が大きくなるときの回転数をねじりの危険速度という．これは，回転を伝える上で非常に問題となり，負荷変動などの大きさによっては，軸の破損に至ることがある．そこで次にこのねじれ振動について考えてみる．

18.1　1自由度系のねじり振動

ねじりの運動方程式およびその解などは後の講で述べる1自由度系の振動の運動方程式，解などと同じ形式である．後の講の振動では質点が往復運動する場合であるが，ねじり振動の場合は，いわゆる平均速度(平均回転数)からの角変位が振動の対象となる．ねじりの運動方程式は，$I\alpha=N$が基本である．この場合，Iは負荷軸の軸まわりの慣性モーメント，αは負荷軸の角加速度，Nは負荷軸に与えられるトルクである．図18.1の場合，円板を負荷と考えると負荷側に与えられるトルクは微小回転の範囲なら駆動側と負荷側の角度の差$\beta-\phi$に比例するので比例定数をkとして，$N=k(\beta-\phi)$となる．ϕは，負荷側の角度(絶対角)である．

Iはたとえば，軸や円板の場合，中心軸まわりの慣性モーメントであり，質量をm，半径をrとすると，$I=mr^2/2$となる．ねじりのばね定数kは次のように求められる．図18.2のようにせん断弾性係数(横弾性係数)がG，断面2次極モーメントがI_P，長さlの一様な軸をトルク(ねじりモーメント)Nでねじったとき，ねじり角がθになったとすると，$N=GI_P\theta/l$の関係が成り立ち，トルクとねじり角の係数であるねじりのばね定数kは$k=N/\theta=GI_P/l$となる．軸の径がdならばI_Pは$I_P=\pi d^4/32$で求められる．このとき，図18.1で駆動側は一定の角速度ω_0で回転

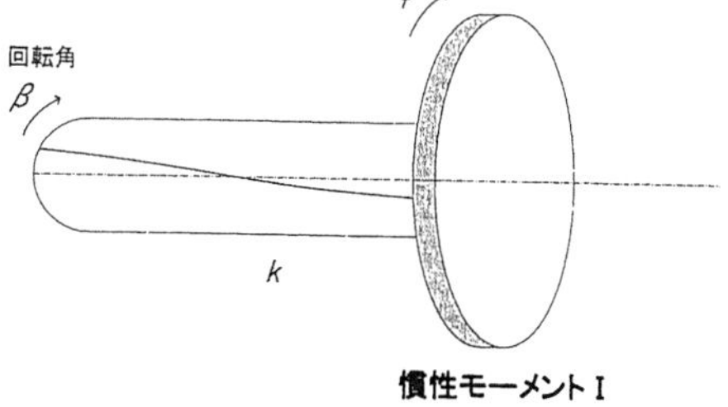

図 18.1　ねじり振動

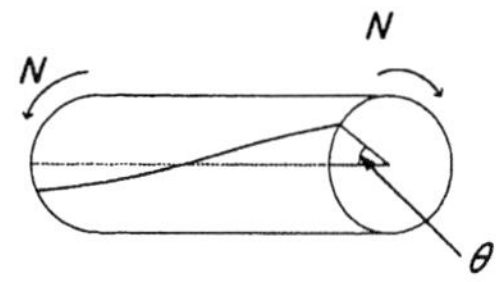

図 18.2　軸のねじり

していると，$\beta=\omega_0 t$ とおくことができるので，運動方程式は，

$$I\ddot{\phi}=k(\omega_0 t-\phi) \tag{18.1}$$

となるが，平均速度からの角変位だけを考えればよいので $\phi-\omega_0 t=\theta$ とおくと

$$I\dot{\omega}=-k\theta \tag{18.2}$$

となる．これは，自由振動の式と同じである．この場合，ねじりの固有振動数は，$\omega_n=\sqrt{k/I}$ となる．

18.2　固有振動と危険速度

エンジンなどは一定回転で回っているようにみえるが，燃焼時のガス圧などによるトルク変動が起こり，回転むらが生じていることがわかる．つまり，平均回転数を基準にとってみると軸系がねじり振動を起こしていることになる．このねじり振動は，回転し始めたときは自由振動も含まれているが，時間がある程度経つと外からの強制変動トルクによる振動だけになる．このときの軸系のねじりについて考えてみる．

図18.3のように，円板の回転角度を平均回転数からの相対角度 θ にとり，円板に正弦波状強制トルク(外乱) $N=N_0\sin\omega t$ が働く場合，円板が受けるトルクは $-k\theta+N_0\sin\omega t$ となり，ねじり振動の運動方程式は，

$$I\dot{\omega}=-k\theta+N_0\sin\omega t \tag{18.3}$$

のようになる．この場合は，円板の相対角度の振幅が求められて $\theta=\theta_0\sin\omega t$ の振動が起こるとすると

$$\theta_0=\frac{N_0}{k-I\omega^2}=\frac{N_{st}}{1-\omega^2/\omega_n^2} \tag{18.4}$$

となる．ここで，$N_{st}=N_0/k$ である．ここで，$\omega=\omega_n$ のとき，θ_0 は無限大になり，共振現象が起こる．この回転数のことをねじりの危険速度といい，単位としては1分間あたりの回転数 [rpm] で表すことが多い．また，この危険速度の値は固有振動数と同じ値となる．この解は式(18.3)の特殊解であって一般解の中の自由振動の項(固有振動の項)は，長い時間を経たときには，通常は，減衰により消滅するので考えない．

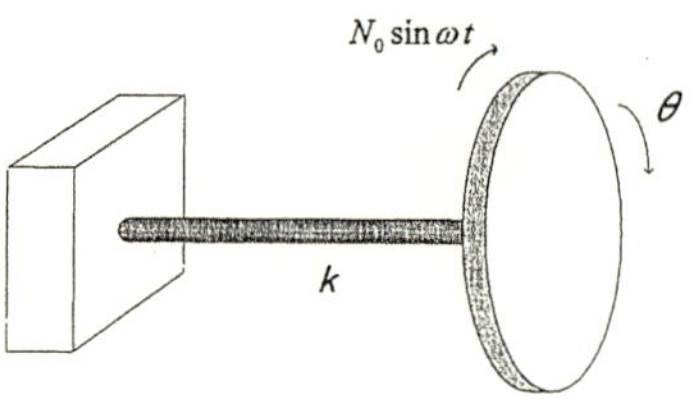

図 18.3　1自由度系のねじり振動

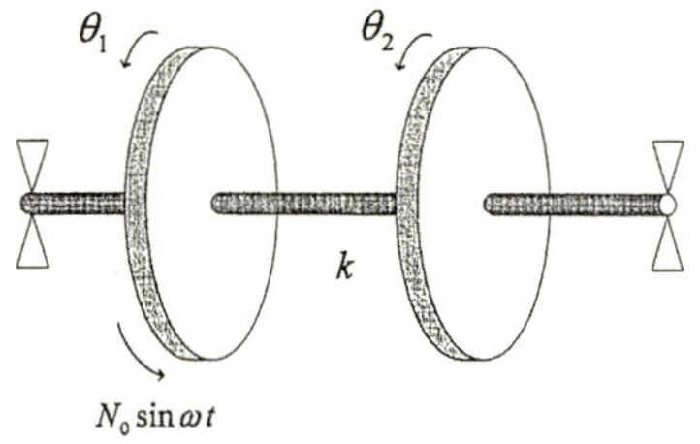

図 18.4　2枚の円板のねじり振動

次に，図18.4のような，円板が2枚の系の一方に強制トルクが働く場合の危険速度を考えてみる．円板1，2が軸から受けるトルクは，2円板の相対変位によるからそれぞれの円板の運動方程式は，

$$I_1\dot{\omega}_1=-k(\theta_1-\theta_2)+N_0\sin\omega t \tag{18.5}$$

$$I_2\dot{\omega}^2=-k(\theta_2-\theta_1) \tag{18.6}$$

となる．これは，2自由度のようにみえるが $\theta_1-\theta_2=\phi$ とおいて変形すると

$$\ddot{\phi}=-k\left(\frac{1}{I_1}+\frac{1}{I_2}\right)\phi+\frac{N_0}{I_1} \tag{18.7}$$

となり1自由度の振動系であることがわかる．自由振動の場合は $N_0=0$ とすればよく，固有角振動数は $\omega_n=\sqrt{k(I_1+I_2)/I_1I_2}$ となる．

18.3　歯車伝動軸

ここでは，歯車を含む軸系のねじり振動について考えてみる．駆動側の軸と負荷側の軸とは回転数が異なるので，前講のようにどちらかの軸を基準にして2本の系をまとめた等価1軸系に置き換えることを考える．図18.5のような歯車で回転力を伝導する場合，歯車の接触による損失はないものとすると，歯車1と歯車2が接触点で受ける力はそれぞれ $-f$ と f で表されるので，歯車1と2の半径を r_1, r_2 とすると，歯車1と2が受け

るトルクはそれぞれ $-fr_1, fr_2$ となる．図のように慣性モーメント，ねじりのばね定数および角度を決めると運動方程式は

$$I_1\dot{\omega}_1=-k_1(\theta_1-\theta_{g1}) \quad (18.8)$$

$$I_{g1}\dot{\omega}_{g1}=-k_1(\theta_{g1}-\theta_1)-fr_1 \quad (18.9)$$

$$I_{g2}\dot{\omega}_{g2}=-k_2(\theta_{g2}-\theta_2)+fr_2 \quad (18.10)$$

$$I_2\dot{\omega}_2=-k_2(\theta_2-\theta_{g2}) \quad (18.11)$$

歯数比を $\lambda=z_1/z_2=r_1/r_2$ とおくと $\theta_{g1}=\theta_{g2}/\lambda$ であり，式(18.9)と(18.10)から

$$\left(\frac{I_{g1}}{\lambda^2}+I_{g2}\right)\dot{\omega}_{g2}=\frac{-k_1(\theta_{g2}/\lambda-\theta_1)}{\lambda}-k_2(\theta_{g2}-\theta_2) \quad (18.12)$$

ここで，$\theta_1=\theta_1'/\lambda$ とおくと，式(18.12)は

$$\left(\frac{I_{g1}}{\lambda^2}+I_{g2}\right)\dot{\omega}_{g2}=\frac{-k_1(\theta_{g2}-\theta_1')}{\lambda^2}-k_2(\theta_{g2}-\theta_2) \quad (18.13)$$

また，式(18.8)は

$$\frac{I_1\dot{\omega}_1'}{\lambda^2}=\frac{-k_1(\theta_1'-\theta_{g2})}{\lambda^2} \quad (18.14)$$

とも書けるので，式(18.14)，(18.13)，(18.11)は図18.5の軸系の運動方程式を表したことになる．つまり，図18.5のような歯車を含む伝達系のねじり振動に関する軸系は次のように考えられる．軸系2をもとにして考えると軸系1は回転速度が $1/\lambda$ 倍になっているので軸系1の慣性モーメント，ねじりのばね定数をそれぞれ $1/\lambda^2$ 倍にして考えた図18.6とねじり振動に関しては等価である．このように等価モデルに置き換えて考えると複雑な系の危険速度なども簡単に計算することができる．

これは，次のように軸系1を基準にして，等価のモデルを考えることもできる．上で述べた手順と同様にして，式(18.14)，(18.13)，(18.11)に相当する式は，

$$I_1\dot{\omega}_1=-k_1(\theta_1-\theta_{g1}) \quad (18.15)$$

$$(I_{g1}+I_{g2}\lambda^2)\dot{\omega}_{g1}=-k_1(\theta_{g1}-\theta_1)-k_2\lambda^2(\theta_{g1}-\theta_2') \quad (18.16)$$

$$I_2\lambda^2\dot{\omega}_2'=-k_2\lambda^2(\theta_2'-\theta_{g1}) \quad (18.17)$$

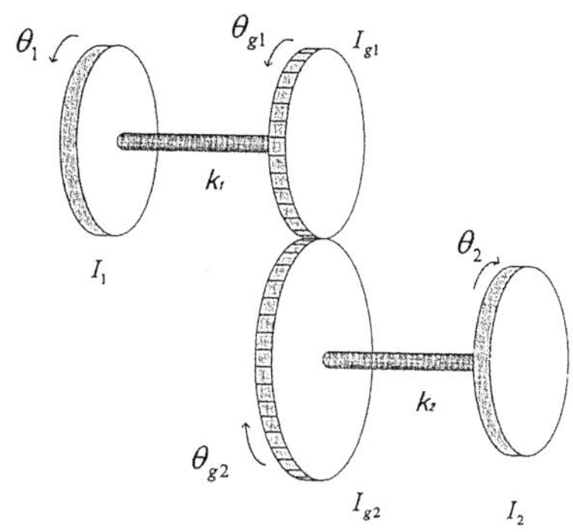

図 18.5　歯車伝動軸のねじり振動

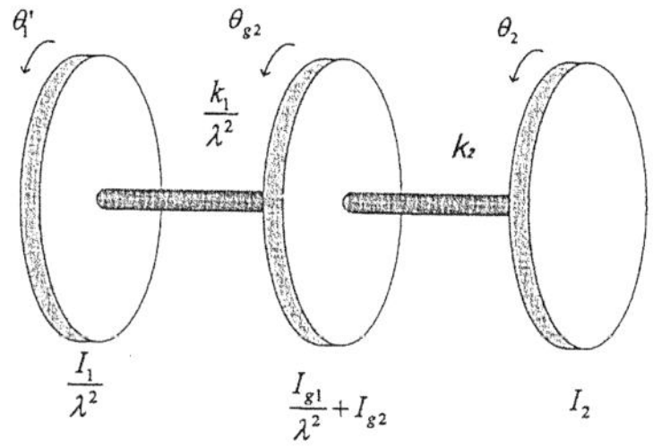

図 18.6　軸系2を基準とした等価1軸系

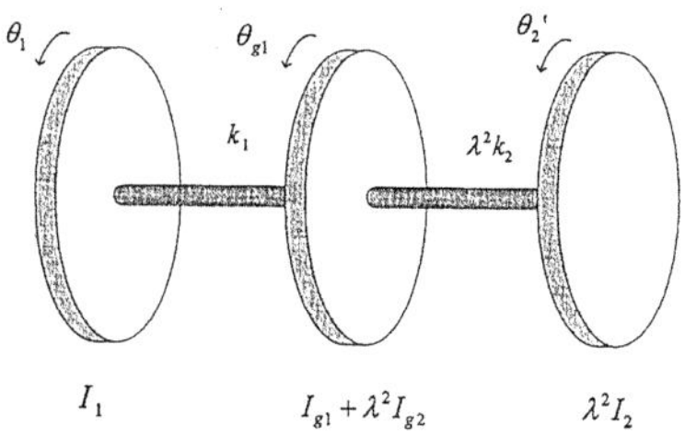

図 18.7　軸系1を基準とした等価1軸系

の3式となる．ただし，$\theta_{g2}=\theta_{g1}\lambda$, $\theta_2=\theta_2'\lambda$ である．これは，式(18.14)，(18.13)，(18.11)をそれぞれ λ^2 倍し，$\theta_1'\to\theta_1$, $\theta_{g2}\to\theta_{g1}$, $\theta_2\to\theta_2'$ のように置き換えたものに等しい．これを図18.7に示す．つまり，軸系1を基準にした場合は，軸系2の方には回転数比の2乗(λ^2)を乗じ，逆に軸系2を基準にした場合も，軸系1の方に回転数比の2乗($1/\lambda^2$)を乗じてやれば等価1軸系に変換することができる．

第19講
1自由度系の自由振動

多くの機械は，往復機械や回転機械のように周期的な運動を伴い，その結果振動現象が問題となる．本講では，振動の基本的事項を学ぶ．

19.1　調和振動

図19.1に示すように，ばねでつるされたおもり（質量 m）を少し引っ張ったあと離すと，おもりは上下に揺れる（振動する）．このときのおもりの運動は，調和振動（あるいは単振動）と呼ばれ，振動の中で，最も基本となるものである．

調和振動は，次式のように正弦関数（あるいは，余弦関数）で表され，図19.2のようになる．

$$x(t)=A\sin(\omega t+\phi) \tag{19.1}$$

ここで，A：振幅，$\omega t+\phi$：位相角［rad］，ω：角振動数（あるいは円振動数）［rad/s］，ϕ：初期位相［rad］という．振幅 A は，振動の大きさを表し，つりあい位置（平衡状態）からの変位の最大値である．図19.2において，横軸は時間 t で

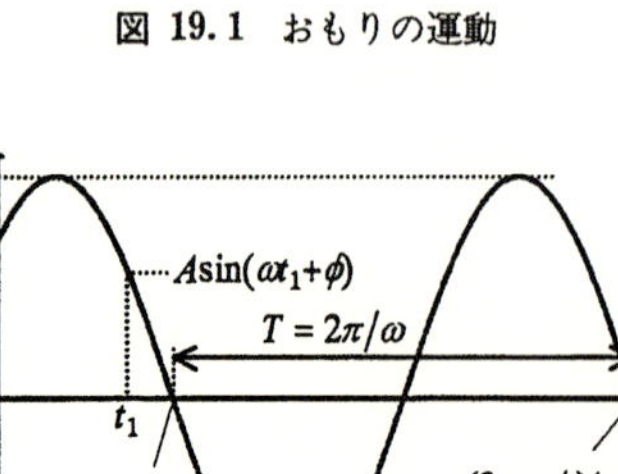

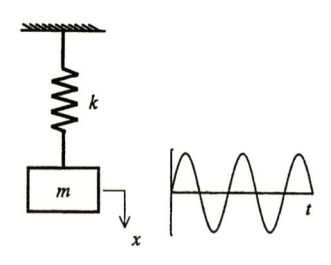

図 19.1　おもりの運動

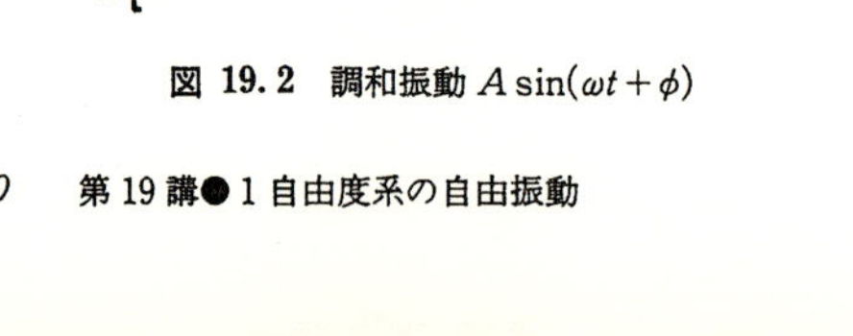

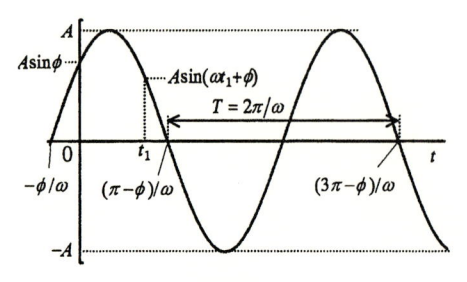

図 19.2　調和振動 $A\sin(\omega t+\phi)$

あり，調和振動は，時間 t が $2\pi/\omega$ だけ経過するごとに同じ運動を繰り返すことがわかる．この時間間隔 T，すなわち，おもりがつりあい位置を中心に1往復する時間

$$T=\frac{2\pi}{\omega} \tag{19.2}$$

を周期［s］と呼ぶ．また，1秒間に振動する回数

$$f=\frac{1}{T}=\frac{\omega}{2\pi} \tag{19.3}$$

を振動数［Hz］という．角振動数 ω と振動数 f はともに振動の速さを表し，式（19.3）の関係がある．両者を混同しないように注意する必要がある．

式（19.1）を三角関数の加法定理を用いて展開すると，

$$x(t)=A\cos\phi\cdot\sin\omega t+A\sin\phi\cdot\cos\omega t \tag{19.4}$$

となり，$B=A\cos\phi$, $C=A\sin\phi$ とおくと，

$$x(t)=B\sin\omega t+C\cos\omega t \tag{19.5}$$

と表される．すなわち，調和振動は，同じ角振動数 ω を持つ正弦関数と余弦関数との重ね合わせ（線形結合）として表される．また逆に，式（19.5）において，$A=\sqrt{B^2+C^2}$，$\tan\phi=C/B$ とおくことによって，式（19.1）の形に変形することができるので，同じ角振動数 ω を持つ正弦関数と余弦関数の和は1つの調和関数で表されることがわかる．なお，角振動数が異なる2つの調和振動は，1つの調和振動の形に合成できない．

19.2　振動の要因

ばねに結ばれたおもりが調和振動する要因は，ばねにありそうである．次にばねがどのような作用を及ぼすのかを考えてみよう．図19.3に示すように，ばねに何も力が作用していない状態で

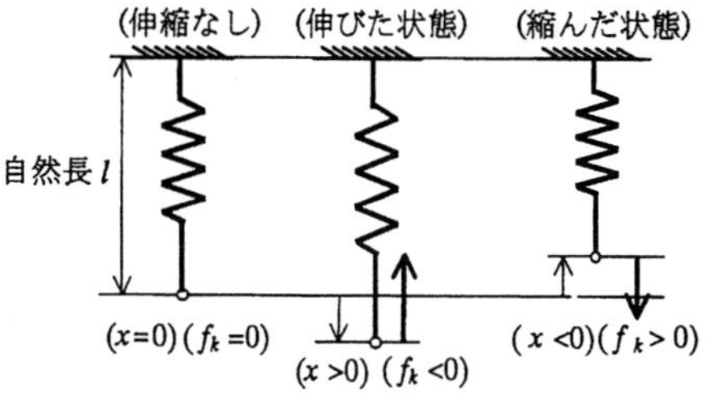

図 19.3　ばねの変位 x と復元力 f_k

は，ばねはある長さを保っている．このときのばねの長さ l を自然長という．この状態からばねを x だけ伸ばすと，ばねは元の状態に戻ろうとして，力を発生する．また逆に，ばねを縮めると逆方向の力を発生する．すなわち，ばねは伸ばした場合も，縮めた場合も元の状態に戻ろうとする力を発生する．この力をばねの復元力と呼んでいる．ばねに結ばれたおもりが振動するのは，このばねの復元力が要因となっているのである．

一般に，ばねの変形があまり大きくない場合は，復元力は変形量に比例する．したがって，復元力を f_k [N]，変形量を x [m] とすると

$$f_k=-kx \tag{19.6}$$

の関係が成立する．ここで，比例定数 k [N/m] はそのばねによって定まり，ばね定数と呼ばれる．そして，ばね定数 k のばねのことを，単にばね k と呼ぶことがある．図 19.3 において，上端が固定されたばねの下端の自然長 l からの変位 x とそのとき下端に発生する復元力 f_k の関係を示す．下方向を正にとると，ばねが伸びた状態 $(x>0)$ では，復元力は上方向に作用 $(f_k=-kx<0)$ し，縮んだ状態 $(x<0)$ では，下方向に作用 $(f_k=-kx>0)$ する．このように，復元力 f_k は変位 x と逆方向に作用するので，式 (19.6) の右辺に「−」がつけられる．

ばねの変位と復元力の関係は静的な関係であり，振動を考える場合は，これに動的な速度 $\dot{x}$ を考慮して，振動のメカニズムが以下のようにまとめられる．図 19.1 に示す系において，まず，何らかの原因で，① おもりが変位（ばねが変形）する $(x>0)$ と復元力 $(f_k<0)$ が発生し，つりあい位置へ戻そうとする．つりあい位置へ戻るときの速度は $\dot{x}<0$ である．② つりあい位置に達したとき $(x=0)$，復元力 f_k は 0 になるが，速度は 0 でなく $\dot{x}<0$ であるので，つりあい位置を通り過ぎ逆方向へ変位する $(x<0)$．③ すると復元力も逆方向になり $(f_k>0)$，つりあい位置へ戻そうとする．速度が 0 になった時点で，運動の方向が変わり，再び，つりあい位置の方向に動き出す $(\dot{x}>0)$．④ そして，再びつりあい位置を通り過ぎ $(x>0)$，復元力 $(f_k<0)$ が作用する．この行程を繰り返して振動を続ける．

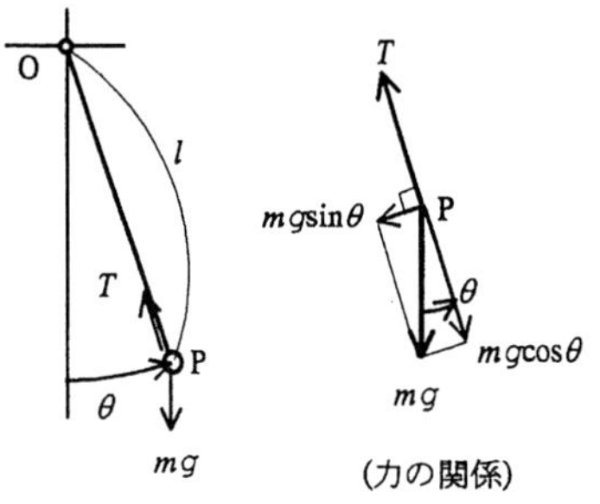

図 19.4　振り子の運動

ところで，たとえば，一端が固定されたひもの他端につけられたおもりのように，ばねがついていない系でも振動する．これは，どういうしくみになっているのかを考えてみよう．

図 19.4 に示すように，一端が点 O に固定されたひもの他端 P に取り付けられたおもり（質量 m）の鉛直な平面内の運動を考える．そして，ひもは十分硬くその長さ l は一定とすると，おもりはひもの固定点 O を中心とする半径 l の円周上を動く．いま，ひもが鉛直下向きから θ だけ角変位した状態を考える．おもりに作用するのは重力 mg とひもの張力 T の 2 つである．

ここで，重力 mg をひもの方向とそれに直交する方向に分解すると，その大きさはそれぞれ $mg\cos\theta$, $mg\sin\theta$ となる．そして，おもりはひもに直交する方向に動き，ひもの方向には運動しない．これは，ひもの方向に作用する力がつりあっていることを意味しており，

$$T=mg\cos\theta \tag{19.7}$$

となる．次に，ひもに直交する方向に作用する力 $mg\sin\theta$ は，おもりをつりあい位置 $(\theta=0)$ に戻

す方向に作用する．この力は，変位 θ とは逆方向に作用するので，復元力 ($f_k=-mg\sin\theta$) として作用する．振り子が振動するのは，この重力に起因する復元力による．

このときの復元力 f_k は，上記のばねの場合のように，変位 θ に比例していないが，正弦関数は

$$\sin\theta=\theta-\frac{\theta^3}{3!}+\frac{\theta^5}{5!}-\cdots \qquad (19.8)$$

のように級数展開して表すことができる．そして，変位角 θ が小さくて，$|\theta|\ll 1$ の条件を満たす場合，式 (19.8) の右辺の第 2 項以降 $-\theta^3/3!+\cdots$ の絶対値は，第 1 項の θ の絶対値に比べて小さく，無視することができ，

$$\sin\theta\approx\theta \qquad (19.9)$$

と近似できる．このように近似すると，復元力 f_k は $f_k\approx -mg\cdot\theta$ となり，ばねの復元力の場合と同様に変位 θ に比例することがわかる．なお，変位角 θ に関する $|\theta|\ll 1$ の条件において，右辺の 1 は，1 rad≈57.3° であり，変位角 θ が 15° 程度以下の場合，式 (19.9) はかなりよい近似を与える．さらに，式 (19.9) による近似方法は，機械力学のみならず，工学全般にわたってよく用いられているものである．

19.3　1 自由度系の自由振動

それでは，図 19.1 に示すおもりの運動が，式 (19.1) の形で与えられることを導いてみよう．おもりの運動は，ニュートンの運動法則によって，簡潔に表現される (13 講参照)．すなわち，物体の質量を m [kg]，座標 (位置) を x [m]，物体に作用する x 方向の力の和を F_x [N] とすると，

$$m\ddot{x}=F_x \qquad (19.10)$$

と表される．ここで，$\ddot{x}$ は変位 x を時間 t で 2 階微分した加速度を表しており，速度 v は x を 1 階微分した $\dot{x}$ で表され，$\ddot{x}=\dot{v}$ である．

図 19.5 に示すように，おもりの質量を m，重力加速度を g [m/s²] とすると，重力は下方向に mg となる．おもりがつりあい状態にあるとき，

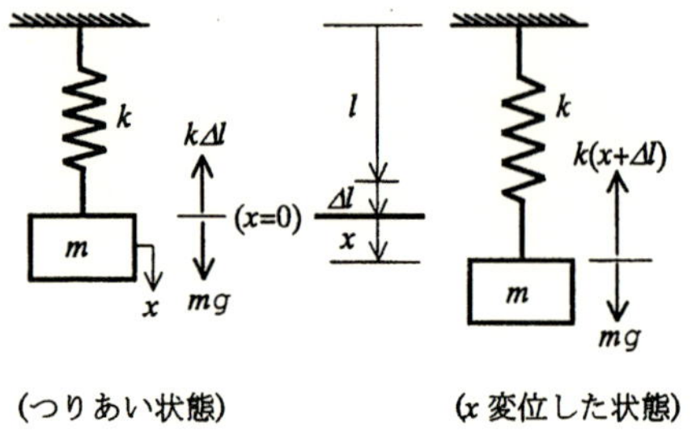

図 19.5　1 自由度系の自由振動

重力によりばねは自然長 l から Δl だけ伸びた状態であり，図の上方向に復元力 $k\Delta l$ を発生している．このばねの復元力と重力がつりあっており，

$$mg=k\Delta l \qquad (19.11)$$

の関係が成立する．おもりが振動するのは，つりあい位置からずれることであるから，ずれた量 x を用いておもりの運動を表すことができる．おもりの上下方向の運動のみを考えるときは，おもりの運動 (位置) は，この 1 個の変数 x を用いて表されるので，1 自由度系と呼ばれる．そして，考えている系の外部から何も力が作用しないとすると，おもりに作用する力は，重力とばねの復元力の 2 つのみである．このように，系の外部から何も力などが作用しないときの系の振動を自由振動と呼んでいる．

ここで，おもりに作用する力は，まず重力が mg，次にばねについては，おもりがつりあい位置にあるとき，すでに Δl 伸びているので，おもりが (下方に) x 変位したときは，あわせて $x+\Delta l$ 伸びていることになる．したがって，ばねの発生する復元力 f_k は，$f_k=-k(x+\Delta l)$ となる．「−」がつくのは，この力は x が減少する (上) 方向に作用するからである．これで，おもりに作用する力 F_x が

$$F_x=mg-k(x+\Delta l) \qquad (19.12)$$

と求まったので，式 (19.10) から，運動方程式は次のように表される．

$$m\ddot{x}=mg-k(x+\Delta l) \qquad (19.13)$$

なお，式 (19.13) は，慣性力 $-m\ddot{x}$ が外力の和 F_x とつりあうというダランベールの原理を用い

ても，まったく同じ式が導かれる．

ところで，つりあい位置における関係から，式(19.11)が成立するので，式(19.13)は

$$m\ddot{x}+kx=0 \quad (19.14)$$

と表される．これが，図19.5のおもりの自由振動を表す運動方程式である．この式には，重力の影響 g が陽に含まれていないが，これは，おもりの変位 x の原点をつりあい位置にとったことによる．

この運動方程式(19.14)は2階の線形常微分方程式であり，これを解けば，おもりの運動 $x(t)$ が求まる．解き方は多くの方法があるが，ここでは，式(19.5)の形の調和振動を仮定してみよう．そこで，

$$x(t)=B\sin\omega_n t+C\cos\omega_n t \quad (19.15)$$

とおく．式(19.15)を時間 t で微分して，速度 $\dot{x}(t)$ は

$$\dot{x}(t)=B\omega_n\cos\omega_n t-C\omega_n\sin\omega_n t \quad (19.16)$$

もう一度微分して，加速度 $\ddot{x}(t)$ は，

$$\ddot{x}(t)=-B\omega_n^2\sin\omega_n t-C\omega_n^2\cos\omega_n t \quad (19.17)$$

となる．式(19.15)と(19.17)を運動方程式(19.14)に代入しまとめると，

$$(k-m\omega_n^2)(B\sin\omega_n t+C\cos\omega_n t)=0 \quad (19.18)$$

あるいは，

$$(k-m\omega_n^2)\sqrt{B^2+C^2}\sin(\omega_n t+\phi)=0 \quad (19.18')$$

となる．ただし，$\tan\phi=C/B$ である．

ここで，$B=C=0$ の場合，式(19.18)は満たされるが，$x(t)=0$ となり，おもりがつりあい位置で静止して動かない場合に相当する．したがって，おもりが振動するのは $B=C=0$ 以外の場合である．そして，式(19.18′)が時間 t によらず常に成立するためには

$$k-m\omega_n^2=0 \quad (19.19)$$

でなければならない．すなわち，

$$\omega_n=\sqrt{\frac{k}{m}} \quad (19.20)$$

となり，おもりの角振動数 ω_n が定まる．この ω_n をこの系の固有角振動数という．式(19.19)は固有角振動数を定めるための重要な基礎式であり，振動数方程式，あるいは，特性方程式と呼ばれる．そして，式(19.20)より，ばね k が柔らかくなるほど，また，質量 m が大きくなるほど，固有角振動数 ω_n は小さくなり，自由振動の周期は，長くなることがわかる．また，式(19.11)，(19.20)より

$$\omega_n^2=\frac{k}{m}=\frac{g}{\Delta l} \quad (19.21)$$

の関係が成り立つので，つりあい位置における重力によるばねの自然長からの変位 Δl（静たわみと呼ぶ）がわかれば，固有角振動数 ω_n を求めることができる．

これで，おもりの振動の形は式(19.15)のように求まったが，定数 B, C は未定である．これらの定数は，一般に，時間 $t=0$ におけるおもりの位置 $x(0)$ と速度 $\dot{x}(0)$（これを初期条件という）から求まる．ここで，初期条件を，$x(0)=x_0$，$\dot{x}(0)=v_0$ とすると，式(19.15)，(19.16)より

$$x_0=x(0)=B\sin 0+C\cos 0=C$$
$$v_0=\dot{x}(0)=B\omega_n\cos 0-C\omega_n\sin 0=B\omega_n \quad (19.22)$$

となり，$C=x_0, B=v_0/\omega_n$ と定まる．したがって，自由振動の解は，

$$x(t)=\frac{v_0}{\omega_n}\sin\omega_n t+x_0\cos\omega_n t \quad (19.23)$$

あるいは，

$$x(t)=\sqrt{\left(\frac{v_0}{\omega_n}\right)^2+x_0^2}\sin(\omega_n t+\phi) \quad (19.23')$$

と求まる．ただし，$\tan\phi=x_0/(v_0/\omega_n)$ である．

これから，振幅 $\sqrt{(v_0/\omega_n)^2+x_0^2}$ および初期位相 ϕ は初期条件 x_0，v_0 に依存することがわかる．

図19.6に，初期条件の異なる自由振動の例を示す．初期条件によって，振幅と初期位相は異なるが，同じ角振動数 ω_n の調和振動をすることがわかる．

【例題】 時間 $t=0$ において，(1)おもりを x_0 だけ下へ引っ張り，そっと離した場合，(2)つりあい位置で静止しているおもりに衝撃を加えた場

合について，それぞれ自由振動を求めよ．

解答　(1) の場合，初期条件は，$x(0)=x_0$，$\dot{x}(0)=v_0=0$ と表され，式 (19.23) より，自由振動は

$$x(t)=x_0\cos\omega_n t \tag{19.24}$$

(2) の場合，初速度 v_0 を与えたことになり，初期条件は $x(0)=x_0=0$, $\dot{x}(0)=v_0$ と表される．v_0 は加える衝撃の大きさで決まる．式 (19.23) より，

$$x(t)=\frac{v_0}{\omega_n}\sin\omega_n t \tag{19.25}$$

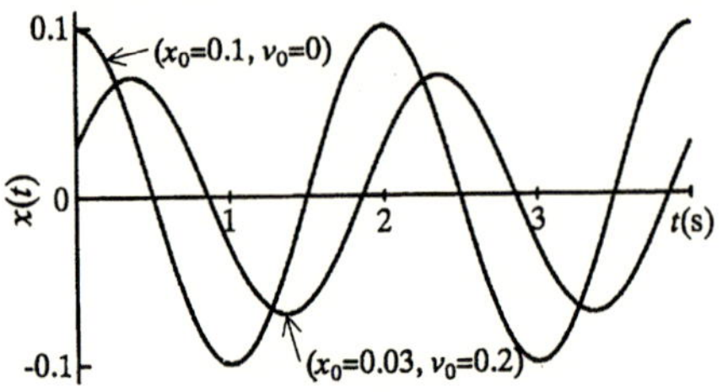

図 19.6　自由振動 ($\omega_n=\pi$ の場合)

うなり

日常生活で遭遇する振動現象の一つにうなりがある．うなりは，角振動数がわずかに異なる 2 つの調和振動が合成されて生じる．すなわち，角振動数が異なるので，振動の周期も異なり，2 つの調和振動の位相は，時間の経過とともにずれていく．そして，2 つの振動の位相が一致している場合は，足し合わされて大きな振幅になり，位相が逆の場合は，打ち消し合って小さな振幅になる．その結果，合成された振幅は，周期的に大きくなったり小さくなったりする．うなりの角振動数は，2 つの調和振動の角振動数の差に等しい．うなりは，たとえば，ギターなど弦楽器の音程の調整に利用される．音の高さは音波の角振動数で定まるので，音叉などの基準となる音程 (角振動数) を有するものと弦楽器を同時に鳴らせば，音程が少し異なればうなりを生じ，音程が一致すればうなりが消滅する．なお，弦楽器の音程は弦の張力を変えることにより簡単に調節できる．

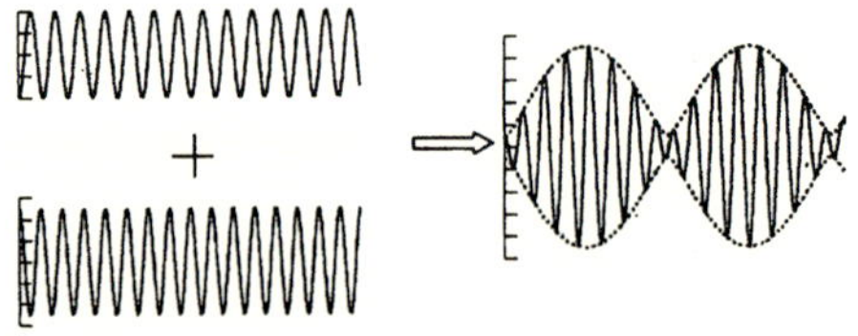

図 19.7　うなり (角振動数がわずかに異なる 2 つの調和振動の合成：振幅も異なる場合)

第 20 講

1 自由度系の減衰振動

19 講で述べた自由振動は，調和関数で表され，理論上は時間 t が経過しても振動は止まることなく続くことになる．しかし，実際に観察される自由振動は，時間とともにしだいに振幅が小さくなり，やがて止まってしまう．これは，各部の摩擦や空気抵抗などの影響によるもので，運動のエネルギが熱エネルギなどの形に変換され散逸し，運動のエネルギすなわち振動がしだいに減衰するためであると考えられる．本講では，このしだいに減衰していく減衰振動について学ぶ．

20.1　減衰自由振動

ばねの復元力は 19 講で述べたように振動の要因ではあるが，運動エネルギを散逸させる効果を持たないので，減衰の要因にはならない．減衰の要因としては，復元力以外の摩擦力や粘性抵抗，部材の内部摩擦などさまざまなものが考えられ，それらの力は，一般に，変形速度 v の関数として表される．速度 v の関数の中で最も簡単な速度 v に比例する力は，線形であり，他の場合に比べて解析的な取り扱いが格段に容易になる．そこで，減衰要素として，この速度 v に比例する力を発生する装置を仮定することが多く，この装置は粘性減衰器（ダッシュポット）と呼ばれている．そして，粘性減衰力を f_c [N]，速度を v[m/s] とすると

$$f_c = -cv \tag{20.1}$$

と表される．ここで，係数 c は，粘性減衰器によって定まる正の定数で，粘性減衰係数 [N/(m/s)] と呼ばれる．また，粘性減衰力に，「−」がつくのは，ばねの復元力の場合と同様に，減衰力が速度 v と反対方向に作用することを意味している．

本講でも，この粘性減衰器を考えよう．図

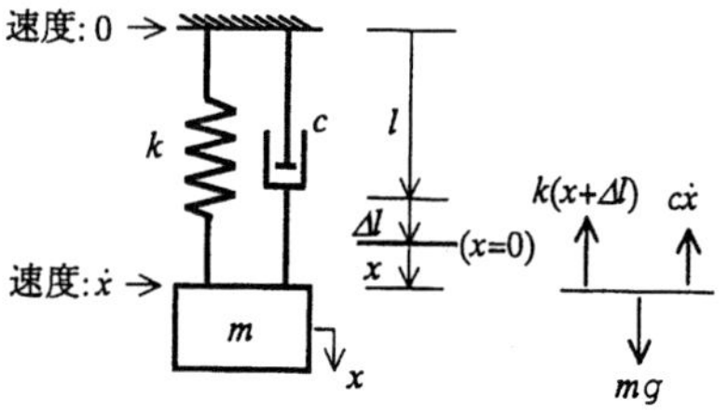

図 20.1　減衰振動系

20.1 に示すように，ばね k の右側に並列に配置された装置が粘性減衰器であり，その発生する減衰力は，減衰器の両端部の相対速度に比例する．図 20.1 の系では，減衰器の上端部は固定されて動かないので，その速度は 0．そして，下端部は質量 m に結合されているので，その変位は質量 m と同じで x である．ゆえに，減衰器下端部の速度はこれを時間 t で微分した $\dot{x}$ となる．したがって，減衰器両端の相対速度は，$\dot{x}-0=\dot{x}$ であり，減衰係数を c とすると減衰力は $f_c=-c\dot{x}$ と表される．すなわち，$\dot{x}$ が正のとき（質量 m が下向きの速度を有するとき），減衰力 f_c は負になる（上向きに作用する）ことを示している．

20.2　減衰自由振動の運動方程式

運動方程式を導くために，まず質量 m に作用する力 F_x を考える．重力，ばねの復元力は減衰器がついていない 19 講の場合と同じであるので，これに粘性減衰力 $-c\dot{x}$ を加えてやればよい．したがって，

$$F_x = mg - k(x+\Delta l) - c\dot{x} \tag{20.2}$$

となり，運動方程式は，式 (19.10) より

$$m\ddot{x} = mg - k(x+\Delta l) - c\dot{x} \tag{20.3}$$

と表される．粘性減衰器がついた系においても質量 m がつりあい位置で静止しているときは，$x=0, \dot{x}=0, \ddot{x}=0$ であるので，これらを式 (20.3)

に代入すると，

$$mg = k\Delta l \qquad (20.4)$$

となり，ばねの静たわみ Δl は，粘性減衰器がない場合とまったく同じで，つりあい位置も変化がないことがわかる．この関係を用いて，粘性減衰の作用する系の運動方程式は，

$$m\ddot{x} + c\dot{x} + kx = 0 \qquad (20.5)$$

と表される．この運動方程式(20.5)をこのまま扱うこともできるが，

$$\omega_n = \sqrt{\frac{k}{m}}, \qquad \zeta = \frac{c}{2\sqrt{mk}} \qquad (20.6)$$

とおいて，

$$\ddot{x} + 2\zeta\omega_n\dot{x} + \omega_n^2 x = 0 \qquad (20.7)$$

の形に変形して取り扱うことが多い．本講でも，この式(20.7)を考えることにする．ここで，ω_n は19講の ω_n と同じもので(非減衰)固有角振動数，また，ζ は減衰係数比と呼ばれ，減衰の度合いを表す．そして，$\omega_n > 0, \zeta > 0$ である．

20.3 減衰自由振動の解

この減衰振動を表す式(20.7)は，線形常微分方程式であり，解析的に解を求められるが，非減衰の場合よりは難しくなる．19講の非減衰振動の場合に仮定した調和振動は減衰しないので，調和振動のみを仮定して，減衰振動を表すことはできそうにない．そこで，減衰する(時間とともにしだいに小さくなる)関数として，指数関数を考え，

$$x(t) = Ae^{st} \qquad (20.8)$$

を仮定してみよう．指数関数 e^{st} は図20.2に示すように，$s<0$ のときは，時間 t の経過とともに減少する．

式(20.8)を時間 t で微分して，速度 $\dot{x}$，加速度 $\ddot{x}$ は，

$$\dot{x}(t) = sAe^{st}, \qquad \ddot{x}(t) = s^2Ae^{st} \qquad (20.9)$$

となるから，これを運動方程式(20.7)に代入して，

$$Ae^{st}(s^2 + 2\zeta\omega_n s + \omega_n^2) = 0 \qquad (20.10)$$

となる．ここで，$A=0$ は質量 m がつりあい位置に静止して動かない場合に相当するから，これを除くと，質量 m が運動する解が存在する条件は

$$s^2 + 2\zeta\omega_n s + \omega_n^2 = 0 \qquad (20.11)$$

となる．この式(20.11)が減衰振動における振動数方程式であり，s に関する2次式で2つの解 s_1, s_2 を持つ．この式を解けば，振動の形が求まるが，減衰係数比 ζ (すなわち m, c, k) の値により，解は実数になったり，複素数になったりする．そこで，場合分けが必要で，式(20.11)の判別式を求めると，

$$D = (2\zeta\omega_n)^2 - 4\omega_n^2 = 4(\zeta^2 - 1)\omega_n^2 \qquad (20.12)$$

となる．$\omega_n > 0$ であることに注意して，

(1) $1 < \zeta$ の場合

$D > 0$ となり，2つの解 s_1, s_2 は，ともに実数で

$$s_1, s_2 = -\zeta\omega_n \pm \omega_n\sqrt{\zeta^2 - 1} \qquad (20.13)$$

となる．また，式(20.11)において，解と係数の関係から $s_1 s_2 = \omega_n^2 > 0$，$s_1 + s_2 = -2\zeta\omega_n < 0$ となり，s_1, s_2 は同符号で，和が負である．したがって，s_1, s_2 はともに負の実数であることがわかる．式(20.8)の形の解を仮定して，2つの解 $e^{s_1 t}$ と $e^{s_2 t}$ が求まったので，運動方程式(20.7)の解は，これらの解の重ね合わせ(線形結合)として，

$$x(t) = A_1 e^{s_1 t} + A_2 e^{s_2 t} \qquad (20.14)$$

あるいは，式(20.13)より

$$x(t) = A_1 e^{-(\zeta + \sqrt{\zeta^2 - 1})\omega_n t} + A_2 e^{-(\zeta - \sqrt{\zeta^2 - 1})\omega_n t} \qquad (20.14')$$

と表される．ここで，s_1, s_2 は負であるので2項ともに時間とともに指数関数的に(振動しないで)，減衰していく．この場合は，減衰が大きくて運動が振動的にならないので，超過減衰という．たとえば，おもりを粘りの強い液体に浸した場合の運動はこのようになる．

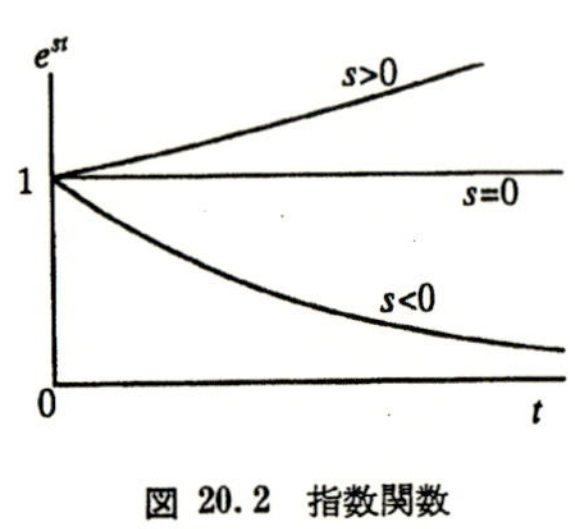

図 20.2 指数関数

(2)　$0 \leqq \zeta < 1$ の場合

判別式 $D<0$ であり，s_1, s_2 は共役な複素数で

$$s_1, s_2 = -\zeta\omega_n \pm i\omega_n\sqrt{1-\zeta^2} \qquad (20.15)$$

となる．ただし，i は虚数単位で，$i=\sqrt{-1}$ である．(1) の場合と同様に，解は式 (20.14) の形で表されるが，この解には虚数単位 i が含まれる．ところで，変数に虚数を含む指数関数と三角関数との間には，次のオイラーの式が成立する．

$$e^{\pm i\alpha t} = \cos\alpha t \pm i\sin\alpha t \quad (\text{複号同順}) \qquad (20.16)$$

この関係を用い，$q=\omega_n\sqrt{1-\zeta^2}$ とおくと，解は式 (20.14) より

$$\begin{aligned} x(t) &= A_1 e^{(-\zeta\omega_n+iq)t} + A_2 e^{(-\zeta\omega_n-iq)t} \\ &= e^{-\zeta\omega_n t}(A_1 e^{iqt} + A_2 e^{-iqt}) \\ &= e^{-\zeta\omega_n t}[A_1(\cos qt + i\sin qt) \\ &\quad + A_2(\cos qt - i\sin qt)] \\ &= e^{-\zeta\omega_n t}[i(A_1-A_2)\sin qt \\ &\quad + (A_1+A_2)\cos qt] \end{aligned} \qquad (20.17)$$

となる．ここで，$B_1=i(A_1-A_2)$, $B_2=A_1+A_2$ とおくと，

$$x(t) = e^{-\zeta\omega_n t}(B_1\sin qt + B_2\cos qt) \qquad (20.18)$$

となり，虚数単位 i を含まない形の解が得られる．式 (20.18) をさらに変形すると，

$$x(t) = Ce^{-\zeta\omega_n t}\sin(qt+\phi) \qquad (20.19)$$

となる．ただし，$C=\sqrt{B_1^2+B_2^2}$, $\tan\phi=B_2/B_1$ である．

式 (20.19) は，振幅が $Ce^{-\zeta\omega_n t}$，角振動数が q の調和振動とみなすこともできるが，振幅 $Ce^{-\zeta\omega_n t}$ は一定でなく，時間 t とともに指数関数的に減少していく．すなわち，図 20.4 に示すように，2 本の包絡線 $Ce^{-\zeta\omega_n t}$ と $-Ce^{-\zeta\omega_n t}$ の間を振動しながら減衰していく減衰振動を表している．この場合は，減衰が大きくないので，不足減衰と呼ぶ．なお，$\zeta=0$ の場合は，19 講で述べた減衰がない場合に相当し調和振動となることは容易にわかる．

(3)　$\zeta=1$ の場合

判別式 $D=0$ であり，s_1, s_2 は，

$$s_1, s_2 = -\omega_n \qquad (20.20)$$

と重解 (負の実数) になる．この場合は，(1) の非振動的運動と (2) の減衰振動との境目の状態で，臨界減衰と呼ばれる．そして，このときの粘性減衰係数 c の値を臨界減衰係数 c_c と呼んでおり，式 (20.6) より，

$$c_c = 2\sqrt{mk} \qquad (20.21)$$

である．この臨界減衰係数 c_c を用いれば，減衰係数比 ζ は，$\zeta=c/c_c$ と表される．

この臨界減衰の場合，解の導出はやや難しいが，結果は比較的簡単で

$$x(t) = (A_1 + A_2 t)e^{-\omega_n t} \qquad (20.22)$$

と表される．この場合も (1) の場合と同様に非振動的な運動となる．

上記の各場合において，それぞれ 2 個の定数があるが，これらは，19 講と同様に初期条件から定められる．ここで，各場合について，初期条件を $x(0)=x_0$, $\dot{x}(0)=v_0$ としたときの解を求めてみよう．

(1)　$1<\zeta$ ($c_c<c$) の場合

式 (20.14′) より，

$$\begin{aligned} x(t) &= A_1 e^{-(\zeta+\sqrt{\zeta^2-1})\omega_n t} + A_2 e^{-(\zeta-\sqrt{\zeta^2-1})\omega_n t} \\ \dot{x}(t) &= -(\zeta+\sqrt{\zeta^2-1})\omega_n A_1 e^{-(\zeta+\sqrt{\zeta^2-1})\omega_n t} \\ &\quad -(\zeta-\sqrt{\zeta^2-1})\omega_n A_2 e^{-(\zeta-\sqrt{\zeta^2-1})\omega_n t} \end{aligned}$$

であるから，$t=0$ として，初期条件を代入すると，

$$\begin{aligned} x(0) &= A_1 + A_2 = x_0 \\ \dot{x}(0) &= -(\zeta+\sqrt{\zeta^2-1})\omega_n A_1 \\ &\quad -(\zeta-\sqrt{\zeta^2-1})\omega_n A_2 = v_0 \end{aligned}$$

となる．これを A_1, A_2 について解いて

$$A_1 = \frac{x_0}{2} - \frac{\zeta\omega_n x_0 + v_0}{2\omega_n\sqrt{\zeta^2-1}}$$

$$A_2 = \frac{x_0}{2} + \frac{\zeta\omega_n x_0 + v_0}{2\omega_n\sqrt{\zeta^2-1}}$$

と求まるので，

$$\begin{aligned} x(t) &= \left(\frac{x_0}{2} - \frac{\zeta\omega_n x_0 + v_0}{2\omega_n\sqrt{\zeta^2-1}}\right)e^{-(\zeta+\sqrt{\zeta^2-1})\omega_n t} \\ &\quad + \left(\frac{x_0}{2} + \frac{\zeta\omega_n x_0 + v_0}{2\omega_n\sqrt{\zeta^2-1}}\right)e^{-(\zeta-\sqrt{\zeta^2-1})\omega_n t} \end{aligned} \qquad (20.23)$$

(2) $0 \leqq \zeta < 1\,(0 \leqq c < c_c)$ の場合

式(20.18)より，

$$x(t) = e^{-\zeta\omega_n t}(B_1 \sin qt + B_2 \cos qt)$$
$$\dot{x}(t) = -\zeta\omega_n e^{-\zeta\omega_n t}(B_1 \sin qt + B_2 \cos qt) + qe^{-\zeta\omega_n t}(B_1 \cos qt - B_2 \sin qt)$$

であるから，初期条件より，

$$x(0) = B_2 = x_0, \qquad \dot{x}(0) = -\zeta\omega_n B_2 + qB_1 = v_0$$

となる．これから

$$B_1 = \frac{1}{q}(v_0 + \zeta\omega_n x_0), \qquad B_2 = x_0$$

と求まり，

$$x(t) = e^{-\zeta\omega_n t}\left[\frac{1}{q}(v_0 + \zeta\omega_n x_0)\sin qt + x_0 \cos qt\right] \tag{20.24}$$

あるいは，

$$x(t) = Ce^{-\zeta\omega_n t}\sin(qt + \phi) \tag{20.24'}$$

と表される．ただし，

$$C = \frac{1}{q}\sqrt{(qx_0)^2 + (v_0 + \zeta\omega_n x_0)^2}$$
$$\tan\phi = \frac{qx_0}{v_0 + \zeta\omega_n x_0} \tag{20.25}$$

(3) $\zeta = 1\,(c = c_c)$ の場合

式(20.22)より，

$$x(t) = (A_1 + A_2 t)e^{-\omega_n t}$$
$$\dot{x}(t) = A_2 e^{-\omega_n t} - \omega_n(A_1 + A_2 t)e^{-\omega_n t}$$

であるから，初期条件より，

$$x(0) = A_1 = x_0, \qquad \dot{x}(0) = A_2 - \omega_n A_1 = v_0$$

となる．これから

$$A_1 = x_0, \qquad A_2 = \omega_n x_0 + v_0$$

と求まり，

$$x(t) = [x_0 + (\omega_n x_0 + v_0)t]e^{-\omega_n t} \tag{20.26}$$

と表される．

図20.3にいくつかの減衰係数比ζに対する減衰自由運動の様子を示す．減衰の程度によって運動の状況が異なるが，どの場合でも運動は時間tの経過とともに減衰することがわかる．なお，すべての場合において運動開始直後に一見振動的な動きがみられるが，これは正の初速度v_0を有しているため，時刻$t=0$において振幅が増大する方向に運動することによる．

ここで，$0 \leqq \zeta < 1$の場合の減衰振動について，

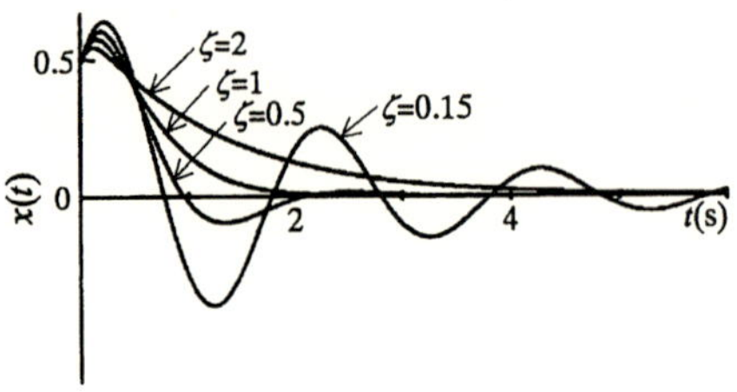

図 20.3 減衰運動($\omega_n = \pi$, $x_0 = 0.5$, $v_0 = 1.5$の場合)

さらに検討してみる．まず，減衰振動のピーク(極大値および極小値)とその出現周期を求めてみよう．振動がピーク値をとるのは，その時間微分(速度)が0になる時点である．そこで，式(20.24′)を時間tで微分すると，

$$\dot{x}(t) = Ce^{-\zeta\omega_n t}[-\zeta\omega_n \sin(qt + \phi) + q\cos(qt + \phi)] \tag{20.27}$$

となる．したがって，

$$\tan(qt + \phi) = \frac{q}{\zeta\omega_n} \tag{20.28}$$

のときに，$\dot{x}(t) = 0$となり，$x(t)$はピーク値をとる．ここで，tanはπを周期に持つ周期関数であり，極大値と極小値は交互に現れるので，ピークが現れる時間間隔はπ/qで，極大値(あるいは極小値)が現れる間隔は$2\pi/q$であることがわかる．たとえば，図20.4に示すように，時刻t_iで極大値$x(t_i)$をとったとすると，次の極大値をとる時刻t_{i+2}は，

$$t_{i+2} = t_i + \frac{2\pi}{q} \tag{20.29}$$

である．この関係から，

$$\sin(qt_{i+2} + \phi) = \sin\left[q\left(t_i + \frac{2\pi}{q}\right) + \phi\right] = \sin(qt_i + \phi) \tag{20.30}$$

の関係が成立するので，隣り合う極大値$x(t_i)$と$x(t_{i+2})$との比は

$$\frac{x(t_{i+2})}{x(t_i)} = \frac{Ce^{-\zeta\omega_n t_{i+2}}\sin(qt_{i+2} + \phi)}{Ce^{-\zeta\omega_n t_i}\sin(qt_i + \phi)} = \frac{e^{-\zeta\omega_n t_{i+2}}}{e^{-\zeta\omega_n t_i}} = \frac{e^{-\zeta\omega_n\left(t_i + \frac{2\pi}{q}\right)}}{e^{-\zeta\omega_n t_i}} = e^{-\zeta\omega_n\frac{2\pi}{q}} = e^{-\pi\frac{2\zeta}{\sqrt{1-\zeta^2}}} \tag{20.31}$$

となる．これから，極大値(あるいは極小値)は，等比級数的に一定の割合で減少していくことがわ

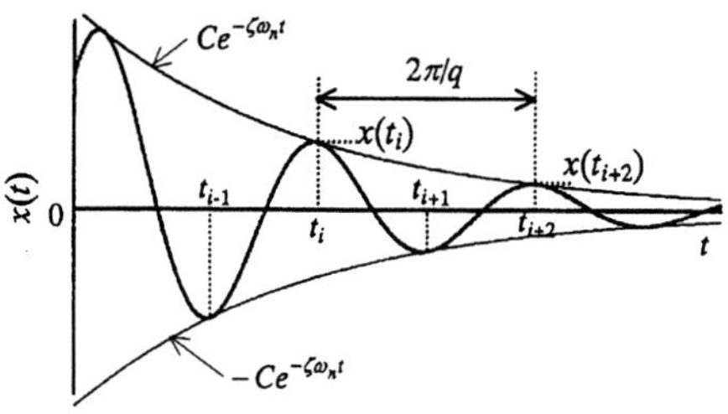

図 20.4　減衰振動と極値

かる．そして，その割合は減衰係数比 ζ のみで決まることもわかる．式(20.31)の対数をとると，

$$\log\frac{x(t_{i+2})}{x(t_i)}=-\pi\frac{2\zeta}{\sqrt{1-\zeta^2}} \qquad (20.32)$$

となり，実際に減衰自由振動を行わせて，極大値の振幅の比を測定することにより，減衰係数比 ζ，さらに減衰係数 c の値を推定できる．

なお，式(20.24′)で表される減衰振動は，振幅が小さくなっていくので，厳密な意味では周期運動ではないが，振動成分 $\sin(qt+\phi)$ の周期は $2\pi/q$ となる．そして，(非減衰) 固有角振動数 ω_n と区別して，$q=\omega_n\sqrt{1-\zeta^2}$ を減衰固有角振動数という．

音と振動

音は空気中を伝わる波動であり一種の振動現象である．振動数が大きいほど高い音であり，人間の耳には，通常 20 Hz～20 kHz の振動数の音が知覚される．それ以上の振動数の音を超音波，それ以下の振動数の音を超低周波音と呼んでいる．また，音は空気など気体のみならず，液体や固体中も伝播する．超低周波音は人間に聞こえないこともあって，騒音振動公害として社会問題になることもある．一方，超音波は，超音波を発射してその伝播の様子や反射の様子から途中の経路の状態を知る目的で広い分野で応用されている．たとえば，超音波探傷器は材料内部の欠陥を調べる非破壊検査に用いられ，超音波診断装置は医療用として体内の状態を検査するのに用いられる．また，魚群探知機は魚群の存在や種類の探知あるいは海底の形状を調べるのに用いられる．さらに，超音波を利用した各種の加工装置やアクチュエータ(超音波モータ)も開発されている．

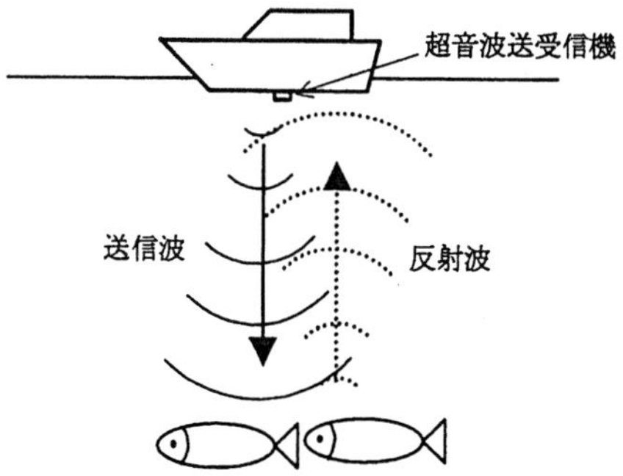

図 20.5　魚群探知機の原理

第21講
1自由度系の強制振動

本講では，対象としている系の外部から強制的な力や励振が作用する場合の強制振動・運動を考える．励振力として，系内の物体に励振力が直接作用する場合と，物体を支えている基礎部などが運動することによる励振の2通りが考えられる．基礎の運動による強制運動は，力が直接作用した場合と類似の性質を持つ．自動車が凹凸のある路面を走行するときに振動したり，あるいは，地震によって地面が震動し，建物が壊れたり大きな損傷を受けたりするのは，この場合に相当する．

21.1　力による励振における定常振動

まず物体に力が直接作用する場合を考えよう．図21.1において，19講および20講の場合と異なり，上方向を座標 x の正にとっていることに注意されたい．ばねの自然長を l として，物体 m は重力により Δl だけ縮んだ状態がつりあい位置になる．そして，物体の変位はこのつりあい位置を原点とし，上方に x 変位した状態を図に示している．この状態において，物体 m に作用するばねの復元力は $-k(x-\Delta l)$，粘性減衰器の減衰力は $-c\dot{x}$ であり，これに重力 $-mg$ および外力 $f(t)$ が加わるので，物体 m に作用する力の和 F_x は

$$F_x=-k(x-\Delta l)-c\dot{x}-mg+f(t) \quad (21.1)$$

となり，運動方程式は

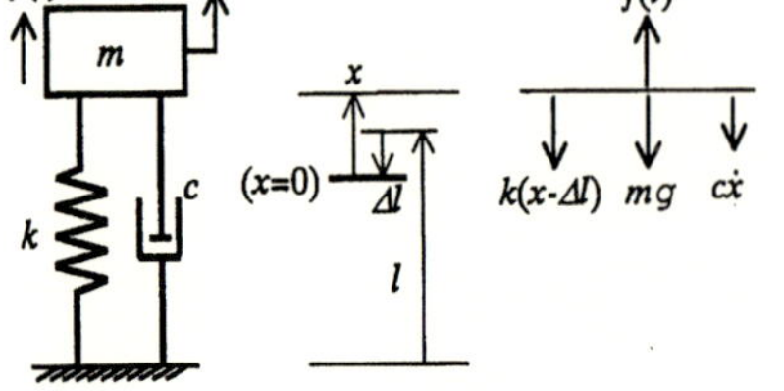

図 21.1　強制振動系

$$m\ddot{x}=-k(x-\Delta l)-c\dot{x}-mg+f(t) \quad (21.2)$$

となる．つりあい位置 $(x=0)$ において，ばねの復元力と重力がつりあっているので，$k\Delta l-mg=0$ の関係が成立する．これから，運動方程式は

$$m\ddot{x}+c\dot{x}+kx=f(t) \quad (21.3)$$

と表されることがわかる．この場合もつりあい位置を変位 x の原点にとっているため，運動方程式に重力 g の項は陽に現れない．

運動方程式(21.3)の解は，右辺の外力 $f(t)$ を0とおいた式(同次方程式)の一般解(自由振動解)と外力 $f(t)$ を考慮した非同次方程式の特解(強制振動解)を加え合わせたものになる．

減衰のある系では，20講でみたように自由振動解は時間とともに減衰する．また，強制振動解は，励振力が継続的に作用すれば定常振動となる．すなわち，時間が経過すれば，自由振動解は減衰し，強制振動解のみが残る．励振開始直後の時点においては自由振動解と強制振動解が混在し，この状態を過渡振動という．

ここで，励振力が振幅を f_0 とする調和関数

$$f(t)=f_0\cdot\sin\omega t \quad (21.4)$$

で与えられるとし，m, c, k を20講の式(20.6)の減衰係数比 ζ，(非減衰)固有角振動数 ω_n を用いて書き直すと運動方程式は

$$\ddot{x}+2\zeta\omega_n\dot{x}+\omega_n^2x=\frac{f_0}{m}\cdot\sin\omega t \quad (21.5)$$

となる．自由振動解は，式(21.5)で $f_0\equiv0$ とおいた，

$$\ddot{x}+2\zeta\omega_n\dot{x}+\omega_n^2x=0 \quad (21.6)$$

の解で，20講で求めたものとまったく同じであり，減衰係数比 ζ の値に応じて式(20.14′)，(20.19)，(20.22)で与えられる．また，強制振動解の求め方にはいくつかの方法がある．ここでは，励振力と同じ角振動数 ω を持つ次の調和振

動解を仮定する．

$$x(t)=C_1\sin\omega t+C_2\cos\omega t \qquad (21.7)$$

そして，式(21.7)を式(21.5)に代入しまとめると，

$$[(\omega_n{}^2-\omega^2)C_1-2\zeta\omega_n\omega C_2]\sin\omega t$$
$$+[(\omega_n{}^2-\omega^2)C_2+2\zeta\omega_n\omega C_1]\cos\omega t$$
$$=\frac{f_0}{m}\cdot\sin\omega t \qquad (21.8)$$

となる．この式が，時間 t によらず常に成立するためには，

$$(\omega_n{}^2-\omega^2)C_1-2\zeta\omega_n\omega C_2=\frac{f_0}{m}$$
$$(\omega_n{}^2-\omega^2)C_2+2\zeta\omega_n\omega C_1=0 \qquad (21.9)$$

でなければならない．これを C_1, C_2 に関する2元連立方程式として解くと，

$$C_1=\frac{f_0}{m}\cdot\frac{\omega_n{}^2-\omega^2}{(\omega_n{}^2-\omega^2)^2+(2\zeta\omega_n\omega)^2}$$
$$C_2=\frac{f_0}{m}\cdot\frac{-2\zeta\omega_n\omega}{(\omega_n{}^2-\omega^2)^2+(2\zeta\omega_n\omega)^2} \qquad (21.10)$$

となる．これを式(21.7)に代入し，定常振動解は，

$$x(t)=\frac{f_0}{m}\cdot\frac{(\omega_n{}^2-\omega^2)\sin\omega t-2\zeta\omega_n\omega\cos\omega t}{(\omega_n{}^2-\omega^2)^2+(2\zeta\omega_n\omega)^2}$$
$$=\frac{f_0}{k}M\sin(\omega t-\phi) \qquad (21.11)$$

と求まる．ここで，

$$M=\frac{1}{\sqrt{[1-(\omega/\omega_n)^2]^2+(2\zeta\omega/\omega_n)^2}} \qquad (21.12)$$

$$\tan\phi=\frac{2\zeta\omega_n\omega}{\omega_n{}^2-\omega^2}=\frac{2\zeta\omega/\omega_n}{1-(\omega/\omega_n)^2} \qquad (21.13)$$

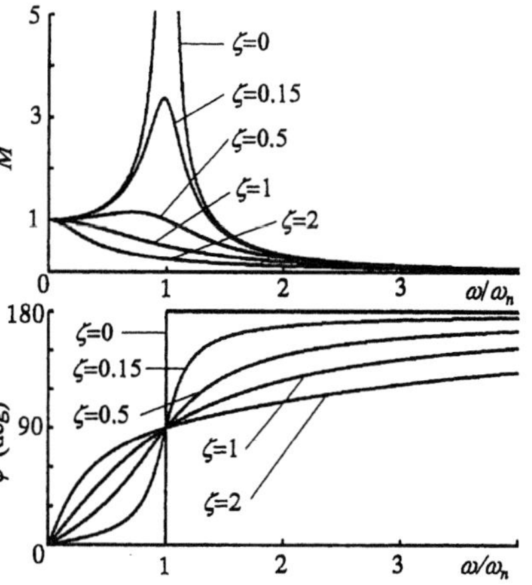

図 21.2　定常振動の振幅比，位相差

であり，f_0/k：力 f_0 による静的変位，M：振幅比，ϕ：位相差と呼ばれる．式(21.11)から定常振動解は，励振力 $f(t)$ と同じ角振動数 ω で位相が ϕ だけ遅れた調和振動であることがわかる．

振幅比 M，位相差 ϕ はともに励振角振動数 ω の関数であり，図21.2にいくつかの減衰係数比 ζ に対する振幅比 M と位相差 ϕ の様子を示す．

まず，$\omega/\omega_n\approx0$ のとき，すなわち，励振角振動数 ω が小さくて，ゆっくり励振されるときは，$M\approx1, \phi\approx0$ であり，物体はほぼ静的変位 f_0/k の振幅で，励振力との位相差なしで振動する．そして，減衰が大きくて $1/\sqrt{2}<\zeta$ の場合，励振角振動数 ω が大きくなると，振幅比 M は小さくなる．一方，減衰が小さくて $\zeta<1/\sqrt{2}$ の場合，振幅比 M は，$dM/d\omega=0$ となる $\omega/\omega_n=\sqrt{1-2\zeta^2}$ において極大値 $M_p=1/2\zeta\sqrt{1-\zeta^2}$ をとる．すなわち，共振現象が生じる．このときの角振動数 $\omega_p=\omega_n\sqrt{1-2\zeta^2}$ を共振角振動数という．特に，減衰のない $\zeta=0$ のときは，$\omega=\omega_n$ において振幅比 M は理論上無限大になる．したがって，減衰が小さい場合，励振角振動数 ω が系の固有角振動数 ω_n に近い値をとると，振幅が非常に大きくなることを示しており，機械の設計や運転をする場合に十分注意することが必要である．

また，位相差 ϕ の変化の様子は，減衰係数比 ζ によって異なるが，励振角振動数 ω が大きくなるにしたがい増大し，$\omega=\omega_n$ のとき $\phi=90°$，$\omega\to\infty$ で $\phi=180°$ となる．

21.2　変位による励振における強制振動

次に，基礎の変位による振動を考えよう．図21.3に示すように，基礎(ばねと減衰器の支持

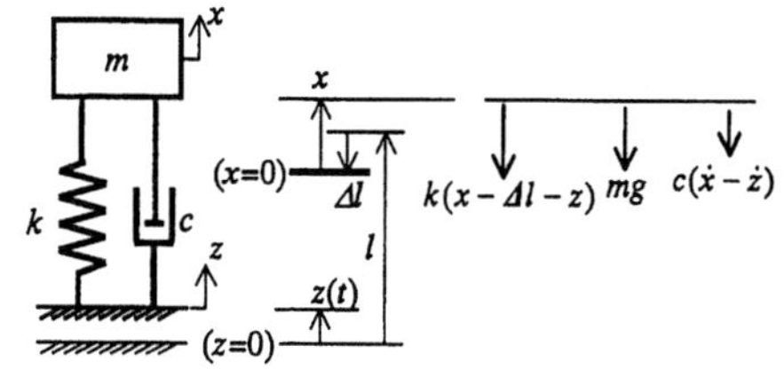

図 21.3　基礎の変位による強制振動系

部)が変位し，その変位量を$z(t)$とすると，ばねの変位(質量mと基礎との相対変位)は，$x-\Delta l-z$と表されるので，ばねの復元力は$-k(x-\Delta l-z)$となる．また，粘性減衰器両端における相対速度は$\dot{x}-\dot{z}$と表されるので，減衰力は$-c(\dot{x}-\dot{z})$となる．これに重力を加えて，質量mに作用する力の和F_xは

$$F_x=-k(x-\Delta l-z)-c(\dot{x}-\dot{z})-mg \tag{21.14}$$

と表され，運動方程式は，

$$m\ddot{x}=-k(x-\Delta l-z)-c(\dot{x}-\dot{z})-mg \tag{21.15}$$

となる．そして，重力とばねの復元力との間に$k\Delta l=mg$が成立し，運動方程式は次式で表される．

$$m\ddot{x}+c\dot{x}+kx=c\dot{z}+kz \tag{21.16}$$

さらに，式(20.6)のζ, ω_nを用いて

$$\ddot{x}+2\zeta\omega_n\dot{x}+\omega_n^2x=2\zeta\omega_n\dot{z}+\omega_n^2z \tag{21.17}$$

と書き直すことができる．

ここで，基礎が振幅をz_0とする調和振動

$$z(t)=z_0\sin\omega t \tag{21.18}$$

を行うと仮定すると

$$\begin{aligned}\ddot{x}+2\zeta\omega_n\dot{x}+\omega_n^2x&=z_0(2\zeta\omega_n\omega\cos\omega t+\omega_n^2\sin\omega t)\\&=z_0\omega_n^2\sqrt{1+(2\zeta\omega/\omega_n)^2}\sin(\omega t+\theta)\end{aligned} \tag{21.19}$$

$$\tan\theta=\frac{2\zeta\omega}{\omega_n}$$

となるから，式(21.5)との比較から，力による強制振動の解(21.11)において，

$$f_0/m\to z_0\omega_n^2\sqrt{1+(2\zeta\omega/\omega_n)^2},\quad \omega t\to\omega t+\theta$$

とおいたものと同じになる．したがって，解は

$$\begin{aligned}x(t)&=z_0\sqrt{1+(2\zeta\omega/\omega_n)^2}\,M\sin(\omega t+\theta-\phi)\\&=z_0\bar{M}\sin(\omega t-\bar{\theta})\end{aligned} \tag{21.20}$$

ただし，

$$\bar{M}=\frac{\sqrt{1+(2\zeta\omega/\omega_n)^2}}{\sqrt{[1-(\omega/\omega_n)^2]^2+(2\zeta\omega/\omega_n)^2}} \tag{21.21}$$

$$\begin{aligned}\tan\bar{\theta}=\tan(\phi-\theta)&=\frac{\tan\phi-\tan\theta}{1+\tan\theta\tan\phi}\\&=\frac{2\zeta(\omega/\omega_n)^3}{1-(\omega/\omega_n)^2+(2\zeta\omega/\omega_n)^2}\end{aligned} \tag{21.22}$$

となる．

この変位による励振の振幅比$\bar{M}$は，$\omega=0$のとき$\bar{M}=1$, $0<\omega<\sqrt{2}\,\omega_n$のとき$\bar{M}>1$, $\omega=\sqrt{2}\,\omega_n$のとき$\bar{M}=1$, $\omega>\sqrt{2}\omega_n$のとき$\bar{M}<1$となる．また，位相差$\bar{\theta}$は，ωの単調関数ではないが，$\omega=0$のとき$\phi=0°$, $\omega\to\infty$で$\phi=90°$となる．

21.3 過渡振動

ここでは，励振開始直後の過渡振動を扱ってみよう．過渡振動において対象とする励振入力はいくつか考えられるが，代表的なものにステップ入力とインパルス入力がある．

a. ステップ応答

図21.1に示す系で時間$t<0$において，つりあい位置で静止していた物体に，図21.4に示す階段状の入力(ステップ入力)が作用したときの応答(ステップ応答)を考える．

運動方程式は式(21.3)より

$$m\ddot{x}+c\dot{x}+kx=f(t)=f_0\quad(0\leqq t) \tag{21.23}$$

となる．式(20.6)のζ, ω_nを用いて表すと，

$$\ddot{x}+2\zeta\omega_n\dot{x}+\omega_n^2x=\frac{f_0}{m}\quad(0\leqq t) \tag{21.24}$$

また，$t<0$において，つりあい位置で静止していたので，初期条件は，$x(0)=0, \dot{x}(0)=0$である．

ここで，

$$x=y+\frac{f_0}{k} \tag{21.25}$$

とおくと，式(21.24)は，

$$\ddot{y}+2\zeta\omega_n\dot{y}+\omega_n^2y=0\qquad(0\leqq t) \tag{21.26}$$

と表される．これは，20講の式(20.7)において，xをyに置き換えた式であり，式(20.7)の解は，減衰係数比ζの値に応じて，式(20.23),

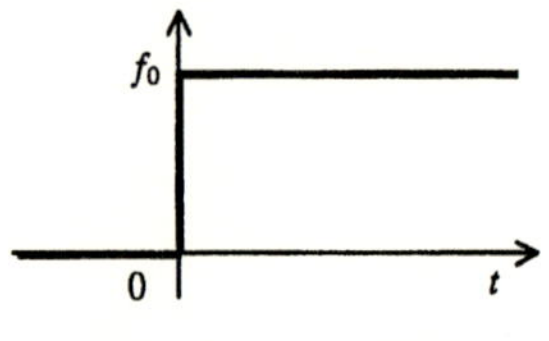

図 21.4 ステップ関数

(20.24), (20.26) で与えられる．そして，式(21.25) により初期条件 $x(0)=0,\ \dot{x}(0)=0$ が，$y(0)=-f_0/k,\ \dot{y}(0)=0$ と表されることに注意すると，式(21.24)の解として，ステップ応答は，

(1) $1<\zeta$ (過減衰) の場合

$$x(t)=\frac{f_0}{k}-\frac{f_0}{k}\left[\left(\frac{1}{2}-\frac{\zeta}{2\sqrt{\zeta^2-1}}\right)e^{-(\zeta+\sqrt{\zeta^2-1})\omega_n t}+\left(\frac{1}{2}+\frac{\zeta}{2\sqrt{\zeta^2-1}}\right)e^{-(\zeta-\sqrt{\zeta^2-1})\omega_n t}\right] \tag{21.27}$$

(2) $0\leqq\zeta<1$ (不足減衰) の場合

$$x(t)=\frac{f_0}{k}\left[1-e^{-\zeta\omega_n t}\left(\cos qt+\frac{\zeta\omega_n}{q}\sin qt\right)\right] \tag{21.28}$$

(3) $\zeta=1$ (臨界減衰) の場合

$$x(t)=\frac{f_0}{k}[1-(1+\omega_n t)e^{-\omega_n t}] \tag{21.29}$$

と求められる．

図 21.5 にいくつかの減衰係数比 ζ の値に対するステップ応答を示す．減衰がない $\zeta=0$ の場合を除き，時間 t の経過とともに，変位 x は力 f_0 による静的変位 f_0/k に収束していくことがわかる．また，減衰が小さい場合は，一度この f_0/k の値を行き過ぎてから減衰振動をして f_0/k の値に収束する．この収束値を行き過ぎる現象はオーバシュートと呼ばれる．

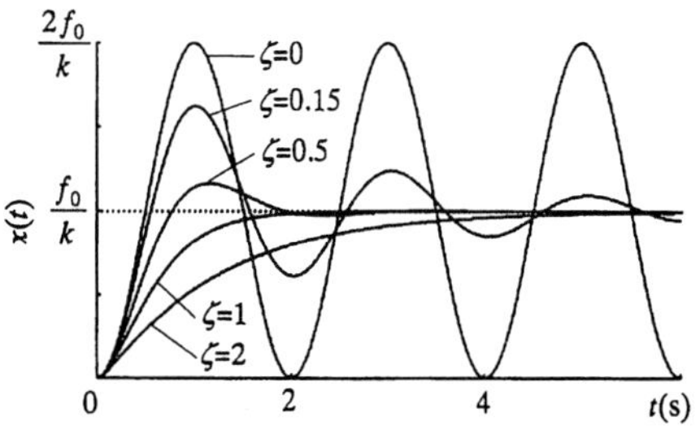

図 21.5　ステップ応答 ($\omega_n=\pi$ の場合)

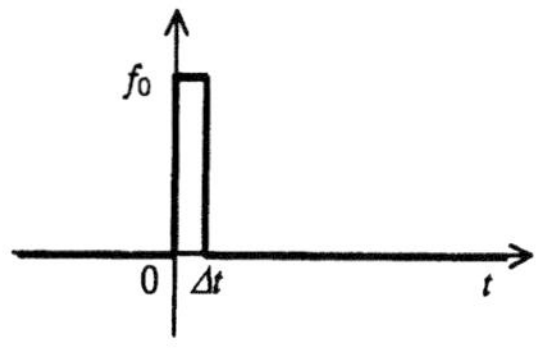

図 21.6　インパルス関数

b.　インパルス応答

入力 $f(t)$ として，図 21.6 に示すように，ごく短い時間間隔 Δt の間だけ，一定の大きさ f_0 を有する関数を考える．この入力は，短時間に衝撃的な力 (インパルス) が作用すると考えることができ，そのときの応答をインパルス応答と呼ぶ．

インパルス入力 f_0 は，作用時間 Δt は短いが非常に大きいとすると，インパルスの作用中は，図 21.1 の系においてばねの復元力，粘性減衰器の減衰力など，他の力の影響は小さいと考えられ，質量 m に作用する力 F_x は，

$$F_x\approx f(t)=f_0 \tag{21.30}$$

とみなすことができる．したがって，この間の運動方程式は，

$$m\ddot{x}=F_x\approx f_0 \quad (0\leqq t\leqq\Delta t) \tag{21.31}$$

となる．これをインパルスの作用時間 $(0\leqq t\leqq\Delta t)$ の間で積分すると，

$$\int_0^{\Delta t} m\ddot{x}dt=\int_0^{\Delta t} f_0 dt \tag{21.32}$$

より，$[m\dot{x}]_0^{\Delta t}=[f_0 t]_0^{\Delta t}$ から，

$$m[\dot{x}(\Delta t)-\dot{x}(0)]=f_0\Delta t\equiv P \tag{21.33}$$

となる．ここで，右辺の $P=f_0\Delta t$ は，入力 f_0 と作用時間 Δt との積で，力積と呼ばれる．また，左辺は，インパルスの入力直前と直後の運動量の変化分である．そして，$\Delta t\to 0$ とし，入力直前と直後の速度をそれぞれ $\dot{x}(0)=\dot{x}(0-),\ \dot{x}(\Delta t)=\dot{x}(0+)$ とおくと，式(21.33)より

$$\dot{x}(0+)=\dot{x}(0-)+\frac{P}{m} \tag{21.34}$$

となり，インパルス入力により，速度が急激に変化することがわかる．このとき，位置は $x(0+)=x(0-)$ で，変化しないと考えられる．そして，インパルスの入力直前に質量 m がつりあい位置で静止していた場合は $x(0-)=0,\ \dot{x}(0-)=0$ であり，インパルス応答は，初期変位 $x_0=x(0+)=0$ および初速度 $v_0=\dot{x}(0+)=P/m$ を与えた自由振動と同じになる．したがって，20 講の式(20.23), (20.24), (20.26) より，インパルス応答は，

(1) $1<\zeta$ (過減衰) の場合

$$x(t)=\frac{P}{m\omega_n\sqrt{\zeta^2-1}}\cdot\frac{e^{-(\zeta-\sqrt{\zeta^2-1})\omega_n t}-e^{-(\zeta+\sqrt{\zeta^2-1})\omega_n t}}{2} \tag{21.35}$$

(2)　$0\leqq\zeta<1$（不足減衰）の場合

$$x(t)=\frac{P}{mq}e^{-\zeta\omega_n t}\sin qt \tag{21.36}$$

(3)　$\zeta=1$（臨界減衰）の場合

$$x(t)=\frac{P}{m}te^{-\omega_n t} \tag{21.37}$$

となる．

図 21.7 にいくつかの減衰係数比 ζ の値に対するインパルス応答を示す．$\zeta=0$ の場合を除き，時間の経過とともに，変位 x はつりあい位置（$x=0$）に収束していくことがわかる．また，同一の初速度 $v_0=P/m$ を与えているが，減衰係数比 ζ が大きいほど，最大変位量が小さくなることがわかる．

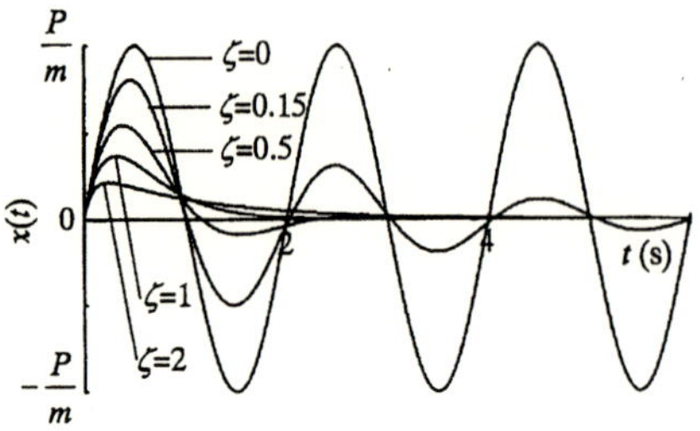

図 21.7　インパルス応答（$\omega_n=\pi$ の場合）

サイズモ式振動計

一般に物体の振動を測定するには，基準となる固定点からの相対変位を測定すればよいが，走行中の自動車などの振動や地震発生時に地面の揺れを測定するときは，適当な固定点がなくこの方法は使えない．そこで，このような場合は，質量-ばね-減衰器で構成される振動系を測定対象である自動車などの振動体に取り付け，振動系の質量と振動体との相対変位を測定し，振動体の振動を推測する方法が用いられる．すなわち，振動系が内部に収納されたケースを自動車に取り付けると，自動車の振動に応じてケース内で質量が振動する．このときのケースに対する質量の変位を検出・記録する．このタイプの振動計をサイズモ式振動計と呼んでいる．振動系の質量，ばね定数，減衰係数を適当に調整することにより振動体の加速度，速度，変位などが測定でき，機械の振動計測や地震計などとして広く応用されている．

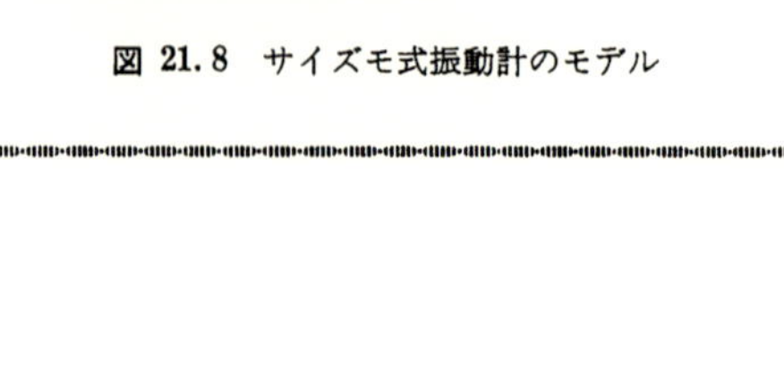

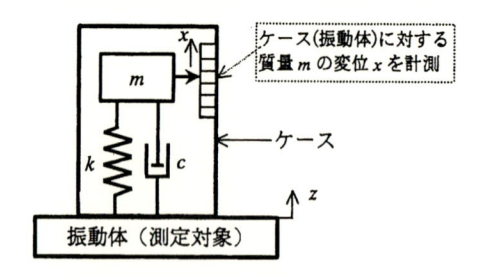

図 21.8　サイズモ式振動計のモデル

第22講

2自由度系の振動

19講～21講で述べた1自由度系においては，1個の変数(座標)を用いて運動(振動)が表現できるが，系が複雑になると，複数の変数が必要になる．n 個の変数を必要とする系を n 自由度系といい，自由度が多くなるほど解析は複雑になる．本講では，多自由度系の中で基本となる2自由度系の振動について述べる．

22.1　2自由度系の運動方程式

ここでは，図22.1に示す2個の質量とばねおよび粘性減衰器で構成される系の上下方向の運動を考えよう．2個の質量 m_1 と m_2 があり，これらの位置を表すのに2個の変数 x_1 と x_2 が必要であり，2自由度系と呼ばれる．自由度が多くなると，運動方程式の導出には，ラグランジュの式が用いられることが多いが，ここでは，前講までと同様にニュートンの式から導く．

1自由度系では，座標(変位)の原点をつりあい位置にとると，重力の影響は運動方程式に陽には現れなかった．このことは，2自由度以上の系でも成り立つ．したがって，図22.1において，変位 x_1 と x_2 はそれぞれ質量 m_1 と m_2 のつりあい位置を原点にとったものとすると，重力を陽に考慮する必要はなくなる．

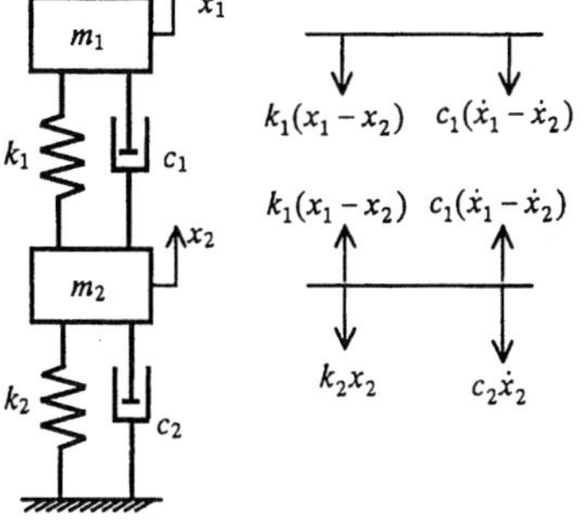

図 22.1　2自由度振動系

運動方程式を導くにあたって質量が複数個ある場合でも，各質量に作用する力を求め，式(19.10)を適用すればよい．まず，上部質量 m_1 について考える．m_1 に作用する力は，ばね k_1 の復元力と粘性減衰器 c_1 の減衰力であり，ばね k_1 はつりあい状態 $(x_1=x_2=0)$ から m_1 と m_2 の相対変位 (x_1-x_2) だけ伸びたと考えられるので，復元力は $-k_1(x_1-x_2)$ と表される．また，減衰力は，m_1 と m_2 の相対速度 $(\dot{x}_1-\dot{x}_2)$ に比例し $-c(\dot{x}_1-\dot{x}_2)$ である．したがって，上部質量 m_1 に作用する力 F_{x1} は，

$$F_{x1}=-k_1(x_1-x_2)-c_1(\dot{x}_1-\dot{x}_2) \quad (22.1)$$

となり，運動方程式は次式で表される．

$$m_1\ddot{x}_1=-k_1(x_1-x_2)-c_1(\dot{x}_1-\dot{x}_2) \quad (22.2)$$

また，下部質量 m_2 については，ばね k_1 により復元力 $-k_1(x_2-x_1)$ が作用し，ばね k_2 により復元力 $-k_2x_2$ が作用する．そして粘性減衰器 c_1 および c_2 により，それぞれ減衰力 $-c_1(\dot{x}_2-\dot{x}_1)$ および $-c_2\dot{x}_2$ が作用するので，m_2 に作用する力 F_{x2} は，

$$F_{x2}=-k_1(x_2-x_1)-k_2x_2-c_1(\dot{x}_2-\dot{x}_1)-c_2\dot{x}_2 \quad (22.3)$$

となり，運動方程式は，次式で表される．

$$m_2\ddot{x}_2=-k_1(x_2-x_1)-k_2x_2-c_1(\dot{x}_2-\dot{x}_1)-c_2\dot{x}_2 \quad (22.4)$$

なお，ばね k_1 が m_1 および m_2 に作用する復元力は作用反作用の関係にあり，大きさが同じで方向が反対である．このことは，粘性減衰器 c_1 の減衰力に関しても同様のことがいえる．

式(22.2)，(22.4)を整理して，運動方程式は

$$m_1\ddot{x}_1+c_1\dot{x}_1-c_1\dot{x}_2+k_1x_1-k_1x_2=0$$
$$m_2\ddot{x}_2-c_1\dot{x}_1+(c_1+c_2)\dot{x}_2-k_1x_1+(k_1+k_2)x_2=0 \quad (22.5)$$

のように，2元連立微分方程式で表される．一般

に，n 自由度系の場合は，n 元連立微分方程式となる．

22.2　粘性減衰のない 2 自由度系の自由振動

式 (22.5) を解くには，1 自由度系の場合と同様な方法が適用できるが，式 (22.5) が連立方程式であるため，個々に独立な式として扱うことはできず，各式を同時に満たす解を求める必要がある．

そして，粘性減衰がある場合は解析が少し複雑になる．そこで，ここでは粘性減衰がないものと仮定し，式 (22.5) で $c_1=c_2=0$ とおいた次の運動方程式を取り扱うことにする．

$$\begin{aligned} &m_1\ddot{x}_1+k_1x_1-k_1x_2=0 \\ &m_2\ddot{x}_2-k_1x_1+(k_1+k_2)x_2=0 \end{aligned} \qquad (22.6)$$

式 (22.6) は，速度項 $\dot{x}_1, \dot{x}_2$ を含まないので，解として，次の調和振動

$$\begin{aligned} &x_1=A\sin(\omega t+\phi) \\ &x_2=B\sin(\omega t+\phi) \end{aligned} \qquad (22.7)$$

を仮定する．これを時間 t で微分して

$$\begin{aligned} &\dot{x}_1=\omega A\cos(\omega t+\phi) \\ &\dot{x}_2=\omega B\cos(\omega t+\phi) \\ &\ddot{x}_1=-\omega^2A\sin(\omega t+\phi) \\ &\ddot{x}_2=-\omega^2B\sin(\omega t+\phi) \end{aligned} \qquad (22.8)$$

となるので，これらを式 (22.6) に代入してまとめると，

$$\begin{aligned} &[(k_1-m_1\omega^2)A-k_1B]\sin(\omega t+\phi)=0 \\ &[-k_1A+(k_1+k_2-m_2\omega^2)B]\sin(\omega t+\phi)=0 \end{aligned} \qquad (22.9)$$

となる．そして，式 (22.9) が時間 t によらず常に成立しなければならないから，

$$\begin{aligned} &(k_1-m_1\omega^2)A-k_1B=0 \\ &-k_1A+(k_1+k_2-m_2\omega^2)B=0 \end{aligned} \qquad (22.10)$$

これから B を消去して

$$[(k_1+k_2-m_2\omega^2)(k_1-m_1\omega^2)-k_1^2]A=0 \qquad (22.11)$$

となる．ここで，$(k_1+k_2-m_2\omega^2)(k_1-m_1\omega^2)-k_1^2\neq 0$ の場合は，$A=0$．さらに式 (22.10) より，$B=0$ となる．そしてこのときは，式 (22.7) より，質量 m_1 と m_2 がともにつりあい位置で静止している状態である．したがって，質量 m_1 と m_2 が運動するのは，$A=B=0$ 以外の場合であり，そのためには

$$(k_1+k_2-m_2\omega^2)(k_1-m_1\omega^2)-k_1^2=0 \qquad (22.12)$$

が成立しなければならない．この式 (22.12) は ω の関数であり，これを解けば，運動の角振動数が求まる．すなわち，式 (22.12) はこの振動系の固有角振動数を定める式であり，1 自由度系の場合と同様に振動数方程式と呼ばれる．式 (22.12) を変形すると

$$(\omega^2)^2-\left(\frac{k_1+k_2}{m_2}+\frac{k_1}{m_1}\right)\omega^2+\frac{k_1k_2}{m_1m_2}=0 \qquad (22.13)$$

となり，ω^2 の 2 次式である．これを解いて，

$$\omega^2=\frac{k_1+k_2}{2m_2}+\frac{k_1}{2m_1} \pm\frac{1}{2}\sqrt{\left(\frac{k_1+k_2}{m_2}+\frac{k_1}{m_1}\right)^2-4\frac{k_1k_2}{m_1m_2}} \qquad (22.14)$$

のように，2 つの解が得られる．そして，ω^2 は正の実数であることも確かめられる．したがって，2 個の正の ω が求まる．それを小さい順に $\omega_1, \omega_2 (0<\omega_1<\omega_2)$ として，ω_1 を 1 次，ω_2 を 2 次の固有角振動数という．式 (22.14) において，根号の前の複号 ± は，− の場合が ω_1 に，+ の場合が ω_2 に対応する．一般に，固有角振動数は自由度の数だけある．

そして，i 次の固有角振動数 ω_i による振動を i 次の規準振動と呼ぶ．したがって，1 次の規準振動は，

$$\begin{aligned} &x_1^{(1)}=A_1\sin(\omega_1t+\phi_1) \\ &x_2^{(1)}=B_1\sin(\omega_1t+\phi_1) \end{aligned} \qquad (22.15)$$

と表され，2 次の規準振動は

$$\begin{aligned} &x_1^{(2)}=A_2\sin(\omega_2t+\phi_2) \\ &x_2^{(2)}=B_2\sin(\omega_2t+\phi_2) \end{aligned} \qquad (22.16)$$

と表される．

ここで，式 (22.10) より，i 次の規準振動の振幅 $A_i, B_i\ (i=1,2)$ について

$$\begin{aligned} &(k_1-m_1\omega_i^2)A_i-k_1B_i=0 \\ &-k_1A_i+(k_1+k_2-m_2\omega_i^2)B_i=0 \end{aligned} \qquad (22.17)$$

の関係が成立するので，i 次の規準振動の振幅比 $\gamma_i=B_i/A_i$ は

$$\gamma_i = \frac{B_i}{A_i} = \frac{k_1 - m_1\omega_i^2}{k_1} = \frac{k_1}{k_1 + k_2 - m_2\omega_i^2} \tag{22.18}$$

となる．そして，式(22.13)の解と係数の関係から

$$\omega_1^2\omega_2^2 = \frac{k_1k_2}{m_1m_2}, \qquad \omega_1^2 + \omega_2^2 = \frac{k_1 + k_2}{m_2} + \frac{k_1}{m_1} \tag{22.19}$$

が成立するので，

$$\gamma_1\gamma_2 = \frac{k_1 - m_1\omega_1^2}{k_1}\frac{k_1 - m_1\omega_2^2}{k_1}$$
$$= \frac{m_1^2\omega_1^2\omega_2^2 - k_1m_1(\omega_1^2 + \omega_2^2) + k_1^2}{k_1^2}$$
$$= -\frac{m_1}{m_2} < 0 \tag{22.20}$$

また，$\omega_2 > \omega_1 > 0$ より $\omega_2^2 - \omega_1^2 > 0$ であるので，

$$\gamma_1 - \gamma_2 = \frac{k_1 - m_1\omega_1^2}{k_1} - \frac{k_1 - m_1\omega_2^2}{k_1}$$
$$= \frac{m_1}{k_1}(\omega_2^2 - \omega_1^2) > 0 \tag{22.21}$$

となる．したがって，式(22.20)，(22.21)より

$$\gamma_1 > 0 > \gamma_2 \tag{22.22}$$

である．ここで，$\gamma_1 = B_1/A_1 > 0$ は，1次の規準振動においては，質量 m_1 と m_2 が同方向に振動することを示している．すなわち，m_1 が上方に動くときは m_2 も上方に動き，m_1 が下方に動くときは，m_2 も下方に動く．また，$0 > \gamma_2 = B_2/A_2$ は，2次の規準振動においては，質量 m_1 と m_2 が互いに逆方向に振動することを示している．

したがって，規準振動は，対応する固有角振動数 ω_i によって振動の形が定まり，これを規準振動モードあるいは固有振動モードと呼ぶ．2自由度系では，規準振動モードは，図22.2に示すようになる．

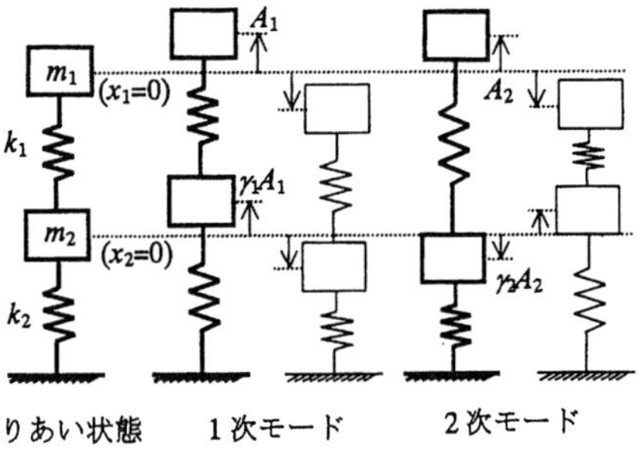

図 22.2 規準振動モード

2自由度系の自由振動の一般解は，規準振動の重ね合わせ（線形結合），すなわち，式(22.15)と(22.16)の和で表される．これに，振幅比 $\gamma_i = B_i/A_i$ の関係を用いて，一般解は次式で与えられる．

$$x_1(t) = A_1\sin(\omega_1 t + \phi_1) + A_2\sin(\omega_2 t + \phi_2)$$
$$x_2(t) = \gamma_1 A_1\sin(\omega_1 t + \phi_1) + \gamma_2 A_2\sin(\omega_2 t + \phi_2) \tag{22.23}$$

ここで，4個の定数 A_1, A_2, ϕ_1, ϕ_2 は，初期条件：$x_1(0), x_2(0), \dot{x}_1(0), \dot{x}_2(0)$ より定まる．なお，振幅比 γ_1, γ_2 は，初期条件によらず，式(22.18)から決まる．

【例題】 図22.1に示す2自由度系において，$c_1 = c_2 = 0$，$m_2 = 4m_1$，$k_2 = 3k_1$ としたとき，固有角振動数 ω_i，振幅比 $\gamma_i\ (i=1, 2)$ を求めよ．

解答 式(22.14)より，

$$\omega^2 = \frac{k_1}{m_1} \pm \frac{1}{2}\sqrt{\left(\frac{k_1}{m_1}\right)^2} = \left(1 \pm \frac{1}{2}\right)\frac{k_1}{m_1}$$

となるので，

$$\omega_1^2 = \frac{1}{2}\frac{k_1}{m_1}, \qquad \omega_2^2 = \frac{3}{2}\frac{k_1}{m_1}$$

より，$\Omega = \sqrt{k_1/m_1}$ とおくと固有角振動数は

$$\omega_1 = \frac{\sqrt{2}}{2}\Omega, \qquad \omega_2 = \frac{\sqrt{6}}{2}\Omega \tag{22.24}$$

そして，式(22.18)より，振幅比は

$$\gamma_1 = \frac{k_1 - m_1\omega_1^2}{k_1} = \frac{1}{2}, \qquad \gamma_2 = \frac{k_1 - m_1\omega_2^2}{k_1} = -\frac{1}{2} \tag{22.25}$$

22.3 2自由度系の強制振動

2自由度系の強制振動は，励振の作用のしかた，作用箇所などさまざまなタイプが考えられる．

図22.3に示す系において，1)はばね k_2 で支持された質量 m_2 に励振力 $f(t)$ が作用する1自由度系に，防振の目的で比較的小さな質量 m_1，ばね k_1，粘性減衰器 c_1 からなる1自由度系を取り付けた装置をモデル化したものである．また，2)は基礎が振動する場合で，これは自動車が凹凸のある路面を走行する場合の車体の上下振動を簡単にモデル化したものとみなすこともできる．この場合，質量 m_1 が車体で m_2 が車輪，ばね k_1 およ

び粘性減衰器 c_1 がサスペンション，ばね k_2 がタイヤに相当し，路面凹凸の変位は z で表される．

運動方程式は，これまでと同様に質量 m_1 および m_2 に作用する力を考えて導く．質量 m_1 に作用する力 F_{x1} は，1) の場合も 2) の場合も式 (22.1) と同じである．また，質量 m_2 に作用する力 F_{x2} は，1) の場合は，

$$F_{x2}=-k_1(x_2-x_1)-k_2x_2-c_1(\dot{x}_2-\dot{x}_1)+f(t) \tag{22.26}$$

2) の場合は

$$F_{x2}=-k_1(x_2-x_1)-k_2(x_2-z)-c_1(\dot{x}_2-\dot{x}_1) \tag{22.27}$$

と表されるので，1) の質量 m_2 に励振力 $f(t)$ が作用する場合の運動方程式は

$$\begin{aligned} m_1\ddot{x}_1&=-k_1(x_1-x_2)-c_1(\dot{x}_1-\dot{x}_2)\\ m_2\ddot{x}_2&=-k_1(x_2-x_1)-k_2x_2-c_1(\dot{x}_2-\dot{x}_1)+f(t) \end{aligned} \tag{22.28}$$

となる．そして，2) の基礎 z が変位する場合の運動方程式は

$$\begin{aligned} m_1\ddot{x}_1&=-k_1(x_1-x_2)-c_1(\dot{x}_1-\dot{x}_2)\\ m_2\ddot{x}_2&=-k_1(x_2-x_1)-k_2(x_2-z)-c_1(\dot{x}_2-\dot{x}_1) \end{aligned} \tag{22.29}$$

と表される．これから，$f(t)$ を $k_2z(t)$ とおけば，両者は同じ運動方程式で表されることがわかる．

ここでは，1) 質量 m_2 に励振力 $f(t)$ が作用する場合について，励振力が $f(t)=f_0\sin\omega t$ と表される調和振動を行うと仮定して解 (応答) を求めてみよう．ただし，粘性減衰が作用すると，解析が複雑になるので，簡単のために，粘性減衰器なしと仮定する．運動方程式は式 (22.28) で，$c_1=0$ とおいて次式で表される．

$$\begin{aligned} m_1\ddot{x}_1+k_1x_1-k_1x_2&=0\\ m_2\ddot{x}_2-k_1x_1+(k_1+k_2)x_2&=f_0\sin\omega t \end{aligned} \tag{22.30}$$

この式 (22.30) の解は，1 自由度系と同様に，外力 $f(t)$ を 0 とおいた式 (同次方程式) の一般解 (自由振動解) と外力 $f(t)$ を考慮した非同次方程式の特解 (強制振動解) を加え合わせたものになる．外力 $f(t)$ を 0 とした同次方程式は，式 (22.6) と同じになるので，自由振動解は，式 (22.23) で与えられる．また，強制振動解 (定常応答) は，1 自由度系の場合と同様に，励振力と同じ角振動数 ω を持つ次の調和振動解を仮定する．

$$\begin{aligned} x_1(t)&=A_1\sin\omega t\\ x_2(t)&=A_2\sin\omega t \end{aligned} \tag{22.31}$$

これを，運動方程式 (22.30) に代入しまとめると，

$$\begin{aligned} (k_1-m_1\omega^2)A_1-k_1A_2&=0\\ -k_1A_1+(k_1+k_2-m_2\omega^2)A_2&=f_0 \end{aligned} \tag{22.32}$$

となる．これを A_1, A_2 について解いて，

$$\begin{aligned} A_1&=\frac{f_0}{k_2}\frac{k_1k_2}{(k_1+k_2-m_2\omega^2)(k_1-m_1\omega^2)-k_1^2}\\ A_2&=\frac{f_0}{k_2}\frac{(k_1-m_1\omega^2)k_2}{(k_1+k_2-m_2\omega^2)(k_1-m_1\omega^2)-k_1^2} \end{aligned} \tag{22.33}$$

と求まる．

ここで，A_1, A_2 の分母は同一であり，これを 0 とおいた式

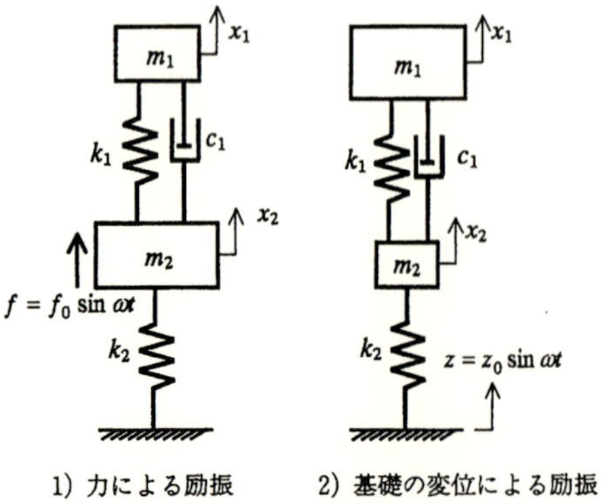

図 22.3 2 自由度系の強制振動

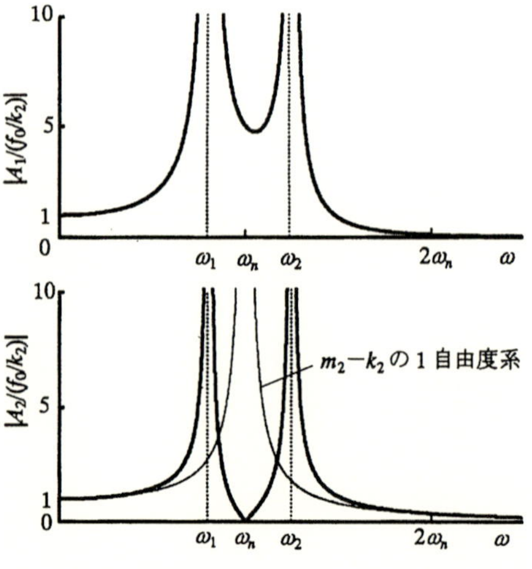

図 22.4 強制振動の振幅 ($k_2/m_2=k_1/m_1=200$, $m_2/m_1=5$)

$$(k_1+k_2-m_2\omega^2)(k_1-m_1\omega^2)-k_1^2=0 \quad (22.34)$$

は，この系の振動数方程式(22.12)と同じである．これは，1自由度系の場合と同様に，励振角振動数 ω が系の固有角振動数 ω_1, ω_2 に近い値をとるとき，質量 m_1, m_2 の振幅は大きくなることを示している．

図22.4に，励振角振動数 ω に対する質量 m_1, m_2 の振幅比 $|A_1/(f_0/k_2)|$, $|A_2/(f_0/k_2)|$ の概略を示す．なお，m_2 に関する振幅比において，細線で示したのは，質量 m_1，ばね k_1 が取り付けられていない，ばね k_2 で支持された質量 m_2 のみから構成される1自由度系の振幅比である．

この図から，励振角振動数 ω が2個の固有角振動数 ω_1, ω_2 に近くなると，質量 m_1, m_2 ともに応答振幅が大きくなり，共振現象を示すことがわかる．

また，質量 m_2 とばね k_2 のみの1自由度系では，励振角振動数 ω がその1自由度系の固有角振動数 ω_n に近くなると，共振現象を生じるが，この1自由度系に，質量 m_1，ばね k_1 を図22.3のように取り付けて2自由度系にすることによって，励振角振動数 ω が ω_n の近傍で，質量 m_2 の振幅が抑制されること，すなわち，防振効果があることがわかる．このような防振システムを動吸振器といい，さまざまなタイプ・特性のものがあり，目的に応じて用いられる．

ただし，図22.4からわかるように，励振角振動数 ω が ω_n の近傍では防振効果があるが，その両側の ω_1 と ω_2 の近傍では逆に共振現象がみられる．したがって，この動吸振器は，特定の励振角振動数では効果的だが，それ以外の角振動数領域では逆効果になる可能性があり，注意が必要である．

振動絶縁

一般に，機械装置の高速化・高機能化を図る上で，また日常生活の快適さを維持・向上させる上でも，振動現象の抑制が大きな課題となることが多い．機械装置の運転に伴って発生する振動が基礎から外部に伝達されるのを低減したり，逆に外部の振動源からの振動が機械装置に伝達されるのを防止することを振動絶縁といい，そのための装置を振動絶縁装置という．対象や目的に応じてさまざまな振動絶縁装置が開発されており，制振装置，除振装置，動吸振器，免振装置などと呼ばれている．身近な例では，自動車のサスペンションもその一種で，路面からの振動を吸収し乗心地および安定性の向上を図るものである．最近では，コンピュータを利用した振動制御技術が開発され，モータなどのアクチュエータを備えて積極的に制御力を加えることにより飛躍的な性能向上を図るアクティブ制御技術が応用され，目的に応じてさまざまな制御理論が適用されている．

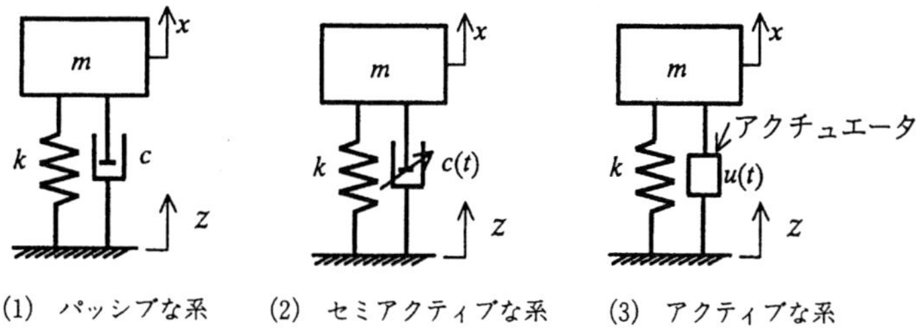

(1) パッシブな系　(2) セミアクティブな系（減衰係数が可変）　(3) アクティブな系（アクチュエータで制御）

図 22.5 振動絶縁装置の例

第23講
連続体の振動

22講までは，大きさを持たない質点，大きさはあっても変形しない剛体，変形はするが質量がないばねを扱ってきた．しかし，実際の装置は質量が分布した弾性体であり，その運動が問題となる場合は多い．そのため本講では，弦の振動を例に，2自由度系の運動を多自由度系にそのまま適用できること，連続関数を用いることで連続体の運動へも容易に発展できることを示す．

23.1　弦の1自由度モデル

図23.1に示す張力 T で張られた弦の運動について考える．弦の質量は一様に分布し，その線密度を ρ，長さを l とする．このように質量が分布した系を分布質量系または連続体という．はじめに図23.2に示すように弦の質量 $m=\rho l$ が中央に集中していると仮定した系を考える．この系は1つの質量の上下運動のみを考えればよいので1自由度系である．質量の変位を y，角度を θ とする．運動方程式は次式で与えられる．

$$m\ddot{y}+2T\sin\theta=0 \tag{23.1}$$

ここで，y が微小な場合は弦の伸びの張力への影響は小さく，張力一定と仮定できる．また，角度 θ も小さいので，

$$\sin\theta\approx\tan\theta=\frac{y}{l/2} \tag{23.2}$$

と近似でき，式(23.1)は次式となる．

$$\ddot{y}+\frac{4T}{\rho l^2}y=\ddot{y}+\omega_n{}^2y=0 \tag{23.3}$$

したがって，19講で述べたように固有角振動数は $\omega_n=\dfrac{2}{l}\sqrt{T/\rho}$ となり，弦の長さ，張力，線密度で決定される．

図 23.1　張力 T で張られた弦

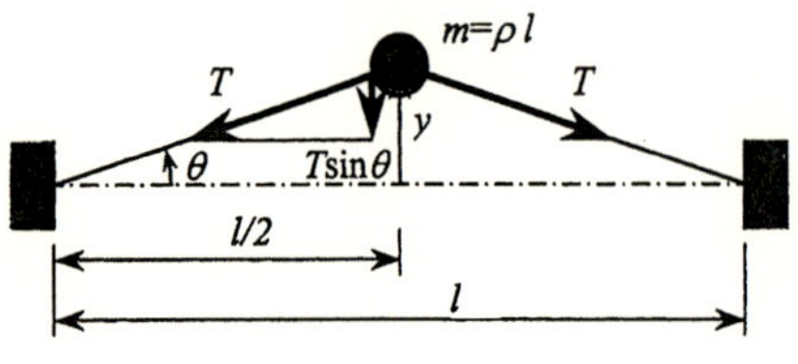

図 23.2　弦の1自由度モデル

23.2　弦の2自由度モデル

次に，図23.3に示すように2つの質量 m_1 と m_2 に分割することを考える．それぞれの変位を y_1 と y_2 とすると，運動方程式は次式となる．

$$\begin{aligned} m_1\ddot{y}_1+T\sin\theta_1-T\sin\theta_2=0 \\ m_2\ddot{y}_2+T\sin\theta_2-T\sin\theta_3=0 \end{aligned} \tag{23.4}$$

ここで，微小変位の場合には，

$$\begin{aligned} \sin\theta_1&\approx\tan\theta_1=\frac{y_1-0}{l_1} \\ \sin\theta_2&\approx\tan\theta_2=\frac{y_2-y_1}{l_2} \\ \sin\theta_3&\approx\tan\theta_3=\frac{0-y_2}{l_1} \end{aligned} \tag{23.5}$$

で近似される．なお，角度 θ_3 は弦の右端が水平線上にある場合には $y_2>0$ のとき負となるが，式(23.5)のように左に対する右の変位の差で角度を定義すれば符号を意識しなくてよい．

式(23.5)を式(23.4)に代入し，$k_1=T/l_1$, $k_2=T/l_2$, $k_3=T/l_3$ とおいて整理すると，

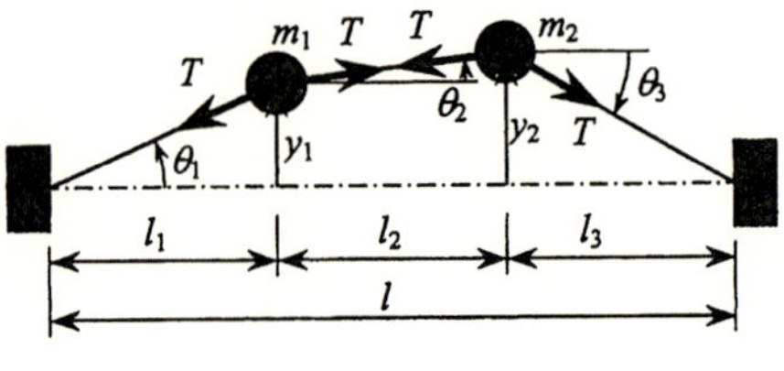

図 23.3　弦の2自由度モデル

$$m_1\ddot{y}_1+k_1y_1-k_2(y_2-y_1)=0$$
$$m_2\ddot{y}_2+k_2(y_2-y_1)-k_3(-y_2)=0 \qquad (23.6)$$

を得る．式(23.6)は，演習問題24と一致する．また，式(23.6)は次式のように行列の形で表すことができ，行列とベクトルであることを除けば，1自由度系の運動方程式(19.14)と同じである．

$$\begin{bmatrix} m_1 & 0 \\ 0 & m_2 \end{bmatrix}\begin{Bmatrix} \ddot{y}_1 \\ \ddot{y}_2 \end{Bmatrix}+\begin{bmatrix} k_1+k_2 & -k_2 \\ -k_2 & k_2+k_3 \end{bmatrix}\begin{Bmatrix} y_1 \\ y_2 \end{Bmatrix}=\begin{Bmatrix} 0 \\ 0 \end{Bmatrix}$$
$$\boldsymbol{M}\quad \ddot{\boldsymbol{y}} \quad + \quad \boldsymbol{K} \quad \boldsymbol{y} \; = \; \boldsymbol{0} \qquad (23.7)$$

ここで，$\boldsymbol{M}$を質量行列，$\boldsymbol{K}$を剛性行列という．

次に，1自由度系の解法と同様に

$$\boldsymbol{y}=\begin{Bmatrix} y_1 \\ y_2 \end{Bmatrix}=\begin{Bmatrix} A_1 \\ A_2 \end{Bmatrix}e^{i\omega t}=\boldsymbol{A}e^{i\omega t} \qquad (23.8)$$

とおくと，$\dot{\boldsymbol{y}}=i\omega\boldsymbol{y}$，$\ddot{\boldsymbol{y}}=(i\omega)^2\boldsymbol{y}=-\omega^2\boldsymbol{y}$であるので，式(23.7)は，

$$(-\omega^2\boldsymbol{M}+\boldsymbol{K})\begin{Bmatrix} A_1 \\ A_2 \end{Bmatrix}e^{i\omega t}=0 \qquad (23.9)$$

となる．式(23.9)が時間tによらずに成立するためには，$|\boldsymbol{A}|=0$または次式の$|-\omega^2\boldsymbol{M}+\boldsymbol{K}|=0$であればよい．前者は$A_1=A_2=0$で静止を表す自明な解である．後者の条件は，静止以外の解を示し，

$$\begin{aligned}|-\omega^2\boldsymbol{M}+\boldsymbol{K}| &=\begin{vmatrix} -m_1\omega^2+k_1+k_2 & -k_2 \\ -k_2 & -m_2\omega^2+k_2+k_3 \end{vmatrix} \\ &=(-m_1\omega^2+k_1+k_2)(-m_2\omega^2+k_2+k_3)-k_2^2 \\ &=0 \end{aligned} \qquad (23.10)$$

となり，22講の結果と同じである．いま質量は三等分点に取り付けられ，$m_1=m_2=m=\rho l/2$，$l_1=l_2=l_3=l/3$，$k_1=k_2=k_3=k=3T/l$とおくと，

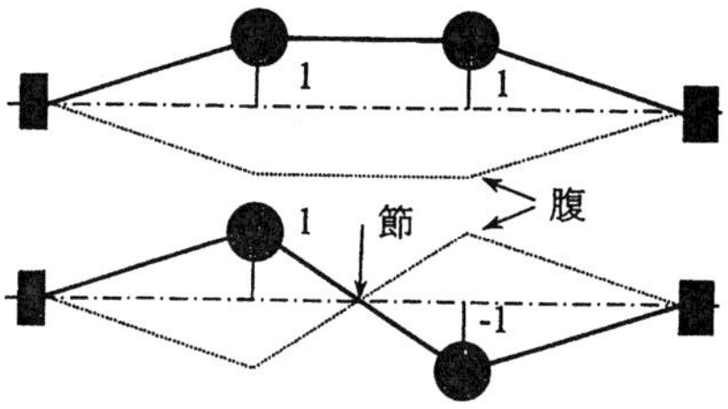

図 23.4　2自由度系の固有振動モード

式(23.10)は，次式のように因数分解でき，

$$(-m\omega^2+2k)^2-k^2$$
$$=(-m\omega^2+k)(-m\omega^2+3k)=0 \qquad (23.11)$$

演習問題24と同じ2つの固有角振動数($\omega_1<\omega_2$)

$$\omega_1=\sqrt{\frac{k}{m}}=\frac{\sqrt{6}}{l}\sqrt{\frac{T}{\rho}},\qquad \omega_2=\sqrt{\frac{3k}{m}}=\frac{\sqrt{18}}{l}\sqrt{\frac{T}{\rho}} \qquad (23.12)$$

と，図23.4に示す固有振動モードを得る．

23.3　弦の多自由度モデル

同様に，n個の質量に分割した場合はn個の式からなる運動方程式となる．ただし質量行列と剛性行列を次式の$n\times n$の行列とすれば，式(23.7)と同じ式で表現できる．

$$\boldsymbol{M}=\begin{bmatrix} m_1 & & & 0 \\ & m_2 & & \\ & & \ddots & \\ 0 & & & m_n \end{bmatrix}$$

$$\boldsymbol{K}=\begin{bmatrix} k_1+k_2 & -k_2 & & 0 \\ -k_2 & k_2+k_3 & \ddots & \\ & \ddots & \ddots & -k_n \\ 0 & & -k_n & k_n+k_{n+1} \end{bmatrix}$$

ただし，$k_i=T/l_i$ (23.13)

この運動方程式も2自由度系と同様に解くことができる．振動数方程式は式(23.10)と同様に与えられ，n組の固有角振動数と固有振動モードを得る．等分割の場合は，

$$m=\frac{\rho l}{n},\qquad k=\frac{T}{l/(n+1)} \qquad (23.14)$$

で与えられ，表23.1に示す結果となる．ただし，$(\alpha/l)\sqrt{T/\rho}$の係数αで示す．たとえば，$n=3$の

表 23.1　弦の分割モデルの固有角振動数

自由度	1次	2次	3次	4次	5次
1	2.000				
2	2.449	4.243			
3	2.651	4.899	6.401		
4	2.764	5.257	7.236	8.507	
5	2.835	5.477	7.746	9.487	10.58
⋮	⋮	⋮	⋮	⋮	⋮
∞	3.142	6.283	9.425	12.57	15.71

場合 $\alpha=2\sqrt{6-3\sqrt{2}}$, $2\sqrt{6}$, $2\sqrt{6+3\sqrt{2}}$ となる．解析的に求めることができるので例題として解いてみよ．

23.4 無限自由度系の振動

質量が分布した連続体の場合，この分割を無限に行った無限小の質量の無限個の集まりと考えることができる．したがって，運動方程式も固有振動数と固有振動モードの組も無限個存在する．これはたいへん難しくなるように思われるが，図 23.5 に示すように弦の変位を x に対して連続で時間的にも変化する x と t の 2 変数の連続関数 $y(x, t)$ とすることで統一して扱うことができる．

任意の位置 x に長さ $\varDelta x$ の微小要素を考える．この微小要素に作用する力は 2 自由度系と同様に左右の隣り合う要素からの力のみである．この力は接線方向に作用するので，要素のわずかな湾曲による左右の力の y 方向成分の差が復元力となる．任意の位置 x における接線の傾き $\theta(x, t)$ は，時刻は同じとして x のみに対する変化率であるので，

$$\theta(x, t)=\frac{\partial y(x, t)}{\partial x} \qquad (23.15)$$

で与えられる．また，微小要素の右側の傾きは，左側を基準として次式で与えられる．

$$\theta(x+\varDelta x, t)=\theta(x, t)+\frac{\partial\theta(x, t)}{\partial x}\varDelta x \qquad (23.16)$$

ここで，$\partial\theta(x, t)/\partial x$ は x における傾き $\theta(x, t)$ の変化率を表し，それに微小要素の長さ $\varDelta x$ をかけたものが右側の左側に対する傾きの増加量である．したがって，この要素の運動方程式は，

$$\begin{aligned}\varDelta m\frac{\partial^2 y(x, t)}{\partial t^2} &=-T\sin\theta(x, t)+T\sin\theta(x+\varDelta x, t)\\ &=-T\theta(x, t)+T\left[\theta(x, t)+\frac{\partial\theta(x, t)}{\partial x}\varDelta x\right]\\ &=T\left[\frac{\partial\theta(x, t)}{\partial x}\varDelta x\right]=T\frac{\partial^2 y(x, t)}{\partial x^2}\varDelta x\end{aligned}$$

$$\therefore\ \frac{\partial^2 y(x, t)}{\partial t^2}=\frac{T}{\rho}\frac{\partial^2 y(x, t)}{\partial x^2}=c^2\frac{\partial^2 y(x, t)}{\partial x^2} \qquad (23.17)$$

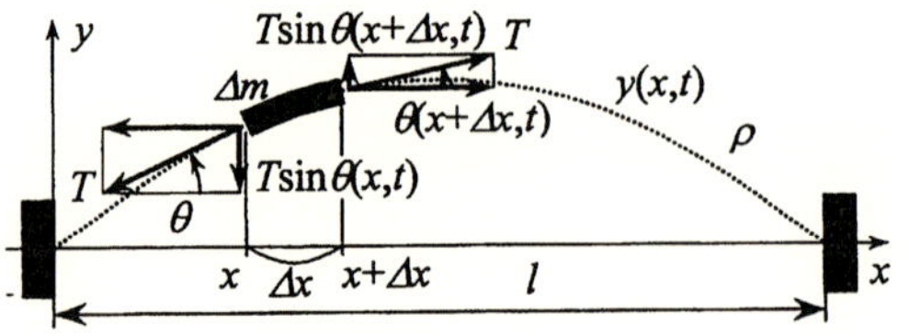

図 23.5 弦の無限自由度系振動モデル

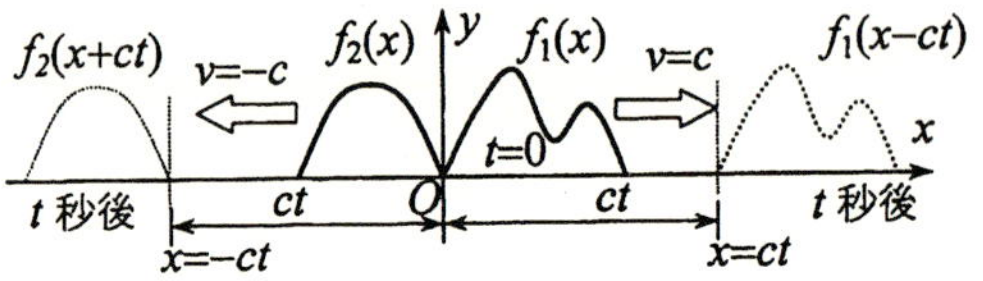

図 23.6 進行波と後退波

となる．ただし，$\sin\theta\approx\theta$ と近似し，$\varDelta m=\rho\varDelta x$ と式 (23.15) を用いた．この式は変位が x と t の関数であるので偏微分方程式となってしまうが，すべての点 x において成り立ち，1 つで無限個の式を代表できるので取り扱いは容易になる．

式 (23.17) の一般解は，

$$y(x, t)=f_1(x-ct)+f_2(x+ct) \qquad (23.18)$$

で与えられる．式 (23.18) を式 (23.17) に代入すれば容易に証明できる．ここで関数 f_1 と f_2 は任意の関数で成り立つ．右辺第 1 項の $f_1(x-ct)$ は，図 23.6 に示すように $t=0$ で $f_1(x)$ であった波形が，時間 t 後に同じ形状で x の正方向に ct だけ移動することを表している．そのときの移動速度は c である．かっこ内の符号が負であることに注意せよ．同様に，右辺第 2 項は速度 $-c$ で左側に移動する波を表す．第 1 項を進行波，第 2 項を後退波という．

さて，図 23.7 に示すように進行波 ① は固定端での反力を受けて反射する．その場合固定端での条件 $y=0$ を満足するような波でなければならないので，反射波は固定端がない場合に進む波 ② の符号を反転した波 ③ を $x=l$ で折り返した波 ④ となる．この反射波は弦の左側の固定端で同様に ⑤⑥⑦ の順で考えた波 ⑦ として反射する．もし，この反射波 ⑦ が元の波 ① と一致した場合，上記のことが繰り返されることになる．これは，弦の長さが進行波の半波長の整数倍のときのみ起こる．実際の波はこの進行波 ① と反射波

(後退波)④が合成された図 23.7 の太い実線となる．

いま，$f_1=f_2=a\sin(\omega/c)x$ で進行波と後退波が一致した場合，式(23.18)は，

$$y(x,t)=a\sin\frac{\omega}{c}(x-ct)+a\sin\frac{\omega}{c}(x+ct)$$
$$=a\sin\frac{\omega}{c}x\cos\omega t-a\cos\frac{\omega}{c}x\sin\omega t$$
$$+a\sin\frac{\omega}{c}x\cos\omega t+a\cos\frac{\omega}{c}x\sin\omega t$$
$$=2a\sin\frac{\omega}{c}x\cos\omega t \qquad (23.19)$$

となり，左右への移動成分は相殺され，波は移動しないで $2a\sin(\omega/c)x$ の正弦波形で $\cos\omega t$ の調和振動をする．このような波を定在波という．

したがって，弦の振動はある形状 $Y(x)$ で調和振動すると考えることができ，一般解を

$$y(x,t)=Y(x)(A\cos\omega t+B\sin\omega t) \qquad (23.20)$$

とおき，式(23.17)に代入すると，

$$-\omega^2 Y(x)(A\cos\omega t+B\sin\omega t)$$
$$=c^2\frac{d^2Y(x)}{dx^2}(A\cos\omega t+B\sin\omega t)$$
$$\therefore\quad \frac{d^2Y(x)}{dx^2}+\left(\frac{\omega}{c}\right)^2Y(x)=0 \qquad (23.21)$$

を得る．これは x についての 2 階の常微分方程式であるので，一般解は次式で与えられる．

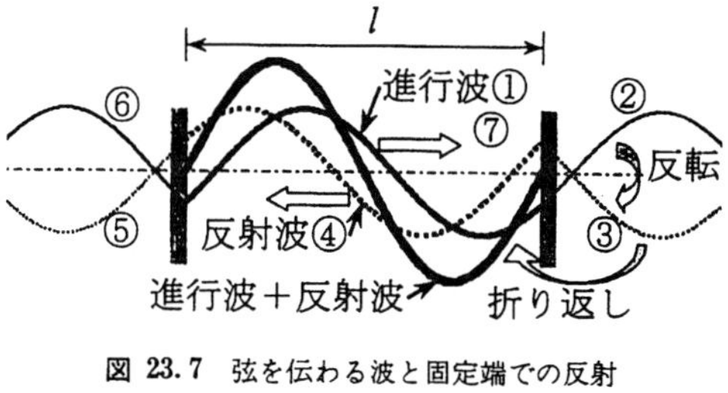

図 23.7　弦を伝わる波と固定端での反射

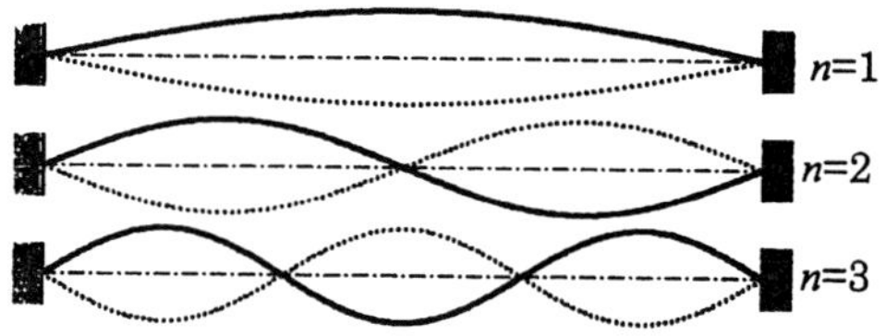

図 23.8　弦の固有振動モード

$$Y(x)=C\cos\frac{\omega}{c}x+D\sin\frac{\omega}{c}x \qquad (23.22)$$

弦の両端が固定されているので，式(23.22)は $Y(0)=Y(l)=0$ を常に満足する必要があり，

$$Y(0)=C\cdot1+D\cdot0=0$$
$$Y(l)=C\cos\frac{\omega}{c}l+D\sin\frac{\omega}{c}l=0$$
$$\therefore\quad C=0,\ D\sin\frac{\omega}{c}l=0 \qquad (23.23)$$

の関係を得る．ここで，$D=0$ のときは，弦が静止している解となるので，運動しているときの解を持つためには，次式を満たす必要がある．

$$\sin\frac{\omega}{c}l=0 \qquad (23.24)$$

これより，$(\omega/c)l=n\pi$ ($n=1,2,3,\cdots$) であり，定在波が発生する角振動数

$$\omega=\frac{\pi}{l}\sqrt{\frac{T}{\rho}},\ \frac{2\pi}{l}\sqrt{\frac{T}{\rho}},\ \frac{3\pi}{l}\sqrt{\frac{T}{\rho}},\ \cdots \qquad (23.25)$$

を得る．この結果を表 23.1 に示す．分割の極限値となっている．この角振動数が固有角振動数であり，これを決定する式(23.24)を振動数方程式(特性方程式)という．また，式(23.23)の $C=0$ と，式(23.24)の解 $\omega/c=n\pi/l$ を式(23.22)に代入すると，次式の固有振動モードを得る．

$$Y(x)=D\sin\left(\frac{n\pi}{l}x\right) \qquad (23.26)$$

結果を図 23.8 に示す．2 次以上において常に振動しない点(節)があり，その数は次数より 1 つ少ない．以上は，式(23.24)の解が無限に存在することを除けば多自由度系の処理と同じである．

23.5　棒の縦振動とねじり振動

次に，棒の縦振動とねじり振動について考える．図 23.9(a)と(b)に示すように，弦の場合と同様に微小要素を考えて運動方程式を求めることができる．表 23.2 に関係式と結果のみを示す．速度を与える定数が異なることを除けば運動方程式はどちらも式(23.17)と同じ形となる．したがって解は弦の振動と同じように考えることができる．

まとめ

弦の振動を例に，1自由度，2自由度，さらに多自由度にモデル化した系の運動方程式を求めた．行列表現も学び，多自由度系は，2自由度系と同じように考えることができることを知った．また，微小要素を考え連続関数を用いて無限自由度系の運動方程式のたて方と解法についても学んだ．さらに，棒の縦振動とねじり振動の運動方程式をたて，数学的に弦の振動と同じであることを確認した．

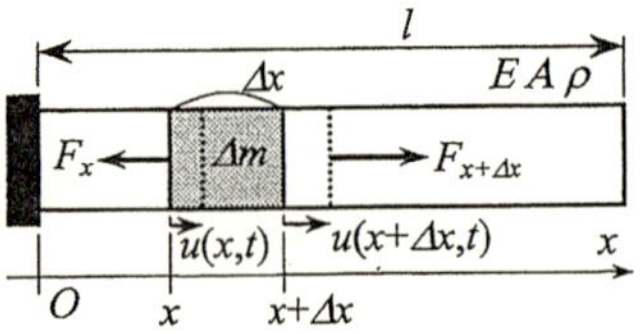

図 23.9(a)　棒の縦振動

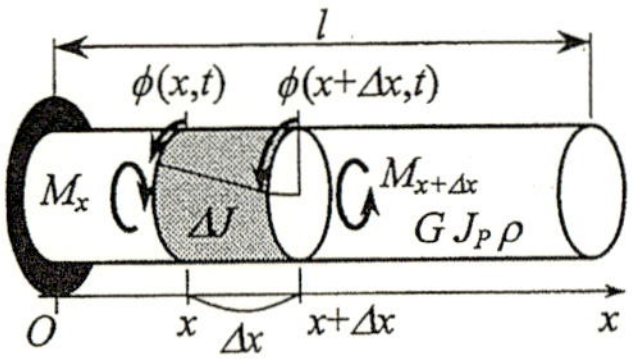

図 23.9(b)　丸棒のねじり振動

表 23.2　棒の縦振動とねじり振動

微小質量：$\Delta m=\rho A\Delta x$

ただし，密度：ρ，断面積：A

応力：$\sigma=E\varepsilon$

歪：$\varepsilon=\dfrac{\partial u}{\partial x}$

断面に作用する力：$F_x=A\sigma=AE\varepsilon=AE\dfrac{\partial u}{\partial x}$

運動方程式：

$$\rho A\Delta x\frac{\partial^2 u}{\partial t^2}=-F_x+F_{x+\Delta x}$$
$$=-F_x+F_x+\frac{\partial F_x}{\partial x}\Delta x$$
$$=\frac{\partial}{\partial x}\left(AE\frac{\partial u}{\partial x}\right)\Delta x$$
$$\therefore\quad \frac{\partial^2 u}{\partial t^2}=\frac{1}{\rho A}\frac{\partial}{\partial x}\left(AE\frac{\partial u}{\partial x}\right)=\frac{E}{\rho}\frac{\partial^2 u}{\partial x^2}=c^2\frac{\partial^2 u}{\partial x^2}$$

ただし，AE は一様，速度：$c^2=\dfrac{E}{\rho}$

微小慣性モーメント：$\Delta J=\rho J_p\Delta x$

ただし，密度：ρ，断面2次極モーメント：J_p

断面に作用するモーメント：$M_x=GJ_p\dfrac{\partial \phi}{\partial x}$

運動方程式：

$$\rho J_p\Delta x\frac{\partial^2 \phi}{\partial t^2}=-M_x+M_{x+\Delta x}$$
$$=-M_x+M_x+\frac{\partial M_x}{\partial x}\Delta x$$
$$=\frac{\partial}{\partial x}\left(GJ_p\frac{\partial \phi}{\partial x}\right)\Delta x$$
$$\therefore\quad \frac{\partial^2 \phi}{\partial t^2}=\frac{1}{\rho J_p}\frac{\partial}{\partial x}\left(GJ_p\frac{\partial \phi}{\partial x}\right)=\frac{G}{\rho}\frac{\partial^2 \phi}{\partial x^2}=c^2\frac{\partial^2 \phi}{\partial x^2}$$

ただし，GJ_p は一様，速度：$c^2=\dfrac{G}{\rho}$

不思議な数列

表はギターのフィレット（弦を押さえる横桁）によって決まる弦の長さ l を計測した値である．弦に定在波が発生する固有振動数は，式(23.25)に示すように弦の長さに反比例するので，長さの逆数 $1/l$ を数列と考え2列目に示す．さて，3列目は，この1番目の値1.54を基準とした比である．3.07でほぼぴったり2.00倍となり，1オクターブ上の音になる．同様に，2番目の値を基準とすると，なんとほとんど同じ値が並ぶ（4列目）．弦の長さの測定値に誤差があるので，全く同じとはいえないが，見事な一致である．実は，3番目以降も同じことがいえる．実際に計算してみるとよい．

ところで，比の値をよくみると1.50→3/2，1.33=4/3のように切りのよい分数で表すことができそうでもある．いくつかの音が重なり合ってきれいな音色を奏でるためには，それらがきれいな比（分数）で表されることが望ましい．ここに，ギター（楽器）がきれいな音を奏でる工夫がある．これは整数の話である．さて，前述の数列の種明かしをすると2を12に分割した等比数列となっているのである．これは，指数や対数の話であり，無理数である．両者を両立することはできない．音律を定め音階を決定することと，音をきれいに奏でることのジレンマの上に現在の音階が定められているのである．それは楽器の特徴（固有振動数の集まり）によっても異なってくる．音律，音階，楽器の音色といったことを調べてみるとよい．なかなか面白い歴史がみえてくる．

表 23.3 ギターの弦の長さと比

長さ l [m]	$1/l$	比		
0.651	1.54	1.00		
0.615	1.63	1.06	1.00	
0.580	1.72	1.12	1.06	⋱
0.548	1.82	1.19	1.12	⋱
0.517	1.93	1.26	1.19	⋱ $\approx 9/8 = 1.12$
0.488	2.05	1.33	1.26	⋱ $\approx 6/5 = 1.2$
0.459	2.18	1.42	1.34	⋱ $\approx 5/4 = 1.25$
0.435	2.30	1.50	1.41	⋱ $\approx 4/3 = 1.33$
0.411	2.43	1.58	1.50	⋱
0.388	2.58	1.68	1.59	⋱ $\approx 3/2 = 1.5$
0.366	2.73	1.78	1.68	⋱
0.346	2.89	1.88	1.78	⋱ $\approx 5/3 = 1.67$
0.326	3.07	2.00	1.89	⋱
0.308	3.25	2.11	2.00	⋱ $\approx 15/8 = 1.87$
0.291	⋮	⋮	2.11	⋱ $\approx 2/1 = 2$

第 24 講

非線形振動

非線形とは何か．線形とは何か．本講では，両者の違いを簡単なモデルを例に示す．そして，非線形が意外と身近に存在していること，非線形であることが普通であって，線形がその特別な場合であることを示す．そして非線形であることによって起こる興味深い現象の例を示す．

24.1　非線形な系

図 24.1 は，コイルばねを引き伸ばした場合と圧縮した場合の力とたわみの測定結果である．変位が小さい場合は直線 $F=kx$ 上に値があるが，しだいに傾きが減少したり増大したりして直線上からずれてしまう．この曲線の傾きがばね定数であるので，ばね定数は変位が小さい場合は一定と仮定できるが，しだいに変位に依存して変化する．この直線で近似できる領域を「線の形」をしているとして線形，それ以外を「線形に非ず」として非線形という．

図 24.1 に示すように変位の増加に対してばね定数（傾き）が小さくなるばねを軟性ばね，ばね定数が大きくなるばねを硬性ばねという．

次に図 24.2 に示す 19 講で扱った振り子についてあらためて考える．ここでは支点 O まわりの回転運動と考えると，運動方程式は次式となる．

$$ml^2\ddot{\theta}=-mgl\sin\theta \tag{24.1}$$

ここで，右辺が重力の回転方向成分による復元モーメントである．これを角度 θ に対して示すと図 24.3 の太い実線となる．ただし，$m=1$ kg，$l=1$ m とした．振幅が小さい場合には，復元モーメントは式 (19.8) の第 1 項までを考慮して直線 $mgl\theta$ に近似できるが，その後は，急激に減少し，角度 180° で 0 となる．これは軟性ばねの特性である．振り子もまた非線形な系である．角度 θ と $\sin\theta$ は表 24.1 で与えられ，1%程度の誤差を許容すると約 15° までは直線に近似できる．また，他の曲線は式 (19.8) の第 2 項 θ^3 と第 3 項 θ^5 の成分までを考慮した場合であり，約 60° と 100° まで対応できる．ただし，この近似は角度の単位をラジアンで考えたときに成り立つ関係であることにあらためて注意せよ．

では，非線形系と線形系の現象ではどのような

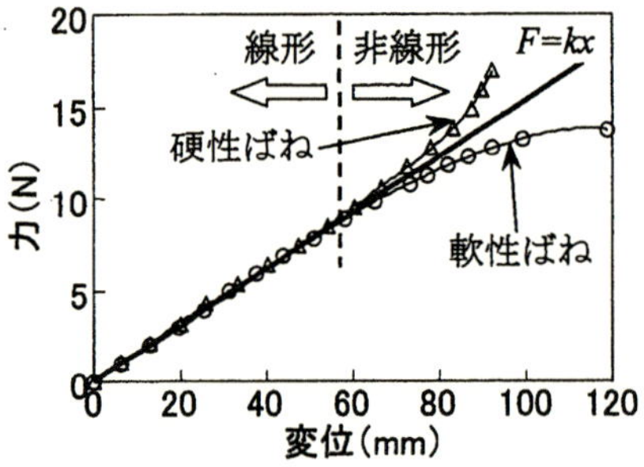

図 24.1　コイルばねの特性

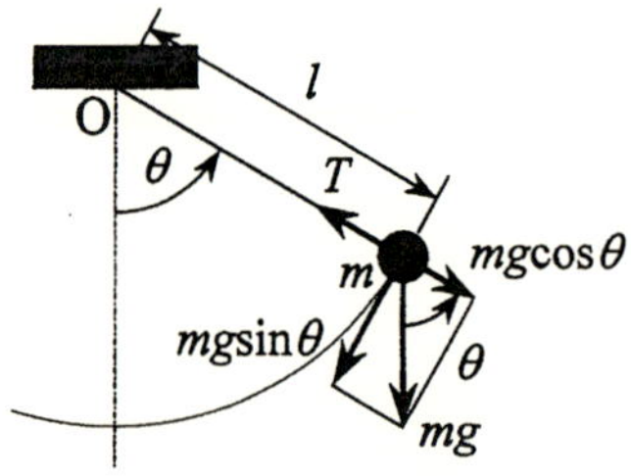

図 24.2　単振り子の振動

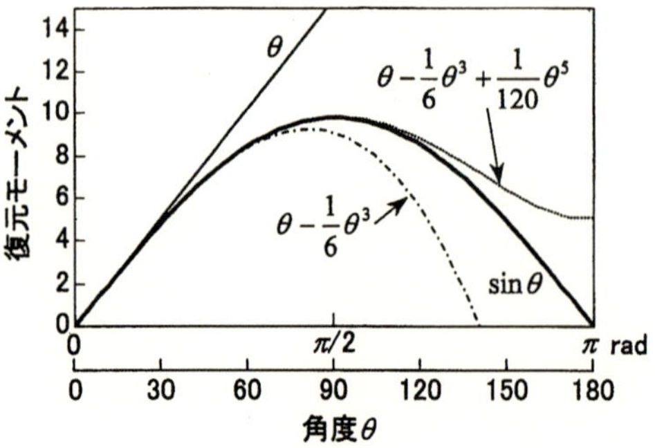

図 24.3　振り子の復元モーメントの変化

表 24.1 角度 θ と $\sin\theta$ の比較

$\theta°$	5°	10°	15°	20°	25°	30°
θ [rad]	0.087	0.175	0.262	0.349	0.436	0.524
$\sin\theta$	0.087	0.174	0.259	0.342	0.423	0.500
誤差	0.001	0.005	0.012	0.021	0.032	0.047

違いがあるだろうか．次に振り子の等時性を例に考える．

24.2 振り子の周期とガリレオの等時性

さて，振り子の等時性を発見したガリレオ・ガリレイの話である．ある日ガリレオは教会のランプの揺れを観察していたところ，その振動の周期が揺れの振幅によらずに一定であることに気づいた．これが有名なガリレオ (振り子) の等時性の発見である．この原理が振り子時計の時を刻む機構に使われている．

では，本当に振り子の等時性は成り立つのであろうか．前述のように振り子の運動方程式は式(24.1) で与えられる．19 講で述べたように線形の範囲では固有周期は振幅によらず一定である．では，さらに振幅を大きくした場合の周期はどうであろうか．このような簡単な系でも実は非線形な系の解を得ることは困難である．解法については他書に譲り，結果だけを図 24.4 に示す．図 24.4 より初期振幅が小さい場合は一定のようにみえる．これがガリレオがみつけた等時性である．ところが周期はしだいに増加し，角度 180° では無限大となる．この点では図 24.3 に示したように復元モーメントが 0 となるので，支点の真上でバランスし，理論上は無限に停止する．非線形な系では固有周期，固有振動数は一定とはかぎらない．

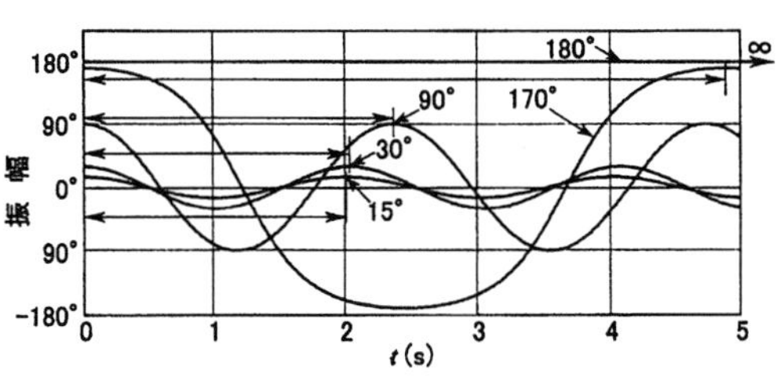

図 24.4 振り子の周期の変化 (m=1 kg, l=1 m)

また，線形な系では非常に有効な特性である重ね合わせの原理も成り立たない．このことが非線形な系の解析を非常に困難にしている．

24.3 自励振動

次に摩擦による振動について考える．図 24.5 に示すように一定の速度 V で移動するベルト上にばねを介して固定された質量 m が乗っている．質量はベルトから摩擦力を受け右側に変位し，摩擦力とばねの復元力が等しくなる点でつりあう．ばねの自然長からこの平衡点までの距離を X_0 とおくと次式の関係がある．

$$F(V)-kX_0=0 \qquad (24.2)$$

なお，摩擦力はベルトと質量の相対速度 v に依存するので関数 $F(v)$ とした．質量が静止している場合は相対速度は $v=V-0$ である．

しかし，質量が何らかの原因によって平衡点から変位し，自然長から距離 X，速度 $\dot{X}$ であったとすると，運動方程式は次式となる．

$$m\ddot{X}=-kX+F(V-\dot{X}) \qquad (24.3)$$

平衡点からの変動を x とすると，$X=X_0+x$ と $\dot{X}=x$ の関係があるので式(24.3) に代入し，式(24.2) の関係を考慮すると次式を得る．

$$m\ddot{x}+F(V)-F(V-\dot{x})+kx=0 \qquad (24.4)$$

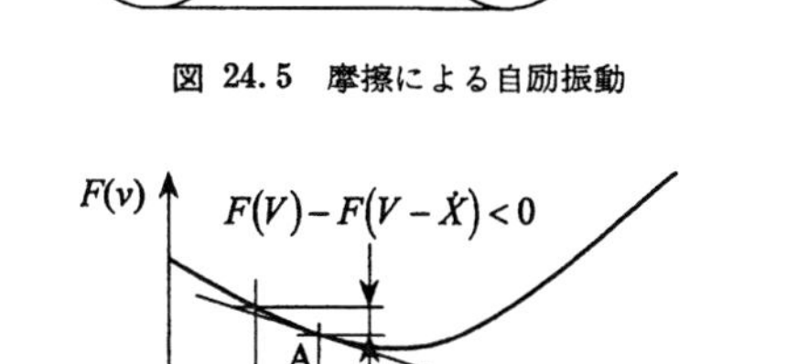

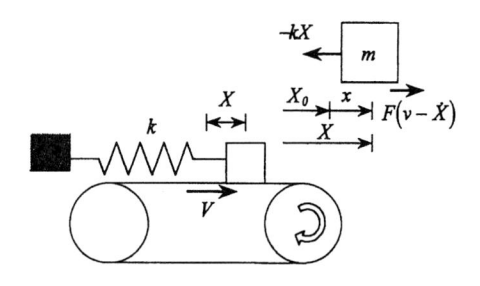

図 24.5 摩擦による自励振動

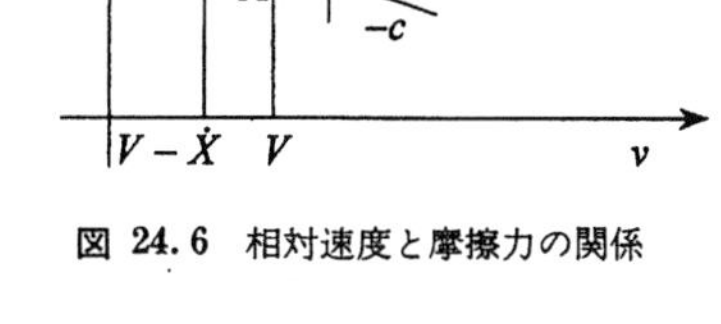

図 24.6 相対速度と摩擦力の関係

次に $F(v)$ の傾きを $c(v)$ とおくと，変動 x が小さい場合は図 24.6 に示すように，

$$F(V)-F(V-\dot{x})=c(V)\dot{x} \qquad (24.5)$$

と近似でき，式 (24.4) は次式となる．

$$m\ddot{x}+c(V)\dot{x}+kx=0 \qquad (24.6)$$

一般に動摩擦係数は静摩擦係数より小さいので，図 24.6 の点 A では，傾き $c(V)$ は負となり，摩擦力が相対速度の増加とともに減少することになる．そこで，$c(V)=-c$ (一定) とおくと，20 講と同様に解くことができ，

$$x=e^{\frac{c}{2m}t}(A\cos qt+B\sin qt) \qquad (24.7)$$

となる．ただし，指数の値が正となるのでこの解は時間とともに増大する．前述したように質量は平衡点では静止している．しかし，何らかの原因で右方向への速度を持ったとするとベルトと質量との間の相対速度が減少し，図 24.6 のような特性を持っている場合には摩擦力が増加してばねの復元力より大きくなり，質量はさらに右方向に変位するように力を受け，速度が増加する．それはさらに相対速度の減少，摩擦力の増加とつながり，しだいに振動が増大する．逆に左方向の速度を持った場合も，相対速度の増加，摩擦力の減少となり左方向の速度が増加する．自分が運動を始めるとそれが契機となって運動がさらに励起される．このような振動を自励振動という．

24.4 位相平面による振動の表現

振り子の運動方程式 (24.1) の両辺に $\dot{\theta}$ を乗じ，

$$ml^2\ddot{\theta}\dot{\theta}+mgl\sin\theta\dot{\theta}=0 \qquad (24.8)$$

積分すると次式のエネルギ保存則を得る．

$$\frac{1}{2}ml^2\dot{\theta}^2+(-mgl\cos\theta)=E(\text{一定}) \qquad (24.9)$$

左辺の第 1 項は運動エネルギ，第 2 項は位置エネルギであり，その総和は一定であることを示している．なお，第 2 項が負となるのは位置エネルギの基準点のとり方による．式 (24.9) に示す質点の運動は (角) 変位と (角) 速度で表現でき，積分定数 E は振り子の初期条件 (角速度と角変位) で決定できる．そこで，図 24.7 に示すように (角) 変位を x 座標，(角) 速度を y 座標として，質点の状態を x-y 平面上の点として表すことを考える．たとえば点 A は角度 60° 角速度 0 の状態を示す．この状態でそっと離すと振り子は点 B, C, D の状態を経て減衰要素がなければ再び点 A に戻り運動を続けることになる．すなわちエネルギ一定の運動は曲線 ① のように閉じた曲線として表される．これを位相平面という．これは非線形な系にも有効であり，支点の上部でつりあって静止する (角度 180°，角速度 0) 特異点も点 E として表現できる．この状態で仮にバランスが崩れて時計回り ($\omega<0$) に運動を始めたとすると曲線 ② をたどり反対の点 E′ で静止する．また，点 F は角度 180° で角速度 ($\omega<0$) を持つ状態を示すが，この状態では常に時計回り (角度 θ が減少する方向) に回転する運動となる (曲線 ③)．

ここで $\theta=x$，$\dot{\theta}=\omega=y$ とおき，式 (24.9) に代入して曲線の関係式を求めると，次式を得る．

$$y^2=\frac{2E}{ml^2}+\frac{g}{l}\cos x \qquad (24.10)$$

また，積分できない場合でも，$\ddot{\theta}=\dot{y}$ であることを考慮し運動方程式 (24.1) より，曲線の傾き

$$\frac{dy}{dx}=\frac{dy/dt}{dx/dt}=\frac{\dot{y}}{\dot{x}}=\frac{-(g/l)\sin x}{y} \qquad (24.11)$$

を得ることができる．$dy/dx=m$ として整理し，傾きが m である点の条件を求めると，

$$y=\frac{-(g/l)\sin x}{m} \qquad (24.12)$$

を得る．図 24.7 に m の値の 2 つの例を示す．それらの線上ではどこでも同じ傾き m となってい

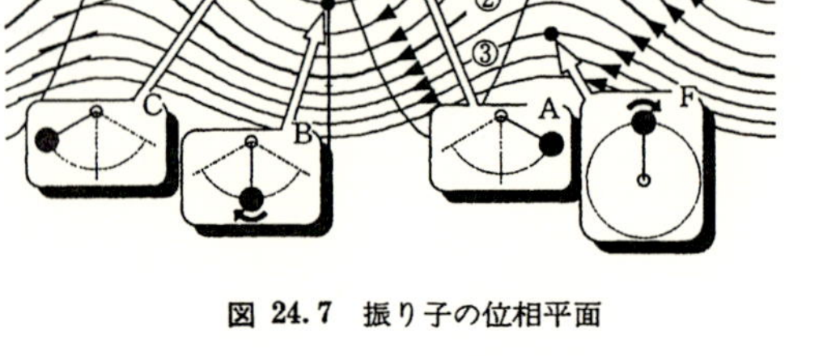

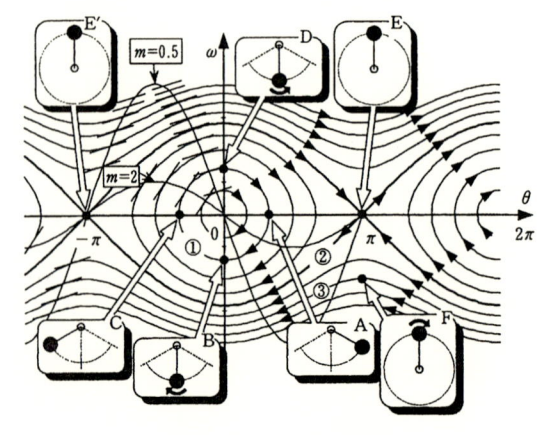

図 24.7 振り子の位相平面

ることがわかる．この曲線を用いておよその位相平面を描くことができる．

角度が小さい場合には $\cos x \approx 1-x^2/2$ と近似できるので，式(24.10)は

$$\frac{x^2}{2E'/mgl}+\frac{y^2}{2E'/ml^2}=1 \qquad (24.13)$$

となり，楕円であることがわかる．ただし位置エネルギの基準を最下点とし $E'=E+mgl$ とした．

24.5 非線形系の強制振動

次に，非線形系の強制振動を考える．非線形な系も固有振動数近傍の加振力を受けると共振する．理論的証明はここでは省略するが，その共振曲線は図 24.8 のように与えられる．硬性ばねは振幅の増大とともにばね定数が大きくなり，固有振動数も大きくなる．したがって図 24.8 のような共振曲線となることは容易に理解できよう．同様に，軟性ばねの場合は左に傾くことになる．

図 24.8 において点 A から出発して加振振動数 ω を徐々に上昇させることを考えると，共振曲線にしたがい振幅は増大して点 B に至る．さらに加振振動数を上昇すると，その先はないので点 B から点 B′ にジャンプするしかない．その後は，点 C に向かって振幅が減少する．次に点 C から加振振動数を減少させると，共振曲線に沿って振幅が増大して点 D に至り，ここから点 D′ にジャンプするしかなく，その後は共振曲線に沿って点 A に戻ることになる．加振振動数を上げたときと下げたときで異なる振動数で跳躍現象がある．これは非線形系の特徴であり，線形な系では起こらない．

また，非線形系の強制振動では，加振振動数が系の固有振動数の有理数倍にほぼ一致するとき共振する場合がある．このような共振を主共振に対して 2 次共振という．たとえば図 24.9 は 3 次の非線形成分を持つばね質量系の強制振動の例であるが，変位(下図)は，加振力(上図)の振動数より高い振動数成分を含んだ波形となっている．これは，加振振動数の n 倍の振動数が固有振動数に一致($n\omega \approx \omega_n$)して系の固有振動が励起される

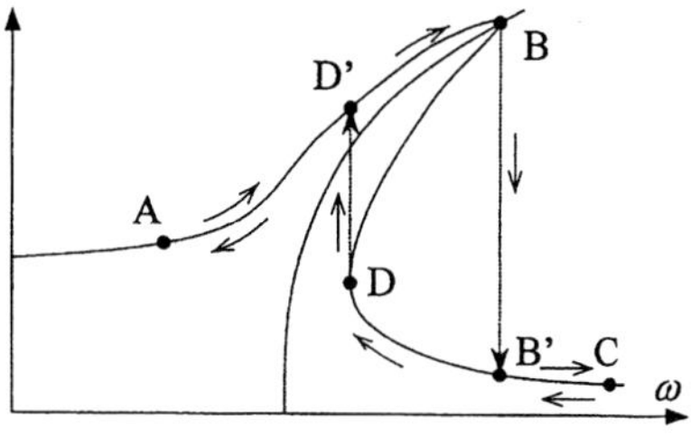

図 24.8 非線形系の共振曲線

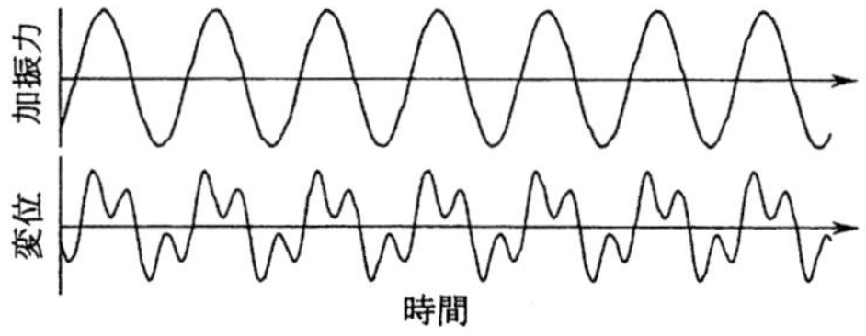

図 24.9 高調波共振

ためである．これを n 次の高調波共振という．また，加振振動数の $1/n$ 倍($\omega/n \approx \omega_n$)の系の固有振動が励振される場合もある．これを n 次の分数調波共振という．この場合は加振振動数より低い振動数成分を含んだ波形となる．このように非線形系では，固有振動数以外の振動数で共振が発生する可能性があるので注意する必要がある．

24.6 係数励振

誰もがぶらんこをこぐことができるであろうが，いざほかの人に教えようと思うとなかなか難しい．膝を曲げたり伸ばしたりするが，どのようなタイミングで行えばよいのであろうか．図 24.10 に示すように簡単化してその運動を考えてみる．最も重要なことはこぐ人の膝の屈伸運動であると思われる．膝を屈伸すると重心の位置すなわち振り子の長さが変化する．こぐ人の慣性モーメントも変化するがここでは簡単のため無視する．

下降する場合，重力からより多くの角運動量を得る必要がある．そのためには振り子の長さを長くし重力によるモーメントの値が大きくなるようにする．したがって点①で膝を曲げる．逆に，最下点③に達して上昇を始めた場合，重力から得た角運動量をより有効に最大角変位とするために，振り子の長さを短くし重力から受けるモーメントを小さくする．したがって，点③で膝を伸

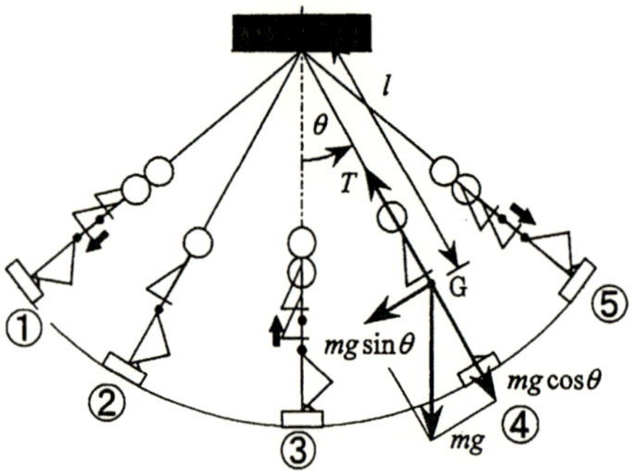

図 24.10 ぶらんこの運動

ばす．同様に点⑤で膝を曲げ同じ動作を繰り返す．

エネルギ的に考えると，図 24.10 に示すように点①において膝を曲げるということは重力と遠心力（最大振幅の点では 0）に対して重心を下げることになりエネルギを失うことになる．また，点③（最下点）で遠心力と重力に逆らって重心を上げる，すなわちぶらんこに対して仕事をすることになる．作用する力の大きさが点①が最小，点③が最大であるので，この両者のエネルギ収支より，ぶらんこのエネルギは増加し，振幅も大きくなる．

このとき人の膝の屈伸運動は，ぶらんこが 1 往復する間に 2 度行う．すなわち屈伸（加振）運動の振動数はぶらんこの運動の 2 倍の振動数である．また加振方向と運動の方向も異なる．

この系の運動は，係数（振り子の長さ）が時間とともに変化することで励起されている．このような運動を係数励振という．

まとめ

非線形であることで，固有振動数が振幅によって変化したり，自分の振動をきっかけに振動が発生したりすることを身近な例で示した．強制加振においては，加振応答が突然変化したり，加振振動数と異なる振動数で振動したり，加振方向と異なる方向に振動したりする．非線形の解法は難しいが，興味深い現象である．

振り子の周期

長さ $l=1$ m の振り子を地球上（重力加速度 $g=9.8$ m/s^2）で振動させたときの半周期を求めてみよう．振幅が小さい場合には周期は一定と仮定することができ，固有角振動数 $\omega_n=\sqrt{g/l}$ より半周期は

$$\frac{T}{2}=\frac{2\pi}{2}\sqrt{\frac{l}{g}}=1.003\ [\mathrm{s}]$$

で与えられ，約 1 秒である．長さの単位は別に決められたものであるので，偶然の一致であるが，なかなか驚きの数字である．実際に計算してみよ．また，実際の現象のおよその見当をつけることができるので，ぜひ覚えておこう．

概算計算の目安のために，この計算をさらに分解して示しておくと，

$$\sqrt{g}=\sqrt{9.8}\approx\sqrt{10}=3.162\cdots\approx\pi$$

であり，

$$\frac{2\pi}{2}\sqrt{\frac{l}{g}}=\frac{2\pi}{2}\sqrt{\frac{1}{9.8}}\approx\frac{\pi}{1}\ \frac{1}{\sqrt{10}}\approx 1.00$$

となる．また，

$$\sqrt{9.8}=\sqrt{\frac{98}{10}}=\sqrt{\frac{49\times 2}{10}}=\frac{7\sqrt{2}}{\sqrt{10}}\approx\sqrt{10}$$

であるが，

$$7\sqrt{2}=9.899\cdots\approx 10$$

である．

演習問題

● 第1講

1. $\boldsymbol{P}=(2,4,3)$ と $\boldsymbol{Q}=(3,1,5)$ の2つのベクトルの和 $\boldsymbol{P}+\boldsymbol{Q}$ および差 $\boldsymbol{P}-\boldsymbol{Q}$ を求めよ．また，$\boldsymbol{P}$ と $\boldsymbol{Q}$ の内積および外積を求めよ．

● 第2講

2. 図のように，垂直に対して左右に45°開いている斜面の内部に，半径，重量ともに等しい球が，左右対称な位置で静止している．球と球の間および球と斜面の間には摩擦がないものとし，球の重量がそれぞれ $\boldsymbol{W}$ のとき，球と球の間に働く反力 $\boldsymbol{S}$，球と斜面の間に働く反力 $\boldsymbol{R}$ を求めよ．

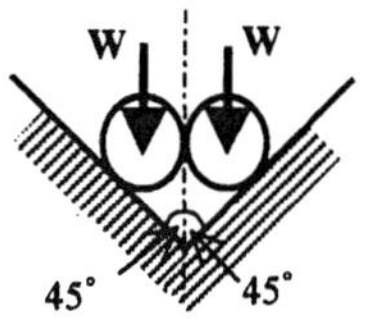

図　斜面にはさまれた2球

● 第3講

3. 図は，レールA, Bの上を車輪で移動するクレーンである．その自重は $\boldsymbol{Q}$ で重心Eにかかる．点Cに最大荷重 $\boldsymbol{P}$ をかけた場合にも転倒しないよう，点Dにおもり $\boldsymbol{W}$ を乗せる．ただし荷重 $\boldsymbol{P}$ を取り除いたときも，反対側に転倒しないようにしたい．必要なおもりの重さ $\boldsymbol{W}$ と距離 x を求めよ．

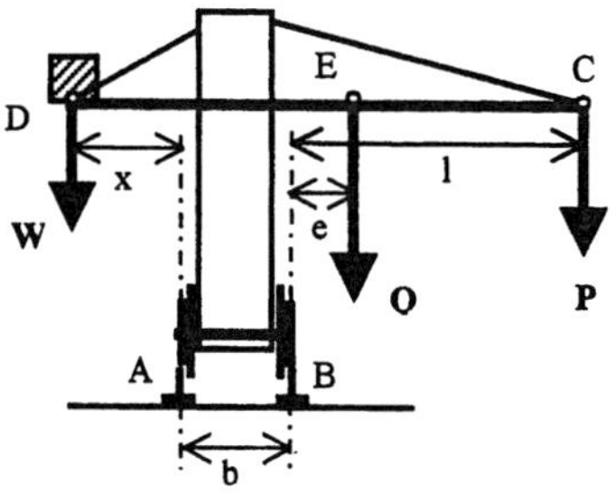

図　移動クレーン

● 第4講

4. 図に示す x 軸に対称な形状の重心の位置を求めよ．ただし，l_1, l_2, l_3, l_4, l_5, l_6, l_7 の値はそれぞれ60 mm，70 mm，30 mm，25 mm，30 mm，20 mm，30 mmとする．

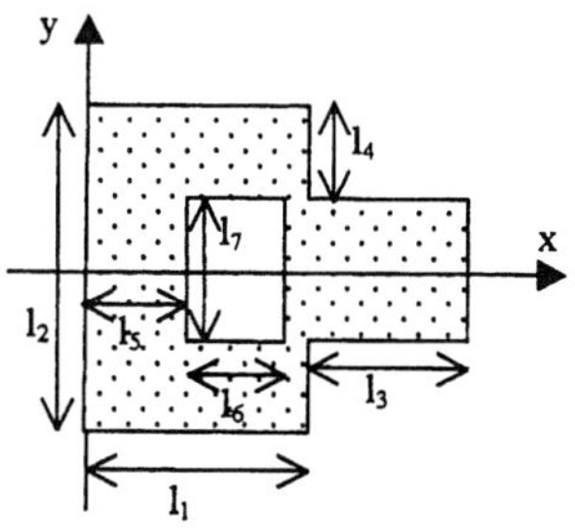

図　重心を求める形状

● 第5講〜第11講

5. 図は7本のリンクからなる機構である．この機構の自由度を計算せよ．

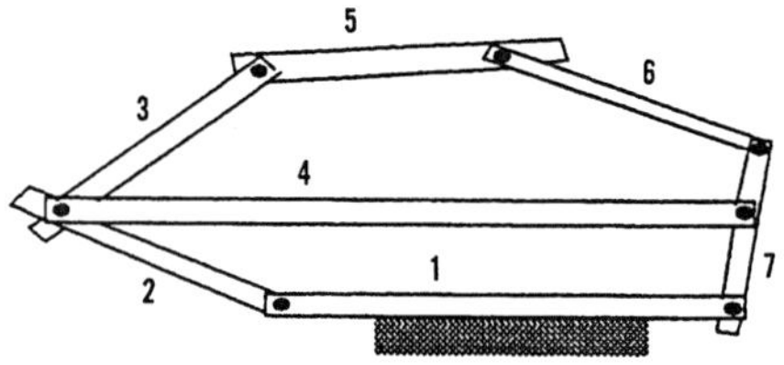

6. 図で剛体Iを固定した場合のこの機構の自由度を求めよ．平面機構と考えよ（○はピン，——はリンク）．

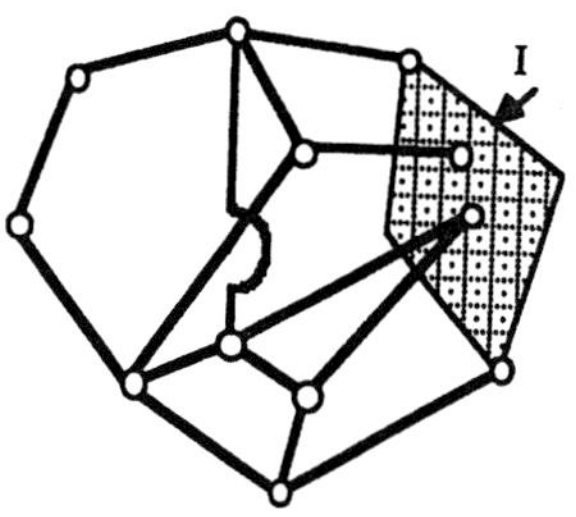

7. 図は，3個の回り対偶と1個のすべり対偶をそなえた4節連鎖よりなる機構である．以下の問に答えよ．

(1) 点Pは直線運動することを示せ．

(2) リンクPCの上，あるいはその延長線の上にあって，$\overline{\mathrm{PC}}$を$a:b$の比に内分あるいは外分する点Q, Q′の運動軌跡を求めよ．ただし，BはAのまわりを完全にひと回りする場合を考える．

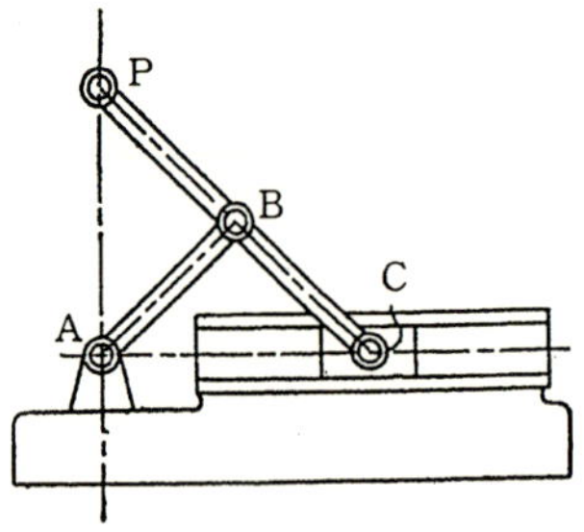

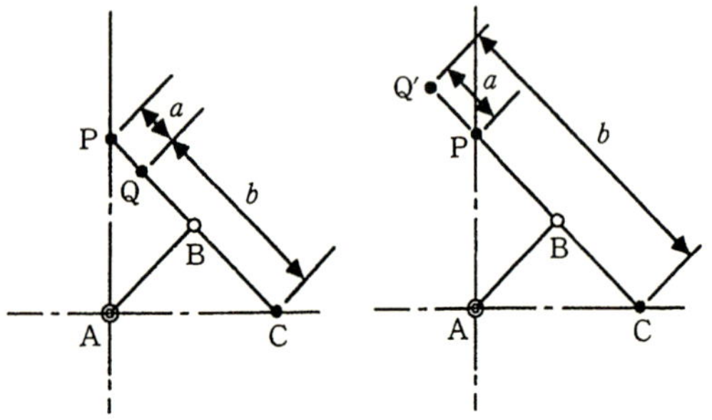

8. 図は，長さ30 cmの棒ABが両端を床と壁(床と60°の角度)に接しつつすべり落ちているところである．点Aの速度は，左方向へ10 cm/sである．図の姿勢になった瞬間について，以下の問に答えよ．

(1) 点Bの壁に沿ってすべる速度を求めよ．

(2) 棒ABの速度の瞬間中心を求めよ．

(3) ABの中点Cの速度の方向と大きさを求めよ．

(4) 棒ABの回転角速度を求めよ．

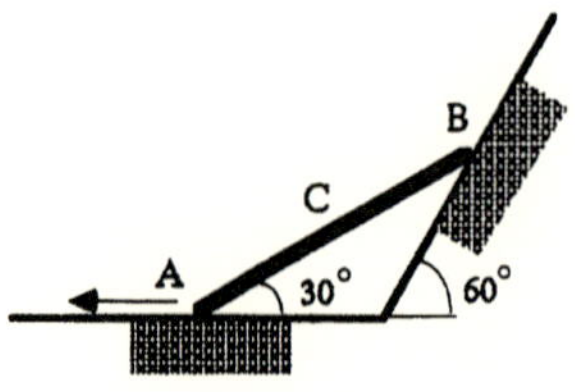

9. 図は，ピンによって結合されたリンク機構である．点B, Cの速度がベクトルでV_B, V_Cとして描かれている．次の問に答えよ．

(1) ピンDの速度を図により求める方法を説明せよ．

(2) 点Eの速度を図により求める方法を説明せよ．

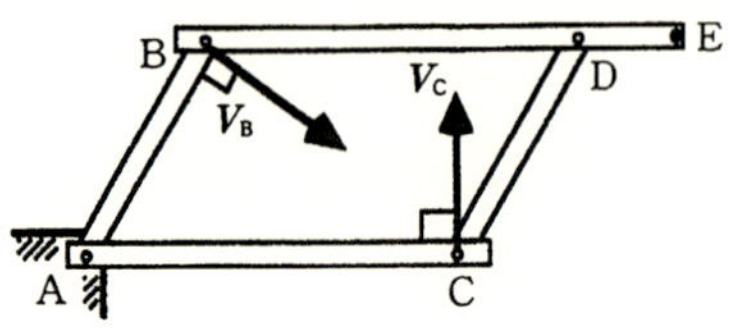

10. 図の機構において，リンクLの左端はスライダにピン結合されている．ピンAの速度が図のようにベクトル$\boldsymbol{V}$のとき，以下の問に答えよ．

(1) リンクLの速度の瞬間中心を求めよ．

(2) ピンBの速度ベクトルを図示せよ．

(3) リンクLの右端Dの速度ベクトルを図示せよ．

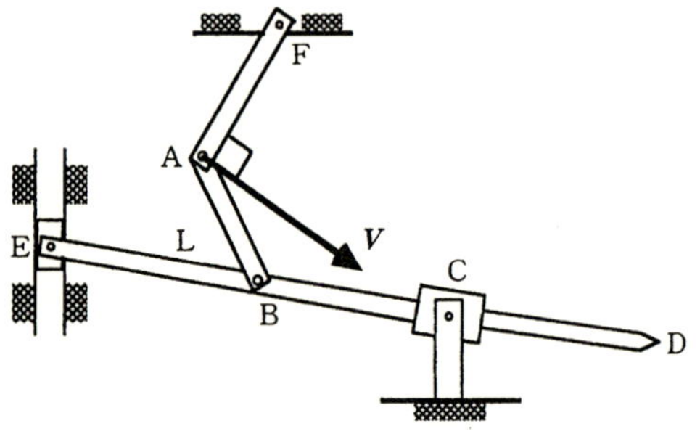

11. 図のようなリンク機構において，リンクABが反時計回りに等速回転(1 rad/s)していて，図のような姿勢になったとき，リンクCDのCまわりの角速度を求めよ．リンクCDの長さをL [cm]とせよ．

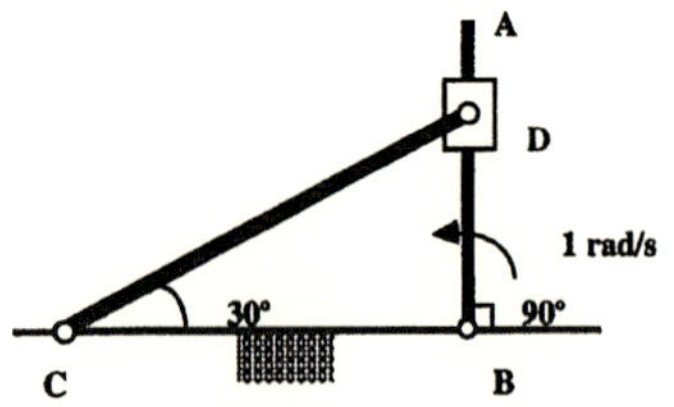

12. 図の機構において，シリンダに対してピストンがV [cm/s]の大きさの速度で等速運動している．以下の問に答えよ．

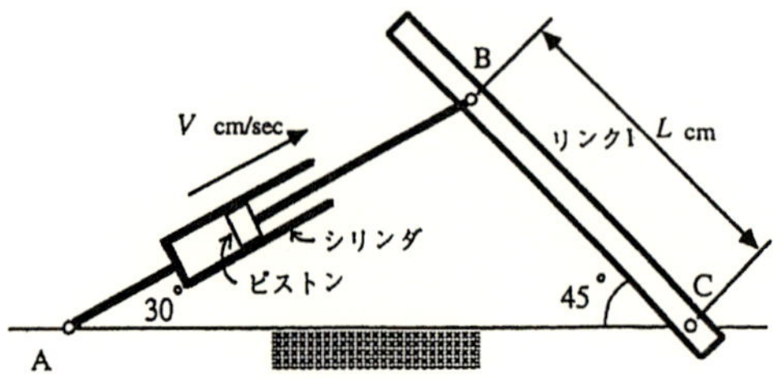

(1) リンクBCの点Cまわりの回転角速度を求めよ.

(2) 点Aまわりの回転角速度を求めよ.

13. 図において，リンクIが時計回りに1 rad/sで定角速度運動している．図のような姿勢になった瞬間について，以下の問に答えよ．

(1) 正方形板の右上端点Aの速度を求めよ．

(2) 点Q(右上のピン)の加速度を求めよ．

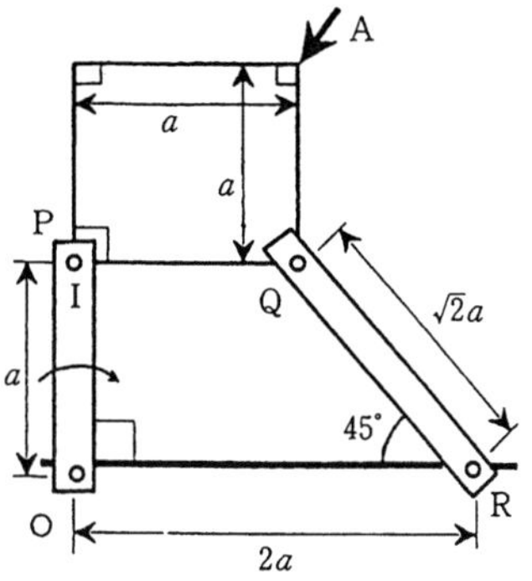

14. 図において，リンクI，II，IIIは，すべて長さrであり，ピン結合されている．リンクIがO_1まわりに等角速度ωで時計回りに回転している場合を考える．以下の問に答えよ．

(1) リンクIIの速度の瞬間中心がO_2と一致するのはθがいかなるときか．

(2) リンクI，IIが一直線になった瞬間のピンAの加速度を求めよ．

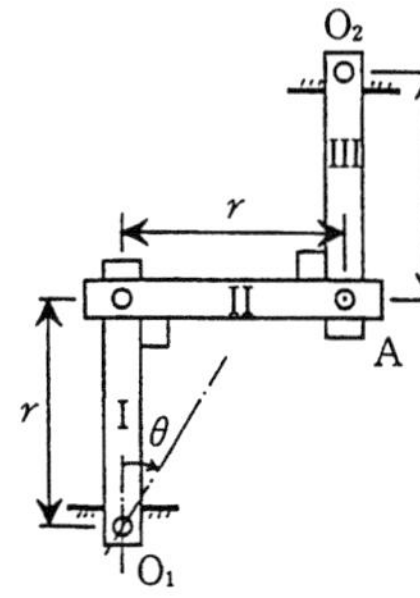

●第12講

15. 図の歯車機構において，歯車A, Cの歯数は30枚，歯車Bの歯数は20枚である．以下の問に答えよ．

(1) 内歯歯車D(Oを中心に回転する)の歯数は何枚か．

(2) Aを固定し，腕Lを時計回りに1回転すると，歯車Dは何回転するか．

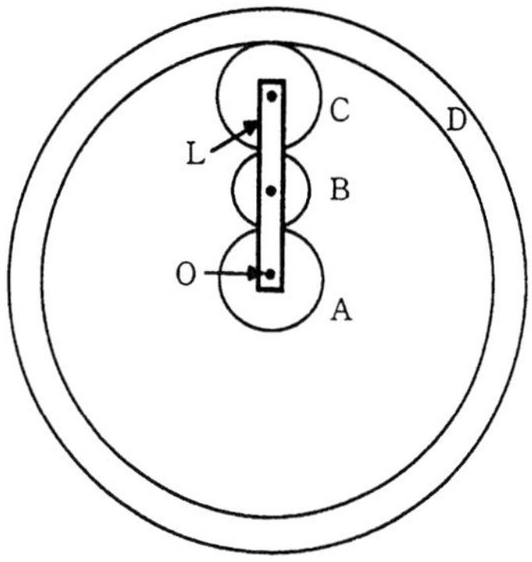

16. 図の歯車機構において，A～Dは外歯，Eは内歯である．図中の数字は，それぞれの歯数である．EとAは同心である．以下の問に答えよ．

(1) 腕Lを固定し，Aを時計回りに1回転すると，Eは何回転するか．

(2) Aを固定し，Lを時計回りに1回転すると，Eは何回転するか．

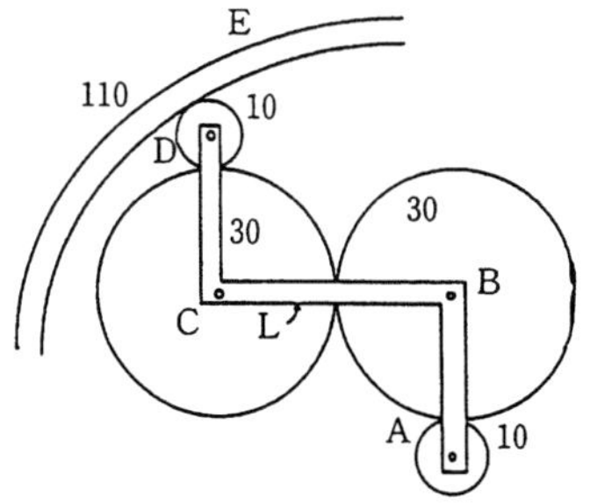

17. 図において，歯車BとCは，一体となって，腕Mに取り付けられた軸に対して，自由に回転できるようになっている．Cは，固定された内歯歯車Dと噛み合っている．Bと噛み合っている歯車Aが，100 rpmで回転するとき，腕Mの回転数はいくらか．ただし，図の中の数値は，歯数を表す．

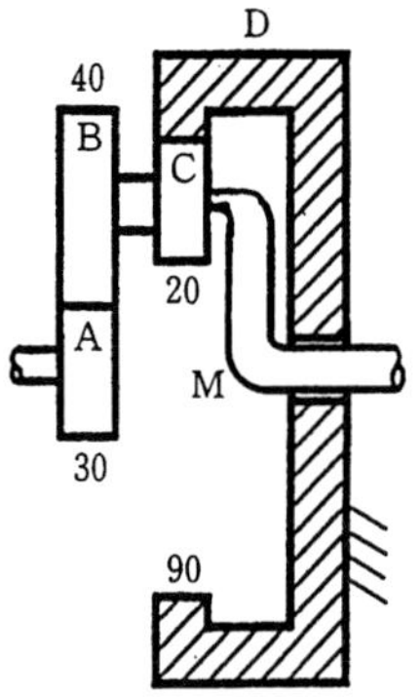

18. 図の機構において，LとAをそれぞれ時計回りに R_L [rpm], R_A [rpm] で回すと，Dの回転数 R_D [rpm] はいくらになるか．A, Bの半径は a, b で，C(外歯歯車)，D(内歯歯車)の歯数は Z_C, Z_D である．BとCは固定されて一体である．ベルトはすべらないものとする．

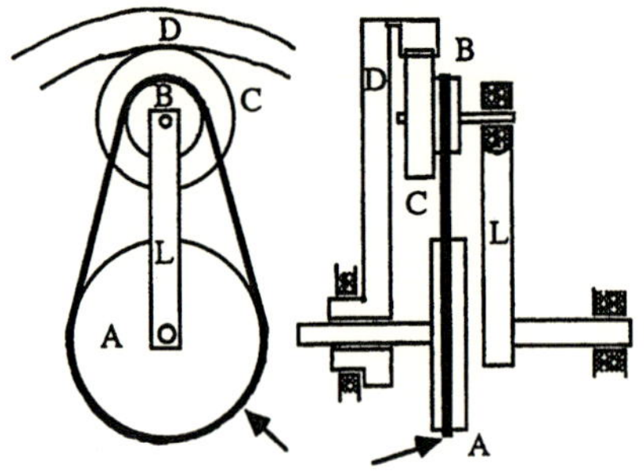

● **第 13 講**

19. 144 km/h (V) の速球を打った．ボールとバットは 3.0 ms (T) の間接触した後，44° (θ_0) で飛び出し，150 m (x_1) も飛んだ．ボールが受ける衝撃力の平均値 F，および初速 v_0 を知りたい．

ボールの質量 m は 0.15 kg，重力加速度 g は 9.80 m/s とし，空気の影響はなく，打つ直前のボールの軌道は水平であったとしよう．

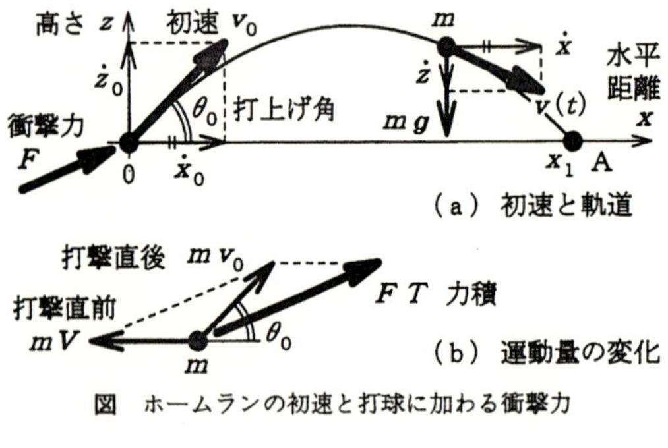

図 ホームランの初速と打球に加わる衝撃力

● **第 14 講**

20. 質量 900 kg (m)，重心Gまわりの慣性モーメント 50.0 kg m² (I) の人工衛星が，−57.3°/s ($\dot{\theta}_0$) でスピンしている．これを止めるために，重心から 0.400 m (r) のところにある推力 12.5 N (F) の小型ロケットモータ2個を図のように噴射した．

(1) 何秒 (T) 後にスピンが止まるか．

(2) T 秒後に噴射終了を指令したが，片側の噴射Aは止まらなかった．それ以降の衛星の運動はどうなるか．

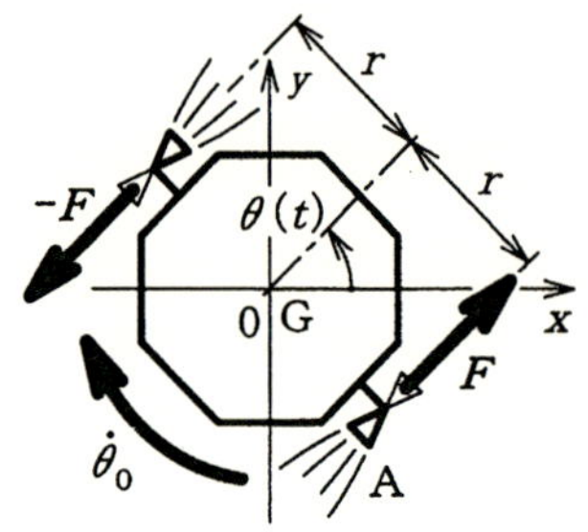

● **第 19 講**

21. 図に示すように，2本のばね k_1 と k_2 で支えられた質量 m の上下方向の運動を考えるとき，運動方程式および固有角振動数を求めよ．

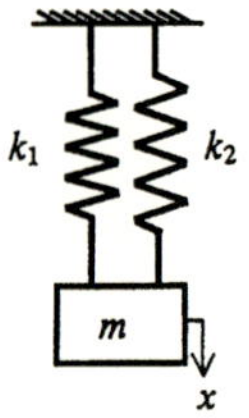

図 2本のばねで支えられた系

● **第 20 講**

22. 図 20.1 に示す減衰振動系において，質量 m = 5 kg のとき，ばねは 0.098 m 伸びた状態でつりあった．そして，自由振動を行わせたところ，0.641 秒ごとに振幅が極大値をとった．この系のばね定数 k，非減衰固有角振動数 ω_n および減衰係数比 ζ を求めよ．

● **第 21 講**

23. 図 21.1 に示す振動系において，質量 m に励振力 $f(t)=f_0 \cdot \sin \omega t$ が継続的に作用するとき，定常振動の振幅を求めよ．ただし，m = 10 kg，k = 640 N/s，c = 20 Ns/m，f_0 = 40 N，ω = 4 rad/s とする．

● **第 22 講**

24. 図に示すように，3本のばね k_1, k_2, k_3 で支えられた2個の質量 m_1 と m_2 の上下方向の運動を考える．

この系の固有角振動数 ω_i，振幅比 γ_i (i=1, 2) を求めよ．ただし，$m_1=m_2=m$，$k_1=k_2=k_3=k$ とする．

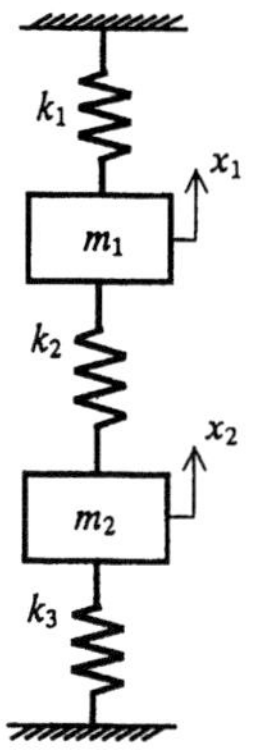

図　2 自由度振動系

● 第 23 講

25.　両端自由で，長さ l=2.50 m の鋼の一様断面の棒がある．この棒の縦振動の振動数方程式を求め，固有振動数と固有振動モードを求めよ．ただし，密度は ρ=7800 kg/m^3，縦弾性係数 E=206 GPa とする．

● 第 24 講

26.　次の運動方程式で表される系の位相平面の概略図を描け．

$$\ddot{x}-(1-x^2)\dot{x}+x=0$$

演習問題の解答

1. ベクトルの和は平行四辺形の方法で図 (a) のように，またベクトルの差は図 (b) のように描ける．

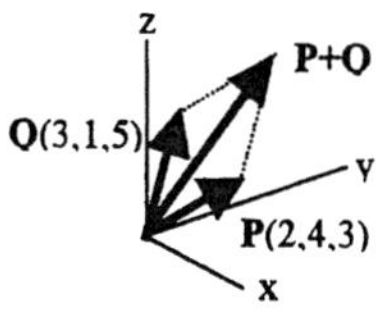

図 (a)　ベクトルの和

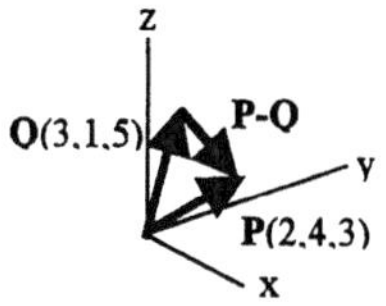

図 (b)　ベクトルの差

具体的な成分は次のように求められる．

$$\boldsymbol{P}+\boldsymbol{Q}=(2,4,3)+(3,1,5)=(5,5,8)$$

$$\boldsymbol{P}-\boldsymbol{Q}=(2,4,3)-(3,1,5)=(-1,3,-2)$$

内積を計算すると次のとおりになる．

$$\boldsymbol{P}\cdot\boldsymbol{Q}=(2\cdot 3,4\cdot 1,3\cdot 5)=(6,4,15)$$

外積は図 (c) に示すとおり両方のベクトルに直交するベクトル $\boldsymbol{v}$ になる．

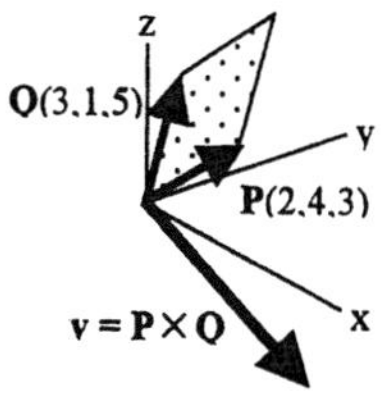

図 (c)　ベクトルの外積

その成分 (v_x, v_y, v_z) は次のように計算できる．

$$v_x=4\cdot 5-1\cdot 3=17$$

$$v_y=3\cdot 3-5\cdot 2=-1$$

$$v_z=2\cdot 1-3\cdot 4=-10$$

2. 2 つの球の自由体線図を描くと，図 (a) のようになる．2 つの球は，間に働く逆向きで等しい大きさの反力 $\boldsymbol{S}$ を通じてお互いに支え合っている．

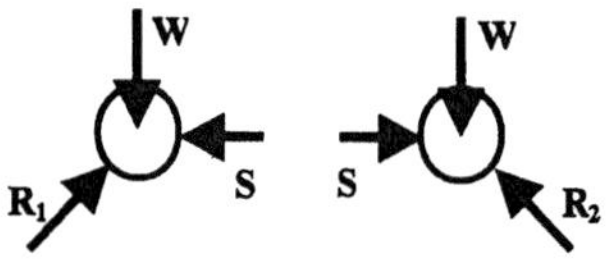

図 (a)　球の自由体線図

それぞれの球の斜面との間の反力をそれぞれ $\boldsymbol{R}_1, \boldsymbol{R}_2$ とすると，自由体線図から，それぞれの球での力のつりあいを表す力の多角形を図 (b) のように描くことができる．この図から反力 $\boldsymbol{S}$ と $\boldsymbol{R}_1, \boldsymbol{R}_2$ はそれぞれ次のように求められる．

$$\boldsymbol{S}=\boldsymbol{W},\qquad \boldsymbol{R}_1=\boldsymbol{R}_2=\sqrt{2}\,\boldsymbol{W}$$

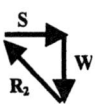

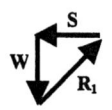

図 (b)　球に働く力のつりあい

3. 荷重 $\boldsymbol{P}$ をかけた場合には，クレーンはレール B まわりに転倒する危険がある．その限界の場合，レール A と車輪の間には力がかからず，$\boldsymbol{W}$ と $\boldsymbol{P}$ と $\boldsymbol{Q}$ がレール B での反力とつりあっている．そのときのレール B まわりのモーメントのつりあいの式をたてれば，

$$\boldsymbol{W}(x+b)-\boldsymbol{Q}e-\boldsymbol{P}l=0$$

となる．一方，荷重 $\boldsymbol{P}$ を取り除いた場合は，クレーンはレール A まわりに転倒する危険がある．この限界の場合は，レール B と車輪の間には力がかからず，$\boldsymbol{W}$ と $\boldsymbol{Q}$ がレール A での反力とつりあう．その場合のレール A まわりのモーメントのつりあいの式は，

$$\boldsymbol{W}x-\boldsymbol{Q}(b+e)=0$$

となる．これらの 2 式から $\boldsymbol{W}$ と x を解けば

$$\boldsymbol{W}=\frac{\boldsymbol{P}l}{b}-\boldsymbol{Q},\qquad x=\frac{\boldsymbol{Q}(b+e)b}{\boldsymbol{P}l-\boldsymbol{Q}b}$$

と求められる．

4. この図形は，3 つの図形 A (縦 l_1，横 l_2 の長方形)，B (縦 l_2-2l_4，横 l_3 の長方形) および C (縦 l_7，横 l_6 の穴) の 3 つの形状の組み合わせと考えられる．図形 A, B, C とも重心は x 軸上にあるので，全体の重

心も x 軸上にある．いずれの図形も長方形なので重心はその中心にある．すなわち，図形Ａは面積 $S_A=l_1\times l_2$，重心の位置 $x_a=l_2/2$，図形Ｂは面積 $S_B=(l_2-2l_4)\times l_3$，重心の位置 $x_b=l_1+l_3/2$，そして穴Ｃは面積 $S_C=l_6\times l_7$，重心の位置 $x_c=l_5+l_7/2$ である．図形全体の重心は，これらの値を用いて

$$x_g=\frac{S_A\times x_a+S_B\times x_b-S_C\times x_c}{S_A+S_B-S_C}$$

で求めればよい．寸法の数値を代入して計算すると，図形全体の重心の位置は

$$x_g=\frac{4200\times 30+600\times 75-600\times 40}{4200+600-600}=35$$

となり，x 座標が 35 mm の点にある．

5. 注意すべきことは，左端のピンのように，3つのリンク（リンク 2，3，4）を結合しているピンについての自由度の考え方である．

このピンによって，リンク3は，リンク2に対して，図 5.3 で考えたように 2 自由度うばわれている．リンク 4 もリンク 2 に対して 2 自由度うばわれている．したがって，このピンは 1 本で 4 自由度うばったことになる．結合部ではいつも，何自由度うばわれているかを考えることが必要である．他のピンは，すべて 2 自由度うばう普通の結合である．

$$F=3\times(7-1)-2\times 6-4\times 1=2$$

この機構は 2 自由度である．

6. 図において，Ａと示したピンは 3 つのリンクを，Ｂと示したピンは 4 つのリンクを結合している．したがって，Ａのピンは 4 自由度をうばい，Ｂのピンは 6 自由度をうばう．他のピンは 2 自由度をうばう．エレメントに番号をつけると，全部で 16 個ある．Ａのようなピンは 4 個，Ｂのようなピンは 3 個，他のピンは 5 個ある．

機構の自由度 F は，

$$F=3\times(16-1)-4\times 4-3\times 6-5\times 2=1$$

となる．

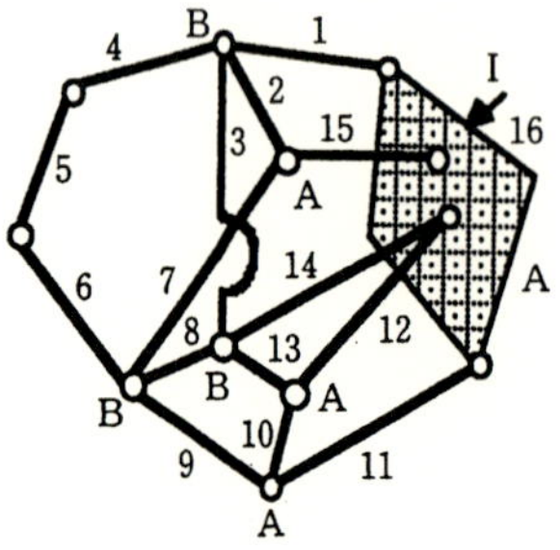

7. (1) 図 7.5 と同じ原理で運動する．カルダン機構の応用である．

(2) ∠ACB を θ とおくと，Q あるいは Q′ の座標は，$x=\pm a\cos\theta$，$y=\pm b\sin\theta$ であるから，$\cos\theta=\pm x/a$，$\sin\theta=\pm y/b$ である．両式から θ を消去すると，

$$\frac{x^2}{a^2}+\frac{y^2}{b^2}=\cos^2\theta+\sin^2\theta=1$$

となる．したがって，Q, Q′ の軌跡は楕円となる．

8. (1) 点Ａの速度の棒の方向の速度分値は 10 cos 30° である．これより，点Ｂの部分での作図により，速度は 10 cm/s となる．

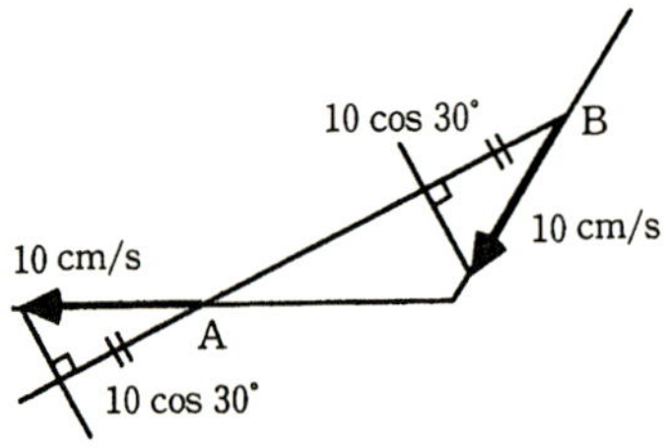

(2) 点 A, B から，それぞれの速度ベクトルに垂線を立てれば，その交点Ｉが瞬間中心である．

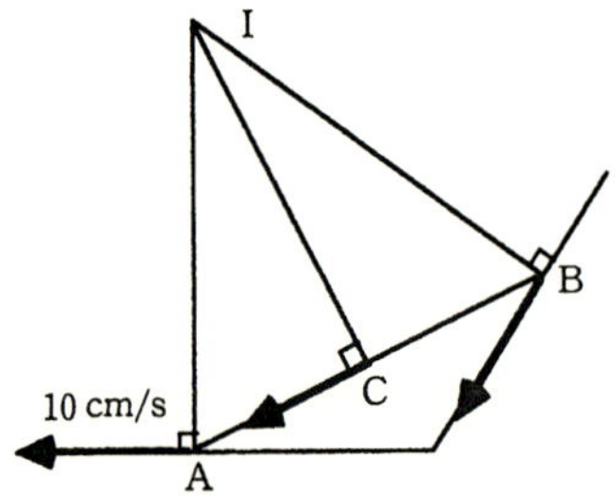

(3) 点Ｃの速度の方向は，図より棒に沿う方向である．大きさを x とすると，速度の大きさは瞬間中心からの距離に比例するので（図 7.2 参照），$IA/IC=10/x$ より $x=5\sqrt{3}$ cm/s.

(4) 角速度は，$10/IA$, $5\sqrt{3}/IC$ などで得られる．1/3 rad/s である．

9. (1) 下の図のような作図によればよい．

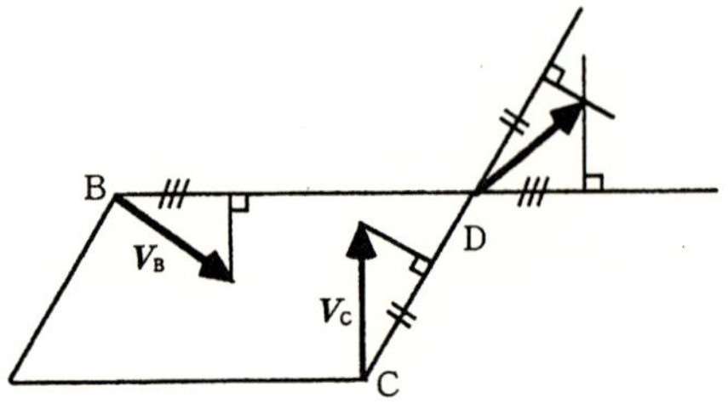

(2) BD/DE=B′D′/D′E′ となるように E′ を定めればよい．速度三角形の相似則 II の利用である．

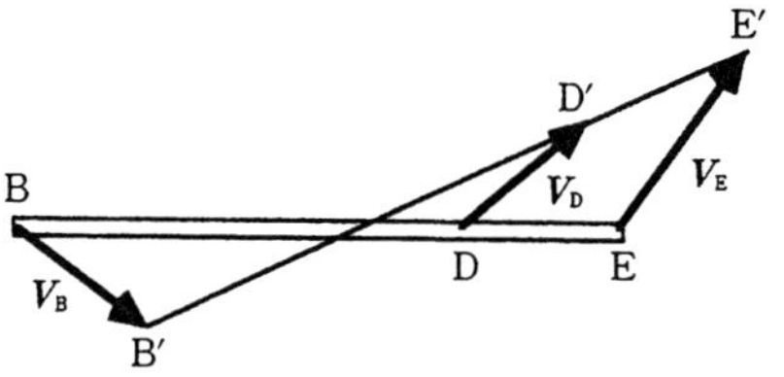

10. (1) 点 C, E の速度に垂直な方向に瞬間中心が存在するので，図の点 I になる．

(2) $\boldsymbol{V}_B$ は，図に示すとおりである．

(3) $\boldsymbol{V}_D$ は，図に示すとおりである．$|\boldsymbol{V}_B|/|\boldsymbol{V}_D|=$ IB/ID より大きさは決まる．

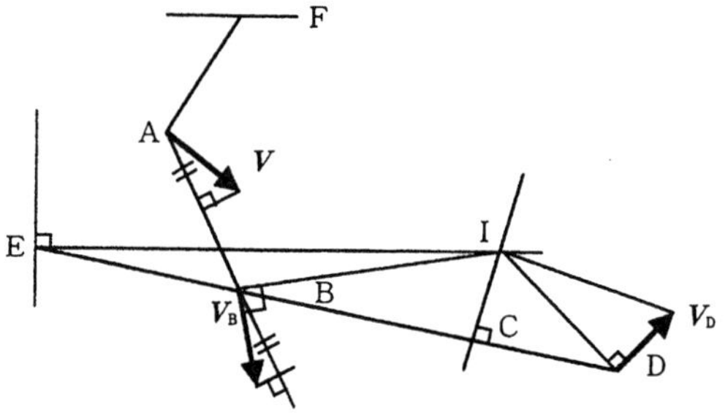

11. 点 D の速度は，図の CD に垂直な 1-1 の方向である．リンク AB 上の点 D と一致している点の速度は，図の AB に垂直な方向 (DD″ の水平方向) である．大きさは，

$$DD''=BD\times 1\ [\mathrm{rad/s}]=\frac{L}{2}\ [\mathrm{cm/s}]$$

である．スライダは，AB に沿ってすべるから，点 D の速度のこの方向の速度分値 (水平方向の分値) が $L/2$ にならねばならない．そのためには，点 D の速度ベクトルは図の太い矢線 DD′ になる．DD′$=L$ [cm/s], CD$=L$ [cm] より，CD の角速度は 1 rad/s となる．

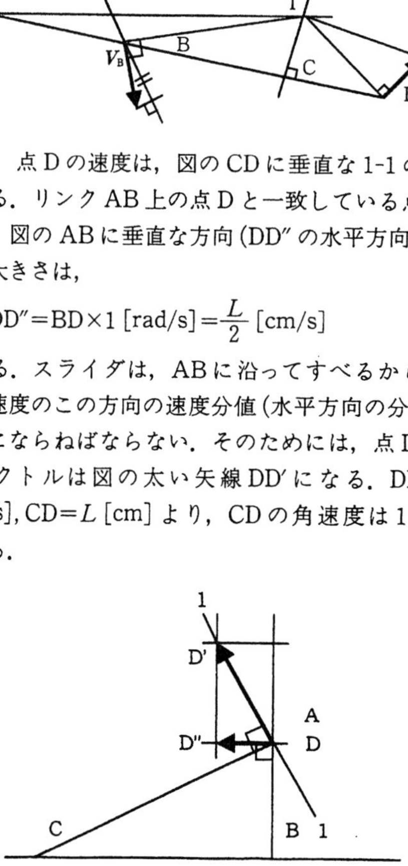

12. (1) 点 B の速度は，BC と直交するから，ベクトルは BD の方向でなければならない．速度の大きさを BD とすれば，その AB 方向の分値がピストンのシリンダに対する速度 V [cm/s] と一致していると考えればよいのである．BD$=V/\cos 15^\circ$ となるので，角速度は

$$\frac{(V/\cos 15^\circ)}{\mathrm{BC}}=\frac{V}{L\cos 15^\circ}$$

(2) 点 B の速度の AB に垂直方向の成分が A まわりの回転を生じさせている．角速度は

$$\frac{V\tan 15^\circ}{\mathrm{AB}}=\frac{V\tan 15^\circ}{\sqrt{2}L}$$

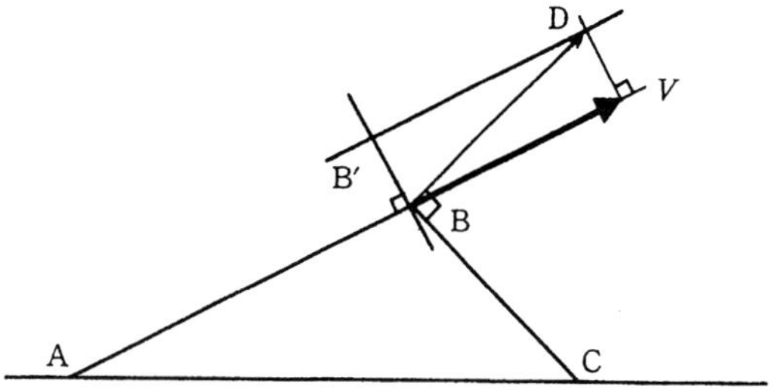

13. (1) 速度三角形の相似則 II を利用する．図で，点 P (左上のピン) は点 O まわりの回転により速度は a である．これを太線のベクトル PQ で示した．点 Q (右上のピン) の速度ベクトルは QQ′ の太線で示される．点 A の速度ベクトルの終点 A′ は，△PQA と △QQ′A′ が相似であるように描くことによって定められる．

(2) 点 Q (右上のピン) の向心加速度 $\boldsymbol{a}_{Qr}$ はベクトル QR である．したがって，Q の加速度ベクトル $\boldsymbol{a}_Q$ は，始点を Q とすれば，終点は直線 2-2 の上にある．

一方，Q の P に対する相対速度 $\boldsymbol{V}_{QP}$ は図のように求められるので，Q の P に対する相対加速度の半径方向成分の大きさ $|(\boldsymbol{a}_{QP})_r|$ は，$|\boldsymbol{V}_{QP}|^2/a=a$ で，方向は Q から P へ向かう．P の加速度ベクトル $\boldsymbol{a}_P$ は，垂直下方へ a である．

$$\boldsymbol{a}_Q=\boldsymbol{a}_P+(\boldsymbol{a}_{QP})_r+(\boldsymbol{a}_{QP})_t$$

の関係より，Q の加速度ベクトル $\boldsymbol{a}_Q$ は，始点を Q とすれば，終点は直線 1-1 の上にある．

したがって，1-1 と 2-2 の交点 X が $\boldsymbol{a}_Q$ の終点になる．大きさ $|\boldsymbol{a}_Q|$ は，$\sqrt{10}a$ となる．

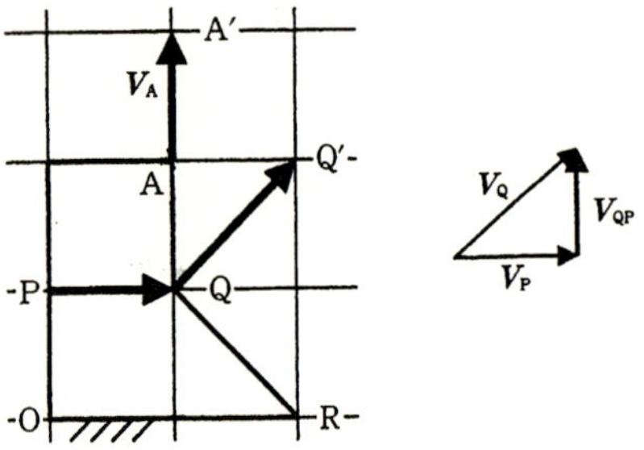

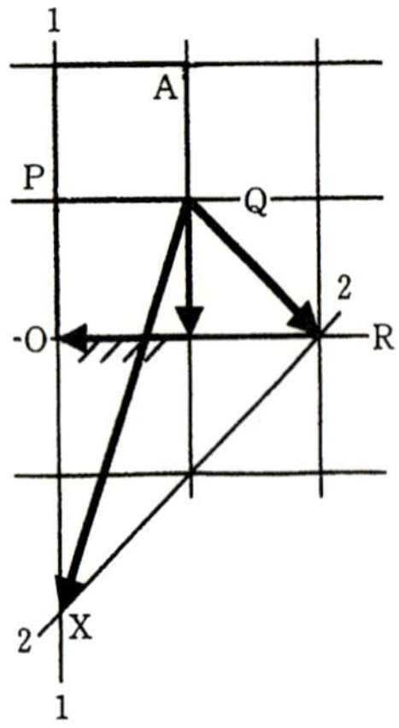

14. (1) 図の θ のとき，リンクのIIの両端のピンの速度に垂直な方向が O_2 で交わる．

(2) ①この瞬間は，ピン A の速度は 0 となる．すなわち A から O_2 へ向かう向心加速度は 0 である．したがって A の加速度ベクトルは，A を始点とすると，O_1A を結ぶ線に沿う．

②I と II を結合するピンの加速度は，O_1 へ向かって $r\omega^2$．

③このピンと A の相対速度は $r\omega$ であるから，相対加速度のうち A からこのピンへ向かう成分は $r\omega^2$．これら 2 つは，方向が同じで，図のような方向で大きさは $2r\omega^2$ になる．このベクトルと，直交する線上に A の加速度ベクトルの終点が存在するべきであるが，①とあわせると，図の太線のベクトル(大きさ $2r\omega^2$) が A の加速度となる．

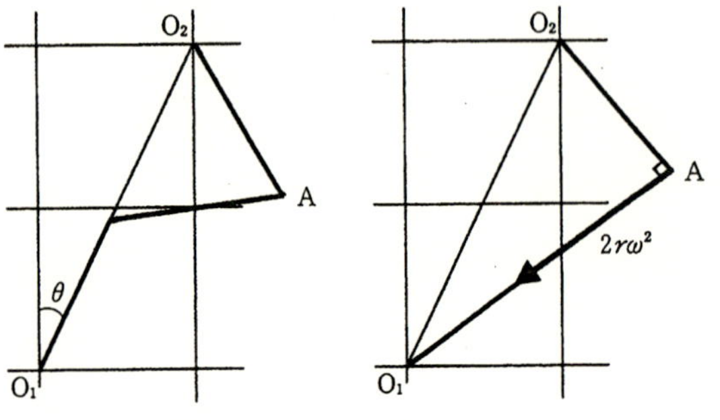

15. (1) 歯数と半径は比例する．

$$\frac{\text{Aの半径}}{\text{Dの半径}}=\frac{15}{15+20+30}=\frac{15}{65}=\frac{3}{13}$$

より，D の歯数は，30×13/3＝130

(2) 次のような表を作る．

	A	B	C	D	L
(a) 同時回転	1	1	1	1	1
(b) 普通回転	1	$-\frac{3}{2}$	$\frac{3}{2}\times\frac{2}{3}$	$\frac{3}{2}\times\frac{2}{3}\times\frac{30}{130}$	0
(a)−(b)	0			$\frac{10}{13}$	1

これより，D は 10/13 回転することがわかる．

16. 回転数の関係の表は次のようになる．

	A	B	C	D	E	L
(a) 同時回転	1	1	1	1	1	1
(b) 普通回転	1	$-\frac{1}{3}$	$\frac{1}{3}$	$\frac{1}{3}\times\frac{3}{1}$	$1\times\frac{1}{11}$	0
(a)−(b)	0				$\frac{10}{11}$	1

(1) 腕が曲がっていても回転の伝達には関係しない．歯数と歯車の中心の位置とに矛盾はないことを確かめておくことも必要である．L 固定は，上の表の (b) の行である．E は 1/11 回転．

(2) 表の最下行で，E は 10/11 回転．

17. 回転数の関係の表は次のように得られる．

	A	B	C	D	M
(a) 同時回転	1	1	1	1	1
(b) 普通回転	1	$-\frac{30}{40}$	$-\frac{30}{40}$	$-\frac{30}{40}\times\frac{20}{90}$	0
(a)$\times\frac{1}{6}$+(b)	$\frac{7}{6}$			0	$\frac{1}{6}$

最後の行は D が固定になるように (a) と (b) を重ね合わせる．M は 100/7 rpm で回転する．

18. ベルトも歯車も回転を伝達するものなので，同じように扱える．回転方向だけには注意する必要がある．回転数の関係を示す表は次のようになる．

	A	B	C	D	L
(a) 同時回転	1	1	1	1	1
(b) 普通回転	1	$\frac{a}{b}$	$\frac{a}{b}$	$\frac{a}{b}\cdot\frac{z_C}{z_D}$	0
(b)×R_A	R_A			$R_A\cdot\frac{a}{b}\cdot\frac{z_C}{z_D}$	0
{(a)−(b)}×R_L	0			$R_L\left(1-\frac{a}{b}\cdot\frac{z_C}{z_D}\right)$	R_L

この表より，次のように R_D が求められる．

$$R_D=R_L\left(1-\frac{a}{b}\cdot\frac{z_C}{z_D}\right)+R_A\cdot\frac{a}{b}\cdot\frac{z_C}{z_D}$$

19. よく検討して見通しを立てつつ問題の図のように座標系と記号を決めてみる．

(1) ボールの運動を決定する運動方程式

x 方向：$m\ddot{x}=0$ (等 速 度運動)

z 方向：$m\ddot{z}=-mg$ (等加速度運動)

を，初期条件 $\dot{x}_0=v_0\cos\theta_0$, $\dot{z}_0=v_0\sin\theta_0$ のもとで，2回積分し，時間 t を消去すれば，x と z との関係が原点を通る放物軌道として得られる．これが着地点Aを通ることより，初速は次のようになる．

$$v_0=\sqrt{\frac{gx_1}{\sin 2\theta_0}}$$

(2) たたかれる前後のボールの運動量と加えられる力積 $\boldsymbol{FT}$ との関係は，図の (b) のとおりであるから，力積の大きさは次のようになる．

$$FT=\sqrt{(mV)^2+(mv_0)^2+2(mV)(mv_0)\cos\theta_0}$$

右辺の単位もNsとなることを確認しておこう．

(3) 数値を入れて計算するのは最後でよい．

$F=3.6\ \mathrm{kN}$ (ほぼ $0.4\ \mathrm{m^3}$ の水の重力に相当)

$v_0=38\ \mathrm{m/s}$ (ほぼ $140\ \mathrm{km/h}$ で V と大差なし)

有効数字が2桁程度であるのはなぜかを考えよう．

(4) さらに，たとえば以下のような検討も加えてみよう．①F の導出に運動方程式は使えないのか．②V, T, θ_0, x_1 が異なるとどうなるか．③バットを振る角度とボールの当て方は．

20. (1) 噴射開始からスピン停止までの間の，衛星の角運動量変化と噴射による角力積との関係は，

$$I\dot{\theta}_1-I\dot{\theta}_0=(2rF)T,\quad ただし\ \dot{\theta}_1=0$$

であるから，噴射時間 T は5.00秒となる．

(2) 運動方程式は以下の3式となる．

$$I\ddot{\theta}=rF\ (等角加速度回転) \qquad (1)$$

$$m\ddot{x}=F\cos\theta,\quad m\ddot{y}=F\sin\theta \qquad (2)$$

初期条件は，$x=0, y=0, \theta=0$；$\dot{x}=0, \dot{y}=0, \dot{\theta}=0$ としよう．式 (1) を積分して次の結果を得る．

$$\dot{\theta}=(rF/I)t,\qquad \theta=(rF/I)t^2/2$$

式 (2) は，積分できないが θ が微小なら次のように近似され，ただちに速度と位置が求まる．

$$m\ddot{x}=F,\qquad m\ddot{y}=F\theta$$

$$\dot{x}=(F/m)t,\qquad \dot{y}=(rF^2/mI)t^3/6$$

$$x=(F/m)t^2/2,\qquad y=(rF^2/mI)t^4/24$$

結局，スピン角速度 $\dot{\theta}$ は時間とともに増えていく．それと同時に，動きはじめの重心Gの運動は，放物軌道 $y=(mr/I)x^2/6$ に沿った加速度的なものとなる (図中の点線)．

その後の重心の軌道は，式 (2) を数値積分することによって，図のように得られる．回転が速くなるにつれて，推力 F の方向変化が激しくなるから，重心Gの運動は，その速度の大きさと方向の変化率を減じてゆき，等速直線運動へと収斂してゆく．

ねずみ花火の素早い動きも，抵抗がなければこれと同じはずである．よく観察してみよう．

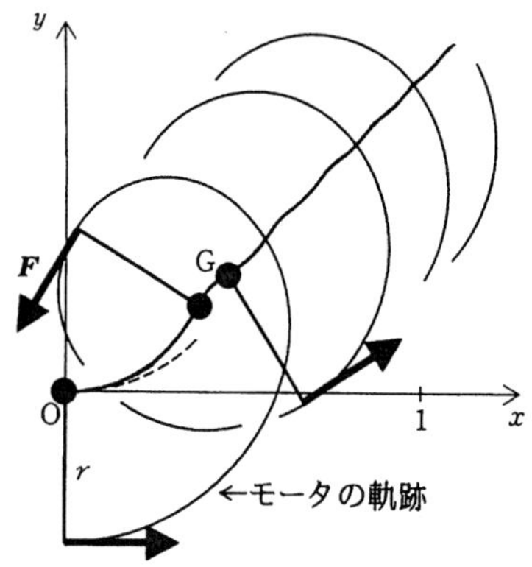

図 人工衛星のスピン停止失敗後の運動

21. ばね k_1 と k_2 の自然長をそれぞれ l_1 と l_2 とし，つりあい位置を上部の支持点から l_0 とする．そして，質量 m の変位 x の原点をつりあい位置にとると，ばね k_1 と k_2 の変形量はそれぞれ $x+l_0-l_1$, $x+l_0-l_2$ と表されるので，復元力は，それぞれ $-k_1(x+l_0-l_1)$, $-k_2(x+l_0-l_2)$ となる．したがって，質量 m に作用する力 F_x は，ばねの復元力に重力 mg を加えて

$$F_x=mg-k_1(x+l_0-l_1)-k_2(x+l_0-l_2)$$

となる．式 (19.10) より運動方程式は

$$m\ddot{x}=F_x=mg-k_1(x+l_0-l_1)-k_2(x+l_0-l_2)$$

そして，つりあい位置で静止しているときは，$x=\dot{x}=\ddot{x}=0$ であるので，

$$mg-k_1(l_0-l_1)-k_2(l_0-l_2)=0$$

より，つりあい位置は

$$l_0=\frac{mg+k_1l_1+k_2l_2}{k_1+k_2}$$

と求まる．この関係を用いて，運動方程式は

$$m\ddot{x}+(k_1+k_2)x=0$$

と表される．すなわち，ばね定数が k_1+k_2 の1本のばねで支持された系と等価であることがわかる．さらに，つりあい位置を原点にとっているので重力の項が陽に現れない．ここで，解を

$$x=A\sin(\omega_n t+\phi)$$

とおくと，振動数方程式は

$$-m\omega_n^2+(k_1+k_2)=0$$

となる．したがって，この系の固有角振動数 ω_n は，

$$\omega_n=\sqrt{\frac{k_1+k_2}{m}}$$

と求まる．

22. ばね定数は，式 (20.4) より，

$$k=\frac{mg}{\Delta l}=\frac{5\ [\mathrm{kg}]\times 9.8\ [\mathrm{m/s^2}]}{0.098\ [\mathrm{m}]}=500\ [\mathrm{N/m}]$$

非減衰固有角振動数 ω_n は，式 (20.6) より

$$\omega_n=\sqrt{\frac{k}{m}}=\sqrt{\frac{500\ [\mathrm{N/m}]}{5\ [\mathrm{kg}]}}=10\ [\mathrm{rad/s}]$$

また，0.641 秒ごとに極大値をとるので，式 (20.29) より

$$\frac{2\pi}{q}=t_{i+2}-t_i=0.641$$

したがって，減衰固有角振動数 q は，$q=2\pi/0.641=9.8$ rad/s．そして，$q=\omega_n\sqrt{1-\zeta^2}$ より

$$\sqrt{1-\zeta^2}=\frac{q}{\omega_n}=\frac{9.8}{10}=0.98$$

$$\zeta^2=0.04$$

したがって，減衰係数比 ζ は，$\zeta=0.2$.

23. 式 (20.6) より，非減衰固有角振動数 ω_n は，

$$\omega_n=\sqrt{\frac{k}{m}}=\sqrt{\frac{640}{10}}=\sqrt{64}=8\ [\mathrm{rad/s}]$$

減衰係数比 ζ は，

$$\zeta=\frac{c}{\sqrt{mk}}=\frac{20}{\sqrt{10\cdot 640}}=\frac{20}{80}=\frac{1}{4}$$

である．

これから，$\zeta=1/4$，$\omega/\omega_n=4/8=1/2$ であるので，定常振動の振幅は，式 (21.11)，(21.12) より

$$\frac{f_0}{k}M=\frac{f_0}{k}\frac{1}{\sqrt{[1-(\omega/\omega_n)^2]^2+(2\zeta\omega/\omega_n)^2}}$$

$$=\frac{40}{640}\frac{1}{\sqrt{\left(1-\frac{1}{4}\right)^2+\left(2\cdot\frac{1}{4}\cdot\frac{1}{2}\right)^2}}$$

$$=\frac{40}{640}\frac{1}{\sqrt{\frac{9}{16}+\frac{1}{16}}}=\frac{1}{4}\frac{1}{\sqrt{10}}$$

$$\approx 0.079$$

したがって，定常振動の振幅は，0.079 m と求まる．

24. 上部質量 m_1 に作用する力は，ばね k_1 と k_2 の復元力であり，ばね k_1 はつりあい状態から x_1 縮んだと考えられ，復元力は下 (負) 方向に k_1x_1 (正方向に $-k_1x_1$) と表される．ばね k_2 は m_1 と m_2 の相対変位 (x_1-x_2) だけ伸びており，復元力は $-k_2(x_1-x_2)$ と表される．したがって，上部質量 m_1 に作用する力 F_{x1} は，

$$F_{x1}=-k_1x_1-k_2(x_1-x_2)=-(k_1+k_2)x_1+k_2x_2$$

また，下部質量 m_2 に作用する力は，ばね k_2 と k_3 の復元力であり，ばね k_2 は (x_1-x_2) だけ伸び，復元力は上 (正) 方向に $k_2(x_1-x_2)$ と表される．ばね k_3 は x_2 だけ伸びており，復元力は $-k_3x_2$ と表される．したがって，m_2 に作用する力 F_{x2} は，

$$F_{x2}=k_2(x_1-x_2)-k_3x_2=k_2x_1-(k_2+k_3)x_2$$

運動方程式は，

$$m\ddot{x}_1=F_{x1}$$

$$m\ddot{x}_2=F_{x2}$$

より

$$m_1\ddot{x}_1+(k_1+k_2)x_1-k_2x_2=0$$

$$m_2\ddot{x}_2-k_2x_1+(k_2+k_3)x_2=0$$

となる．ここで，$m_1=m_2=m$，$k_1=k_2=k_3=k$ であるので，運動方程式は

$$m\ddot{x}_1+2kx_1-kx_2=0$$

$$m\ddot{x}_2-kx_1+2kx_2=0$$

と表される．ここで，解を

$$x_1=A\sin(\omega t+\phi)$$

$$x_2=B\sin(\omega t+\phi)$$

とおいて，運動方程式に代入し，まとめると

$$(2k-m\omega^2)A-kB=0$$
$$-kA+(2k-m\omega^2)B=0 \qquad (1)$$

これから，$A=B=0$ 以外の解が存在する条件より，振動数方程式は，

$$(2k-m\omega^2)(2k-m\omega^2)-k^2=0$$

となる．少し変形して

$$m^2(\omega^2)^2-4km\omega^2+3k^2=0$$

この ω^2 に関する 2 次方程式を解いて，

$$\omega^2=\frac{2km\pm\sqrt{(2km)^2-3k^2m^2}}{m^2}=\frac{2km\pm km}{m^2}$$

$$=\frac{k}{m},\ \frac{3k}{m}$$

と求まるので，固有角振動数 ω_i は

$$\omega_1=\sqrt{\frac{k}{m}},\qquad \omega_2=\sqrt{\frac{3k}{m}}$$

そして，振幅比 $\gamma_i=B_i/A_i$ は，式 (1) より

$$\gamma_1=\frac{2k-m\omega_1^2}{k}=1,\qquad \gamma_2=\frac{2k-m\omega_2^2}{k}=-1$$

となる．

25. 棒の縦振動の運動方程式は，表 23.2 より

$$\frac{\partial^2u}{\partial t^2}=c^2\frac{\partial^2u}{\partial x^2},\qquad ただし\ c^2=\frac{E}{\rho} \qquad (1)$$

で与えられる．この式の解を，式 (23.20) と同様にお

き，式(1)に代入して整理すると，式(23.22)と同じ一般解を得る．

$$u(x)=C\cos\frac{\omega}{c}x+D\sin\frac{\omega}{c}x \tag{2}$$

ここまでの計算は同じであるが，以下に示すように境界条件によって異なる結果となる．

両端自由の条件は，$x=0$ と $x=l$ において断面に作用する力がなく，歪みが両端で0となる．すなわち，

$$F=A\sigma=AE\varepsilon=AE\frac{\partial u}{\partial x}=0 \tag{3}$$

であり，式(3)を式(2)に適用して次式を得る．

$$\frac{\partial u}{\partial x}=-C\frac{\omega}{c}\sin\frac{\omega}{c}x+D\frac{\omega}{c}\cos\frac{\omega}{c}x=0$$

$$x=0 \text{ で } C\cdot 0+D\cdot 1=0 \tag{4}$$

$$x=l \text{ で } -C\frac{\omega}{c}\sin\frac{\omega}{c}l+D\frac{\omega}{c}\cos\frac{\omega}{c}l=0 \tag{5}$$

式(4)より $D=0$ が求まり，式(5)に代入し

$$C\frac{\omega}{c}\sin\frac{\omega}{c}l=0 \tag{6}$$

を得る．これが振動数方程式となる．

ここで，$C=0$ は静止している解である．したがって，運動しているときの解は，$\omega=0$ を含め $(\omega/c)l=(n-1)\pi$ $(n=1, 2, 3, \cdots)$ であり，固有角振動数は次式となる．

$$\omega_n=0,\quad \frac{\pi}{l}\sqrt{\frac{E}{\rho}},\quad \frac{2\pi}{l}\sqrt{\frac{E}{\rho}},\quad \frac{3\pi}{l}\sqrt{\frac{E}{\rho}} \tag{7}$$

また，$D=0$ を式(2)に代入し，式(7)を考慮すると，固有振動モード

$$u(x)=C,\qquad u(x)=C\cos\left(\frac{(n-1)\pi}{l}x\right) \tag{8}$$

を得る．2次から4次の結果を図に示す．なお，$\omega=0$ のときは無限の周期で一方向に運動する並進運動である．これを1次と考えると節の数は次数より1つ少ない．固有振動数の値は具体的に計算すると，次式となる．

$$f_n=\frac{\omega_n}{2\pi}=\frac{(n-1)\pi}{2\pi\times 2.50}\sqrt{\frac{206\times 10^9}{7800}}$$
$$=(n-1)\times 1028$$
$$=0\ \text{Hz},\ 1.03\ \text{kHz},\ 2.06\ \text{kHz},\ 3.08\ \text{kHz},\cdots$$

式(23.25)において $\omega=0$ を解として含めると，式(23.26)は静止した解となるが，式(8)は0とならない．また，鋼棒を伝わる縦波の速度は $c=\sqrt{E/\rho}=5.14$ km/s であるが，たとえば，3次の振動モードが1波長分の形状であるので，$c=f\lambda=2.056\ \text{kHz}\times 2.5\ \text{m}=5.14$ km/s となり，一致する．

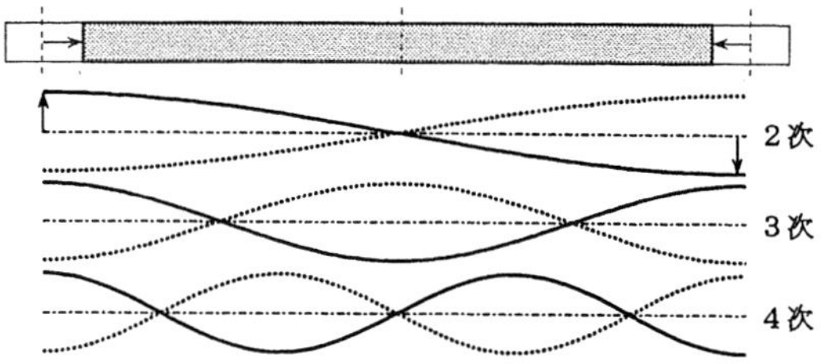

図　棒の縦振動の固有振動モード

26. これは，van der Pol の方程式である．$\dot{x}=y$ とおくと，$\ddot{x}=dy/dt=\dot{y}$ であるので運動方程式より，

$$\dot{y}-(1-x^2)y+x=0$$
$$\therefore\ \dot{y}=(1-x^2)y-x \tag{1}$$

を得る．曲線の傾きが m となる点の関係式は，式(24.11)と同様に

$$\frac{dy}{dx}=\frac{dy/dt}{dx/dt}=\frac{(1-x^2)y-x}{y}=m \tag{2}$$

であるので，

$$y=\frac{x}{1-x^2-m} \tag{3}$$

を得る．たとえば $m=-3$ の場合 $-x/(x-2)(x+2)$ となる．この曲線を図に描き，線上で傾き $m=-3$ となるように軌跡を描く．結果を図に示す．軌跡は，原点に対して右回り(時計回り)となるので，振幅が大きいときは急激に振幅が小さくなり，振幅が小さいときはしだいに大きくなる．したがって図からわかるようにリミットサイクルが存在する．運動方程式をみると，$x^2>1$ で通常の正の減衰(安定)，$x^2<1$ で負の減衰(不安定)となる．これは図の位相曲線の結果と一致する．

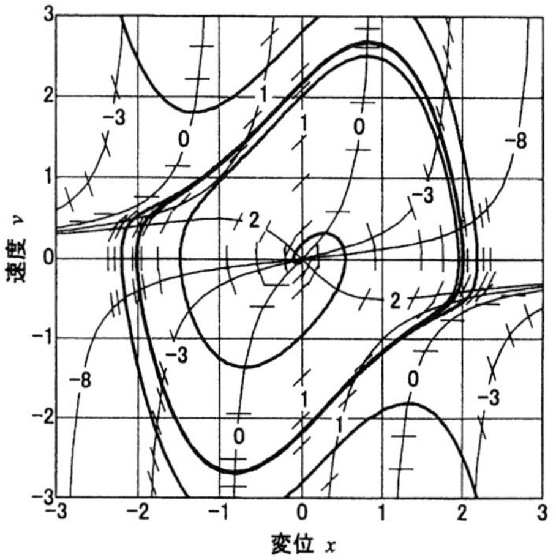

図　van del Pol 方程式の位相平面

索　　引

●ナ　行

●ハ　行

●マ　行

●ヤ　行

●ラ　行

編著者略歴

三浦宏文（みうら ひろふみ）

1938年　徳島県に生まれる
1965年　東京大学大学院博士課程修了
現　在　工学院大学工学部機械システム工学科教授
　　　　東京大学名誉教授
　　　　工学博士

グローバル機械工学シリーズ 1
機械力学―機構・運動・力学―　　定価はカバーに表示

2001年4月25日　初版第1刷
2022年2月10日　第14刷

編著者　三　浦　宏　文
発行者　朝　倉　誠　造
発行所　株式会社　朝　倉　書　店
東京都新宿区新小川町 6-29
郵便番号　162-8707
電話　03(3260)0141
FAX　03(3260)0180
http://www.asakura.co.jp

〈検印省略〉

ISBN 978-4-254-23751-1　C 3353